农村节电技术与改造实例

方大千　方　立　编著

金盾出版社

内 容 提 要

本书详细介绍了农村供、用电各个环节及各种电气设备的节电措施、节电计算方法、节电改造技术，并列举了大量的节电改造实例。内容包括农网线路、变压器、农网无功补偿、农村小水电、电动机、软起动器、变频器、水泵，电焊机和接触器、电加热和照明等节电技术与实例。

本书通俗易懂，针对性和实用性强，是农村及乡镇企业电工和广大用电人员节电指导宝典。

图书在版编目(CIP)数据

农村节电技术与改造实例/方大千，方立编著．—北京：金盾出版社，2014.5
ISBN 978-7-5082-8762-1

Ⅰ．①农…　Ⅱ．①方…②方…　Ⅲ．①农村—节电—研究
Ⅳ．① TM92

中国版本图书馆 CIP 数据核字(2013)第 215568 号

金盾出版社出版、总发行

北京太平路 5 号(地铁万寿路站往南)
邮政编码:100036　电话:68214039　83219215
传真:68276683　网址:www.jdcbs.cn
封面印刷:北京盛世双龙印刷有限公司
正文印刷:双峰印刷装订有限公司
装订:双峰印刷装订有限公司
各地新华书店经销
开本:850×1168 1/32　印张:14　字数:348 千字
2014 年 5 月第 1 版第 1 次印刷
印数:1~5 000 册　定价:35.00 元

前　　言

随着我国工农业生产的发展和人民生活水平的提高,能源消耗增长很快。尽管我国电力工业发展迅速,但仍跟不上用电的需求,拉闸限电仍不可避免。能源紧缺将严重制约国民经济的持续发展和人民生活质量的提高。

与此同时我国能源利用率仅为33.4%,能源浪费严重。统计显示,我国单位产值能源消耗居世界下游,为日本的7倍、美国的6倍、印度的2.8倍;单位GDP污染排放量是世界平均水平的十几倍。为此,中央提出"节约优先"的方针,并规定"节约资源是我国的基本国策,国家实施节约与开发并举,把节能放在首位的能源发展战略。"

我们除大力开发水能(注意保护好生态环境)、太阳能、风能、生物质能等可再生能源外,还要限制及禁止高能耗、高污染、粗放型、低水平的产生,大力发展节能型、环保型、高科技、高效益的产业。同时要积极开展节电工作,真正使节约用电成为我国能源战略的重要组成部分。农村节电工作是我国节能工作的重要一环。由于农村用电负荷分散,季节性用电十分明显,因此长期以来,农网线路损耗及用电设备损耗一直居高不下,农村用电质量也不尽人意。因此,如何结合农网建设与改造工程,认真落实国家规定的农网基本节电指标并做得更好,是乡镇人民政府和各级领导及农电工作者的重要而繁重的任务。本书配合我国农村节电工作的开展,较全面、系统地介绍了农村供、用电各个环节及各种电气设备的具体而实用的节电措施、节电改造技术、节电计算方法和用电设备的节电控制线路,并通过大量的实例,详细地介绍了节电工程实施方案、节电工程计算、节电效果评估。它是一本开展农村节电工作的指导书。

　　本书内容紧密结合实际，叙述深入浅出，针对性、实用性很强。凡农村节电改造工程中所碰到的具体问题，大都可在本书中找到实例及解决的方法。读者通过本书的学习，能较快地学会如何应用计算方法和计算公式去分析和解决节电工作中的实际问题，掌握如何制订节电改造工程的实施方案，开展节电工作。

　　参加本书编写工作的有方大千、方立、方成、张正昌、方亚平、张荣亮、郑鹏、方亚敏、朱丽宁、朱征涛、方欣、许纪秋、那罗丽、费珊珊、那宝奎、卢静等同志。全书由方大中高级工程师审校。

　　由于作者水平有限，书中难免有不妥之处，敬请读者批评指正。

作　者

目　　录

第一章 农网线路节电技术与实例

第一节 农网建设与改造对供电质量的要求

在开展节电工程改造时,必须保证供电质量。如果只考虑节电而忽视供电质量,将会造成诸如照明的照度减弱,影响视觉和生产质量;电动机出力降低、电机过热、转矩降低,甚至烧毁等后果。

供电质量要求包括:供电电压允许偏差,供电电压波动允许值,三相电压不平衡度,供电频率允许偏差,电网谐波限制值等。其中供电电压的质量是输电线路节能改造中最常涉及的问题。

一、电压偏差对用电设备的影响

用电设备都有其额定电压,在额定电压下使用,用电设备通常能达到最佳运行状态。当用电设备的端电压偏离额定值超过允许范围时,则设备性能、生产效率、产品质量等都将受到影响。

1. 各种情况下设备端电压允许偏差

实际供电电压不可能一直维持额定电压值,在不影响用电设备安全可靠运行及保证基本性能参数的条件下,规定供电电压供至用电设备端子上的电压允许有一定偏差。各种情况下设备端电压允许偏差见表 1-1,电压偏差对常用电气设备特性的影响见表 1-2。

2. 减小电压偏差的技术措施

(1)为减小电压偏差供配电系统的设计,应符合下列要求:

①正确选择变压器的变压比和电压分接头。

表 1-1　各种情况下设备端电压允许偏差

名　称	允许电压偏差(%)
(1)电动机	±5
①连续运转(正常计算值)	
②连续运转(个别特别远的电动机)	
a. 正常条件下	−8～−10
b. 事故条件下	−8～−12
③短时运转(例如起动相邻大型电动机时)	−20～−30①
④起动时	
a. 频繁起动	−10
b. 不频繁起动	−15②
(2)白炽灯	
①室内主要场所及厂区投光灯照明	−2.5～+5
②住宅照明、事故照明及厂区照明	−6
③36V 以下低压移动照明	−10
④短时电压波动(次数不多)	不限
(3)荧光灯	
①室内主要场所	−2.5～+5
②短时电压波动	−10
(4)电阻炉	±5
(5)感应电炉(用变频机组供电时)	同电动机
(6)电弧炉	
①三相电弧炉	±5
②单机电弧炉	±2.5
(7)吊车电动机(起动时校验)	−15
(8)电焊设备(在正常尖峰焊接电流时持续工作)	−8～−10
(9)静电电容器	
①长期运行	+5
②短时运行	+10
(10)正常情况下,在发电厂母线和变电所二次母线(3～10kV)上,由该母线对较远用户供电,用户负荷变动很大	电压调压 0～+5③

续表 1-1

名　称	允许电压偏差(%)
(11)同(10),但在事故情况下	电压调整到＋2.5～＋7.5
(12)正常情况下,当调压设备切除时,在发电厂母线或变电所二次母线(3～10kV)上由该母线对较近的用户供电	小于＋7
(13)同(12),但在事故情况下	－2.5
(14)同(12),但在计划检修时	达到网络额定电压

注:①对于少数带有冲击负荷的传动装置,其电动机是根据转矩要求选择的,所以其电压降低值应根据计算来确定。

②电压降低应满足起动转矩要求。

③在最大负荷时应将电压升高;在最小负荷时应将电压降低。

表 1-2　端电压偏移对常用电气设备特性的影响

名　称	与电压 U 的正比函数关系	电压偏移的影响	
		90%额定电压	110%额定电压
(1)异步电动机			
起动转矩和最大转矩	U^2	－19%	＋21%
转差率	$1/U^2$	＋23%	－17%
满载转速	(同步转速－转差率)	－1.5%	＋1%
满载效率	—	－2%	＋(0.5～1)%
满载功率因数	—	＋1%	－3%
满载电流	—	＋11%	－7%
起动电流	U	－(10～12)%	＋(10～12)%
满载温升	—	＋(6～7)%	－(1～2)%
最大过负荷能力	U^2	－19%	＋21%
(2)电热设备			
输出热能	U^2	－19%	＋21%
(3)白炽灯			
光通量	$\approx U^{3.6}$	－32%	＋41%
使用寿命	$\approx 1/U^{14}$	＋330%	－74%

续表 1-2

名　称	与电压 U 的正比函数关系	电压偏移的影响	
		90％额定电压	110％额定电压
(4)荧光灯			
光通量	U	－10％	＋10％
使用寿命	—	－35％	－20％
(5)静电电容器			
输出无功功率	U^2	－19％	＋21％

注："＋"号表示增加值；"－"号表示减少值。

②降低系统阻抗。

③采用补偿无功功率措施。

④宜使三相负荷平衡。

(2)变电所中的变压器在下列情况之一时,应采用有载调压变压器。

①35kV 电压以上的变电所中的降压变压器,直接向 35kV、10(6)kV 电网送电时。

②35kV 降压变电所的主变压器,在电压偏差不能满足要求时。

(3)10.6kV 配电变压器不宜采用有载调压变压器;但在当地 10.6kV 电源电压偏差不能满足要求,且用电单位有对电压要求严格的设备,单独设置调压装置技术经济不合理时,亦可采用 10.6kV 有载调压变压器。

(4)35kV 以上电网的有载调压宜实行逆调压方式。逆调压的范围宜为额定电压 0～＋5％。

(5)对冲击性负荷的供电需要降低冲击性负荷引起电网电压波动和电压闪变(不包括电动机起动时允许的电压下降)时,宜采取下列措施。

①采用专线供电。

②与其他负荷共用配电线路时,降低配电线路阻抗。

③较大功率的冲击性负荷或冲击性负荷群与对电压波动、闪变敏感的负荷分别由不同的变压器供电。

④对于大功率电弧炉的炉用变压器由短路容量较大的电网供电。

二、农网建设与改造的总体设计要求

国家电力公司制定了《农村电网建设与改造技术原则》,总体技术要求如下。

(1)农村电网(以下简称农网)改造工程,要注重整体布局和网络结构的优化,应把农网改造纳入电网统一规划。

(2)农网线路供电半径一般应满足下列要求:400V 线路不大于 0.5km,10kV 线路不大于 15km,35kV 线路不大于 40km,110kV 线路不大于 150km。

(3)在供电半径过长或经济发达地区宜增加变电所的布点,以缩短供电半径。长远目标为每乡一座变电所,以保证供电质量,满足发展需要。负荷密度小的地区,在保证电压质量和适度控制线损的前提下,10kV 线路供电半径可适当延长。

(4)在经济发达和有条件的地区,电网改造工作要同调度自动化、配电自动化、变电所无人值班、无功优化结合起来。暂无条件的也应在结构布局、设备选择等方面予以考虑。

(5)农网改造后应达的要求。

①农网高压综合线损率降到 10% 以下,低压线损率降到 12% 以下。

②变电所 10kV 侧功率因数达到 0.9 及以上,100kV·A 及以上电力用户的功率因数达到 0.9 及以上,农业用户的功率因数达到 0.8 及以上。

③用户端电压合格率达到 90% 及以上,电压允许偏差应达到:220V 允许偏差值 +7% ~ -10%,380V 允许偏差值 +7% ~ -7%,10kV 允许偏差值 +7% ~ -7%,35kV 允许偏差值

＋10%～－10%。

④城镇地区 10kV 供电可靠率应达到国家电力公司可靠性中心提出的标准。

⑤农网主变压器容量与配电变压器容量之比宜采用 1：2.5，配电变压器容量与用电设备容量之比宜采用 1：1.5～1：1.8。

（6）输电线路路径和变电所站址的选择，应避开行洪、蓄洪区的沼泽、低洼地区，在设计中宜采用经过审定的通用设计或典型设计。

（7）农网改造工程应尽量利用现有可用设施。

三、农网建设与改造对 35kV 和 10kV 配电工程的要求

综合考虑农网的安全、可靠、节能、经济及用电发展等各种因数，对 35kV 和 10kV 配电工程的要求如下：

1. 35kV 配电工程

（1）导线应选用钢芯铝绞线，导线截面根据经济电流密度选择，并留有 10 年的发展余度，但不得小于 $70mm^2$。在负荷较大的地区，推荐使用稀土导线。

（2）城镇配网应采用环网布置、开网运行的结构。乡村配网以单放射式为主，较长的主干线或分支线装设分段或分支开关设备，应积极推广使用自动重合器和自动分段器，并留有配网自动化发展的余地。

（3）线路杆塔应首选预应力混凝土杆，在运输和施工困难的地区可采用部分铁塔。

（4）标准金具采用国家定型产品，非标准金具必须选用标准钢材并热镀锌。

2. 10kV 配电工程

（1）导线应选用钢芯铝绞线，导线截面积根据经济电流密度选择，并留有不少于 5 年的发展余度，但应不小于 $35mm^2$，负荷小的

线路末段可选用 25mm² 。一般选用裸导线,在城镇或复杂地段可采用绝缘导线。

(2)负荷密度小、负荷点少和有条件的地区可采用单相变压器或单、三相混合供电的配电方式。

(3)线路杆塔在农村一般选用 10m 及以上,城镇内选用 12m 及以上的预应力水泥电杆(混凝土电杆)。

(4)未经电力企业同意,不得同杆架设广播、电话、有线电视等其他线路。

(5)标准金具采用国家定型产品,非标准金具必须选用标准钢材并热镀锌。

四、农网建设与改造对低压配电设施的要求

农村低压用电面广、负荷分散,在低压配电网上的电能损耗很大,因此在建设和改造低压配电网时首先必须认真做好设计方案,正确选择导线截面,着重考虑节能和用电的发展,切不可只顾眼前少投入而使供电布局不合理,缺乏发展眼光,线径选择过细,产生卡脖子线路,从而造成线损严重,再改造困难等后果。

农网建设与改造对低压配电设施的要求如下:

(1)低压配电线路布局应与农村发展规划相结合,考虑村镇建房规划,严格按照《农村低压电力技术规程》要求进行建设、改造。

(2)低压主干线路按最大工作电流选取导线截面积,其导线截面积不得小于 35mm²,分支线不得小于 25mm²(铝绞线)。禁止使用单股、破股线和铁线。

(3)线路架设应符合有关规程要求。电杆一般采用长度不小于 8m 的混凝土电杆,但在村镇内,为保证用电安全,通过经济技术比较,可采用绝缘线。电杆拉线应装绝缘瓷瓶。

(4)排灌机井线路推荐使用地埋线。

(5)接户线的相线、中性线或保护线应从同一电杆引下,档距不应大于 25m,超过时应加接户杆。

(6)接户线应采用绝缘线,导线截面积不应小于 6mm²,进户

后应加装控制刀闸、熔丝和漏电保护器。进户线必须与通信线、广播线分开进户。进户线穿墙时应装硬质绝缘管,并在户外做滴水弯。

(7)未经电力企业同意,不得同杆架设广播、电话、有线电视等其他线路。

第二节　农村节电工作的开展及电网降损措施

一、农村用电特点

(1)负荷小而分散。农村村镇分布很广,用电不集中,电力负荷密度很低。变压器容量一般都较小,配电点多而分散,给用电管理带来不便。

(2)距供电距离较远,线路长而质量较差,电压波动较大,供电质量较差。6～10kV 高压输电线路昼夜负荷波动很大,后半夜负荷极低。

(3)负荷受季节影响大,一般 4～9 月份为农村用电高峰季节。农忙季节因灌溉、脱粒等负荷大量增加,且使用时间相当集中,致使变压器产生超载,不仅效率下降,而且事故频生;在抗旱或排涝时期,也会造成电网的满负荷甚至过负荷运行,导致电网电压过低,影响水泵、电动机等设备的正常工作。1～3 月份和 10～12 月份为低谷负荷季节。在低谷负荷季节,配电变压器长期在低负荷率下运行,不但会浪费电能,还会出现无功电源过剩,造成系统电压偏高。

(4)负荷的功率因数低。农村照明用电量不大,而动力用电大多是小容量异步电动机、水泵等,安装分散,除具有一定规模的乡镇企业外,功率因数较低,自然功率因数通常在 0.7 以下。如不采取措施,电能损耗较大。

(5)农村电网分布在旷野,线路和变压器容易遭受雷击。变压器一旦受雷击损坏,会造成很大的经济损失。

　　针对农村用电特点,应采取相应的措施,尽可能使电网经济合理、安全可靠地运行。例如,正确选择农用变压器的容量,采用调容量变压器或母子式变压器,正确选择变压器的安装地点,根据季节变化及时调节变压器分接开关,采用补偿电容器或自耦升压,正确整定变压器保护装置和正确选择熔丝,加强线路维护,减小接触电阻和漏电损耗,提高供电质量,推广采用瓷横担,加强防雷保护,在变压器高、低压侧均安装避雷器等。

二、农村节电工作的管理、组织及技术措施

　　农村节电工作除组织落实,分工明确,各尽其责,定期检查、考核外,应重点抓好管理措施和技术措施。

1. 管理措施

　　(1)严格计划管理。

　　①加强对所管辖电力线路、机泵设备及各种用电设备和加工机械等的维护和保养,严格执行定期检修制度,使电气设备经常处于良好的工作状态。

　　②更换不适应负荷的线路,更改陈旧、低效设备,以减少线路、设备的损耗。

　　③加强计划用电工作,严格遵守用电时间,按计划用电量用电。开展"五定"责任制,即定负荷电量、定用电时间、定设备班次、定产品单耗(如乡镇企业)、定奖惩制度。

　　(2)加强经济效益分析,要对供电线路及用电设备的运行状况进行分析,找出造成能耗高的原因,通过计算、比较,采用最经济的用电方案和最合理的节能改造方案,从而大大节约电能,提高经济效益。

　　(3)做好农村小水电站与大电网的并网工作。由于种种原因,我国目前尚有部分小水电未与大电网并网,为了使小水电与大电网互为补充,以利节电,要从管理体制及电价政策上抓好此项工作。

（4）实行科学管理。

①全面落实经济责任制和分片包干制,采用 PC-1500 微机进行线损计算等。

②农网调度通信无线电与载波化,变压器装设低载电度表计量装置,进行功率因数自动补偿,装设超负荷自动控制器等。

③采用微机实行小水电站的调度,预测负荷与发电量等。

2. 技术措施

（1）大力开发小水电、风力发电、太阳能发电和沼气发电等,尤其要大力发展小水电站与小水电网的建设。小水电就地建站,就近供电,适应农村用电分散的特点,能减小由大电网远距离供电而造成的线损,是解决农村电力供求矛盾的重要措施。

（2）减小电网损失率。目前我国农村电网线损很大,尤其低压电网一般为 15%～25%。要经过不懈努力,使农村电网高压综合线损率降到 10% 以下,低压线损率降到 12% 以下。从全国范围讲,农村低压电网线损率若能降低 5%,则全年便可少损失电能约 26 亿千瓦时。

（3）积极推广节电技术,逐步淘汰效率低、能耗高、"超期服役"、"带病运行"的旧设备,更换成高效、优质、低耗的新产品。如采用低损耗变压器,采用 Y 系列电动机,采用远红外加热技术等。另外,要合理选择电动机、水泵等用电设备的容量,避免"大马拉小车"。

（4）降低用电单耗。首先要摸清本地区（或本厂）单耗现状,经分析测算,参照同类用电先进水平,制定出本地区（或本厂）单耗指标,然后针对单耗过高的原因,制定出相应的降耗措施。同时要改造不合理的用电设备,改进操作工艺与流程等,使各类用电项目的单耗能有较大幅度的下降。

三、农网的降损措施

目前我国农村电网的线损率很高,通常在 15% 以上。造成农村电网线损率高的原因很多,如农村用电分散,供电线路远,线路质量较差,用电负荷季节性变化大等。另外,用电管理不力,线路长年失修,以及节电措施落实较差等,也都会使农村电网线损居高不下。国家指令要求:农网高压综合线损率降到 10% 以下,低压线损率降到 12% 以下。

降低农村电网线损的措施有以下几种。

(1)对电网进行升压改造。由于农村用电较分散,选用较低电压供电时,供电半径缩短,则既增加线路损耗又不能满足用电发展的需要。可将一部分 0.4~0.6kV 电网升压改造为 10kV 电网,将 10kV 和 35kV 电网分别升压改造为 35kV 和 110kV 电网。

10kV 电压等级的配电网,其经济合理的供电半径为 10~15km。对负荷较小、用电量又不多的用电点,则线路供电的半径可适当延长。400V 的低压电网,一般供电范围不应超过 0.5km。

(2)按经济电流密度选择导线截面积。导线截面积选择小了,虽然节约了资金,但线损却增大了。如不按经济电流密度选择导线截面积,从长远考虑,经济上是得不偿失的。

(3)变压器应尽可能安装在用电负荷中心。这样,较大的电流只通过很短的导线便可到达用电点,从而使线路的电能损耗最小。

(4)在农用电低峰期适当降低农网运行电压,而在农用电高峰期适当提高农网运行电压。这可通过改变变压器分接头,采取无功补偿装置或采用有载调压变压器等来实现。

在国家标准 GB 50052—2009《供配电系统设计规范》中规定,变电所中的变压器在下列情况之一时,应采用有载调压变压器:

①大于等于 35kV 电压的变电所中的降压变压器,直接向 35kV、10.6kV 电网送电时。

②35kV 降压变电所的主变压器,在电压偏差不能满足时。

③10.6kV 配电变压器不宜采用有载调压变压器;但在当地 10.6kV 电源电压偏差不能满足要求,且用户有对电压要求严格的设备,单独设置调压装置技术经济不合理时,亦可采用 10.6kV

有载调压变压器。

（5）选择合理的配电接线方式。例如井灌区的高压配电网,若有可能应采用环形供电方式,因为树枝形接线方式是不经济的。

（6）减少线路迂回。不但可节省建设线路的投资,而且能减小输电线的长度,从而减小线损。

（7）消除卡脖子线路段。农村供电线路,常常是一段一段逐渐建设起来的,随着用电的发展,有的线路段导线已过细,如中间一段导线特别细或首端细、末端粗,或干线细、支线粗。这些不合理的情况都会增加不必要的线损,应及时进行改造。

（8）尽可能减少线路接头,尤其要避免铜铝导线连接。对线路接头应注意检查和紧固。

（9）搞好电网及小水电无功功率平衡,减少无功电能输送,提高功率因数。

（10）安装补偿电容器,提高电压水平。这对于负荷分散、线路很长的农村电网,更有实用价值。

（11）调整负荷,尽量使三相负荷对称。三相电流不平衡,会使线路和变压器的损耗增大,不平衡度越大,损耗也越大。为此应经常关注电网的负荷分配情况,尤其对新增负荷的连接,更应注意三相负荷平衡,对于不平衡度超过要求的电网,应及时调整。

四、三相电流不平衡的配电线路节电改造与实例

1. 三相供电线路电流平衡运行的规定

三相三线制或三相四线制供电线路,在输送相同的有功功率情况下,三相电流平衡时线路损耗最小;三相电流不平衡会使线路损耗增大。因此调整三相负荷平衡是节电的一项重要措施。

三相电流不平衡与三相电流平衡这两种情况的线路损耗之差,称为线路电流不平衡附加线路损耗。

根据规程规定,一般要求配电变压器出口处的电流不平衡度不大于10%,干线及分支线首端的不平衡度不大于20%,中性线的电流不超过额定电流的25%。若超过上述规定,不仅会影响变

压器的安全经济运行,影响供电质量,而且会成倍增加线路损耗。

2. 三相四线制三相电流不相等的附加线路损耗计算

三相四线制的三相电流不相等,有两种情况:一种是三相负荷的功率因数相等而线电流不相等,另一种是三相负荷的功率因数和线电流都不相等。当三相负荷的功率因数相等而线电流不相等的附加线损可按以下公式计算。

(1)计算方法一。假设某三相四线制供电线路,相线的电阻为R,中性线的电阻为相线电阻的 2 倍,即 $2R$,总负荷电流为 $3I$。

①当三相负荷电流平衡时:

因每相电流为 I,中性线中无电流,则该线路的线损为

$$\Delta P_1 = 3I^2R$$

②当三相负荷电流不平衡时:

设 U、V、W 相和中性线电流分别为 I_U、I_V、I_W($I_U + I_V + I_W = I$)和 I_0,则该线路的线损为

$$\Delta P_2 = (I_U^2 R + I_V^2 R + I_W^2 R + I_0^2 \times 2R) = (I_U^2 + I_V^2 + I_W^2 + 2I_0^2)R$$

三相负荷不平衡时较三相负荷平衡时,线路损耗增加(附加线路损耗)

$$\Delta P_{fj} = \Delta P_2 - \Delta P_1 = [(I_U^2 + I_V^2 + I_W^2 + 2I_0^2) - 3I^2]R$$

例如,设三相负荷不平衡时的 $I_U = 2I$, $I_V = I_W = 0.5I$,则中性线电流为

$$I_0 = 2I + \frac{1}{2}I\left[\left(-\frac{1}{2} + j\frac{\sqrt{3}}{2}\right) + \left(-\frac{1}{2} - j\frac{\sqrt{3}}{2}\right)\right] = \frac{3}{2}I$$

线路功率损耗为

$$\Delta P_2 = (2I)^2 R + \left(\frac{I}{2}\right)^2 R + \left(\frac{I}{2}\right)^2 R + \left(\frac{3}{2}I\right)^2 2R$$

$$= 9I^2 R$$

而三相负荷平衡时的线路功率损耗为

$$\Delta P_1 = 3I^2 R$$

三相负荷不平衡时的附加线路损耗为

$$\Delta P_{fj} = 9I^2R - 3I^2R = 6I^2R$$

（2）计算方法二。

$$\Delta P_{fj} = \frac{(I_U - I_V)^2 + (I_V - I_W)^2 + (I_W - I_U)^2}{3}R + I_0^2R_0$$

式中　　ΔP_{fj}——附加线损（W）；

I_U、I_V、I_W——U、V、W 相线的电流（A）；

I_0——中性线的电流（A）；

R——各相导线电阻（Ω）；

R_0——中性线电阻（Ω）。

3. 三相三线制三相电流不相等的附加线损计算

在三相三线制线路输送的总有功功率和总无功功率均相同的情况下，三相负荷对称，线路的功率损耗最小；三相负荷不对称，线路的功率损耗较大。三相负荷不对称与对称这两种情况的功率损耗之差，称为负荷不对称附加线路损耗。

三相负荷为星形接法时，三相电流不相等将会引起中性点电压偏移，严重时会危及电网及负荷的安全。在极端的情况下，当一相负荷极大（相当该相负荷接近短接），则另两相将承受接近线电压（即 380V）的电压，从而造成设备过电压而损坏。

三相负荷为三角形接法时，若设功率因数相等，三相电流不相等产生的附加线路损耗可按下式计算：

$$\Delta P_{fj} = \frac{(I_{UV} - I_{VW})^2 + (I_{VW} - I_{WU})^2 + (I_{WU} - I_{UV})^2}{2}R$$

式中　　ΔP_{fj}——附加线损（W）；

R——线路的导线电阻（Ω）；

I_{UV}、I_{VW}、I_{WU}——分别为 UV 相、VW 相、WU 相的相电流（A）。

【实例 1】　一条三相四线制配电线路，全长 L 为 500m，相线采用 LJ-150 型导线，零线采用 LJ-70 型导线，负荷在线路末端，三相负荷电流实测分别为 U 相 120A、V 相 180A、W 相为 80A、中性线为 100A。设备相的功率因数相等,如果将三相负荷调整平衡,试问年节约线路损耗电费多少元? 设年运行小时数 T 为 4000h,电价 δ 为 0.5 元/kWh。

解　根据导线截面积,由表 1-6 查得 LJ-150 型导线的单位长度电阻 $R_{01}=0.21\Omega/\text{km}$,LJ-70 型的 $R_{02}=0.46\Omega/\text{km}$。

由于三相电流不平衡,该线路的线路损耗较三相电流平衡的线路损耗增多(即电流不平衡附加线路损耗)为

$$\Delta P_{\text{fj}}=\frac{(I_{\text{U}}-I_{\text{V}})^2+(I_{\text{V}}-I_{\text{W}})^2+(I_{\text{W}}-I_{\text{U}})^2}{3}R+I_0^2R_0$$

$$=\frac{(I_{\text{U}}-I_{\text{V}})^2+(I_{\text{V}}-I_{\text{W}})^2+(I_{\text{W}}-I_{\text{U}})^2}{3}R_{01}L+I_0^2R_{02}L$$

$$=\frac{(120-180)^2+(180-80)^2+(80-120)^2}{3}\times0.21\times$$

$$0.5+100^2\times0.46\times0.5$$

$$=532+2300=2832(\text{W})\approx2.8(\text{kW})$$

如果经整改使三相电流平衡,年节约线路损耗电费为

$$F=\Delta P_{\text{fj}}T\delta=2.8\times4000\times0.5=5600(元)$$

【实例 2】　一条三相三线制配电线路,全长 L 为 800m,采用 TJ-50 型导线,负荷在线路末端,三角形接法,三相负荷电流实测分别为 UW 相为 200A、VW 相为 160A、WU 相为 100A。设各相功率因数均相等,如果将三相负荷调整平衡,试求整改后节约线路损耗电能多少瓦?

解　由表 1-5 查得 TJ-50 型导线的单位长度电阻 $R_0=0.39\Omega/\text{km}$。该线路负荷不对称附加线路损耗为

$$\Delta P_{\text{fj}}=\frac{(I_{\text{UV}}-I_{\text{VW}})^2+(I_{\text{VW}}-I_{\text{WU}})^2+(I_{\text{WU}}-I_{\text{UV}})^2}{2}R_0L$$

$$=\frac{(200-160)^2+(160-100)^2+(100-200)^2}{2}\times0.39\times0.8$$

$$=2371.2(\text{W})$$

整改后三相电流平衡,能节约线路有功功率损耗约 2370W。

第三节　电力线路基本参数及计算

在输配电线路节电改造的计算中需涉及电力线路的电阻、电抗等参数。为此,在本节中介绍常用导线、电缆和母线的电阻、电抗及计算。

一、导线、电缆、母线的电阻和电抗的计算

1. 导线、电缆、母线的电阻计算

(1)导线的电阻。导线的电阻可以用公式 $R = \rho L/S$ 计算,式中 L 为导线长度(km),S 为导线的截面积(mm^2),ρ 为 20℃时导线材料的电阻率($\Omega \cdot \text{mm}^2/\text{km}$)。在电力网计算中,还必须对 ρ 作修正。这是因为:

①导线和电缆芯线大多是绞线,实际长度要比导线长度大 $2\% \sim 3\%$;

②大部分导线和电缆的实际面积较额定截面积要小些;

③实际运行的导线和电缆芯线温度不会是 20℃,计算时应根据实际情况取平均温度。

考虑以上原因,修正后导线材料的电阻率见表 1-3。

表 1-3　导线材料的电阻率(已修正)

导线材料	电阻率的计算值 $\rho(\Omega \cdot \text{mm}^2/\text{km})$
硬　铜	18.8
软　铜	18.8
铝	31.5

为了方便起见,工程中都已将各种型号规格的导线电阻预先计算出并制成表格,使用时,只需查表即可。

(2)电缆的电阻。电缆单位长度的电阻见表 1-4。

表1-4　电缆芯线单位长度电阻值(20℃时)　　(Ω/km)

线芯标称截面积(mm²)	铜芯电缆	铝芯电缆
16	1.15	1.94
25	0.74	1.24
35	0.53	0.89
50	0.37	0.62
70	0.26	0.44
95	0.19	0.33
120	0.15	0.26
150	0.12	0.21
180	0.10	0.17
240	0.08	0.13

(3)母线的电阻。母线电阻值可按下式计算:

$$R_0 = \frac{1}{\gamma S} \times 10^3$$

式中　R_0——母线单位长度的电阻值(mΩ/m);

　　　γ——母线电导率(m/Ω·mm²),铜母排 $\gamma = 54$,铝母排 $\gamma = 32$;

　　　S——母线截面(mm²)。

2. 导线、电缆、母线的电抗计算

(1)导线的电抗。导线电抗与导线的几何尺寸、三相导线的排列及相间距离有关。每相单位长度的电抗值可由下列公式计算:

①铜及铝导线的电抗

$$x_0 = 2\pi f \left(4.6 \lg \frac{2D_{pj}}{d} + 0.5\mu \right) \times 10^{-4}$$

式中　x_0——导线电抗值(Ω/km);

　　　d——导线的外径(mm);

f——交流电频率,工频 $f=50\text{Hz}$;

μ——导线材料的相对磁导率,对有色金属 $\mu=1$;

D_{pj}——三相导线间的几何均距(mm)。

当三相导线在等边三角形顶点布置时[图 1-1(a)],D_{pj} 就等于三角形边长。

当三相导线水平布置时[图 1-1(b)],则为

$$D_{\text{pj}}=\sqrt[3]{2D^3}=1.26D$$

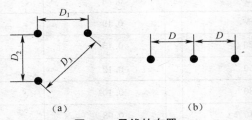

(a)   (b)

图 1-1 导线的布置

(a)三相导线在等边三角形顶点布置 (b)三相导线水平布置

②铜芯铝绞线的电抗:计算较困难,一般用查表法。

(2)电缆的电抗。电缆的电抗值通常由制造厂提供,当缺乏该项技术数据时,可采用下列数据进行估算:

1kV 电缆 $x_0=0.06\Omega/\text{km}$

6~10kV 电缆 $x_0=0.8\Omega/\text{km}$

35kV 电缆 $x_0=0.12\Omega/\text{km}$

(3)母线的电抗。母线的电抗可按下式计算(见图 1-2):

$$x_0=2\pi f\left(4.61\lg\frac{2\pi D_{\text{j}}+h}{\pi b+2h}+0.6\right)\times10^{-4}$$

当 $f=50\text{Hz}$ 时,可简化为:

$$x_0=0.1445\lg\frac{2\pi D_{\text{j}}+h}{\pi b+2h}+0.01884$$

式中 x_0——母线的电抗(mΩ/m);

D_{j}——几何均距(mm),$D_{\text{j}}=\sqrt[3]{D_{\text{UV}}D_{\text{VW}}D_{\text{WU}}}$;

$h、b$——母线的宽和厚(mm)。

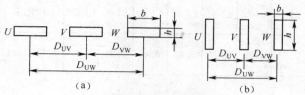

图 1-2　母线排列图

(a)母线平放　(b)母线竖放

二、常用导线、电缆、母线的电阻和电抗

工程中为了方便起见,都已将各种型号规格的导线电阻、电抗预先计算出并制成表格。使用时只需根据导线间的几何均距查表便可得到其每千米的电阻值、电抗值。常用导线、电缆、母线的电阻值和电抗值见表 1-5～表 1-13。

表 1-5　TJ 型裸铜导线的电阻值和电抗值

导线型号	TJ-10	TJ-16	TJ-25	TJ-35	TJ-50	TJ-70	TJ-95	TJ-120	TJ-150	TJ-185	TJ-240
电阻值(Ω/km)	1.84	1.20	0.74	0.54	0.39	0.28	0.20	0.158	0.123	0.103	0.078
线间几何均距(mm)	电抗值(Ω/km)										
0.4	0.355	0.334	0.318	0.308	0.298	0.287	0.274	—	—	—	—
0.6	0.381	0.360	0.345	0.335	0.324	0.321	0.303	0.295	0.287	0.281	—
0.8	0.399	0.378	0.363	0.352	0.341	0.330	0.321	0.313	0.305	0.299	—
1.0	0.413	0.392	0.377	0.366	0.356	0.345	0.335	0.327	0.319	0.313	0.305
1.25	0.427	0.406	0.391	0.380	0.370	0.359	0.349	0.341	0.333	0.327	0.319
1.5	0.438	0.417	0.402	0.392	0.381	0.370	0.360	0.353	0.345	0.339	0.330
2.0	0.457	0.435	0.421	0.410	0.399	0.389	0.378	0.371	0.363	0.356	0.349
2.5	—	0.449	0.435	0.424	0.413	0.402	0.392	0.385	0.377	0.371	0.363
3.0	—	0.460	0.446	0.435	0.424	0.414	0.403	0.396	0.388	0.382	0.374
3.5	—	0.470	0.456	0.445	0.434	0.423	0.413	0.406	0.398	0.392	0.384

表 1-6　LJ 型裸铝导线的电阻值和电抗值

导线型号	LJ-16	LJ-25	LJ-35	LJ-50	LJ-70	LJ-95	LJ-120	LJ-150	LJ-185	LJ-240
电阻值（Ω/km）	1.94	1.28	0.92	0.64	0.46	0.34	0.27	0.21	0.17	0.132
线间几何均距（mm）	电抗值（Ω/km）									
0.6	0.358	0.344	0.334	0.323	0.312	0.303	0.295	0.287	0.281	0.273
0.8	0.377	0.362	0.352	0.341	0.330	0.321	0.313	0.305	0.299	0.291
1.0	0.390	0.376	0.366	0.355	0.344	0.335	0.327	0.319	0.313	0.305
1.25	0.404	0.390	0.380	0.369	0.358	0.349	0.341	0.333	0.327	0.319
1.5	0.416	0.402	0.392	0.380	0.369	0.360	0.353	0.345	0.339	0.330
2.0	0.434	0.420	0.410	0.398	0.387	0.378	0.371	0.363	0.356	0.348
2.5	0.448	0.434	0.424	0.412	0.401	0.392	0.385	0.377	0.371	0.362
3.0	0.459	0.445	0.435	0.424	0.413	0.403	0.396	0.388	0.382	0.374
3.5	—	—	0.445	0.433	0.423	0.413	0.406	0.398	0.392	0.383

表 1-7　LGJ 型铜芯铝绞线的电阻值和电抗值

导线型号	LGJ-16	LGJ-25	LGJ-35	LGJ-50	LGJ-70	LGJ-95	LGJ-120	LGJ-150	LGJ-185	LGJ-240	LGJ-300	LGJ-400
电阻值（Ω/km）	2.04	1.38	0.85	0.65	0.46	0.33	0.27	0.21	0.17	0.132	0.107	0.082
线间几何均矩（mm）	电抗值（Ω/km）											
1.0	0.387	0.374	0.359	0.351	—	—	—	—	—	—	—	—
1.25	0.401	0.388	0.373	0.365	—	—	—	—	—	—	—	—
1.5	0.412	0.400	0.385	0.376	0.365	0.354	0.347	0.340	—	—	—	—

续表 1-7

导线型号	LGJ-16	LGJ-25	LGJ-35	LGJ-50	LGJ-70	LGJ-95	LGJ-120	LGJ-150	LGJ-185	LGJ-240	LGJ-300	LGJ-400
电阻值 (Ω/km)	2.04	1.38	0.85	0.65	0.46	0.33	0.27	0.21	0.17	0.132	0.107	0.082
线间几何均距 (mm)	电抗值(Ω/km)											
2.0	0.430	0.418	0.403	0.394	0.383	0.372	0.365	0.385	—	—	—	—
2.5	0.444	0.432	0.417	0.408	0.397	0.386	0.379	0.372	0.365	0.357	—	—
3.0	0.456	0.443	0.428	0.420	0.409	0.398	0.391	0.384	0.377	0.369	—	—
3.5	0.466	0.453	0.438	0.429	0.418	0.406	0.400	0.394	0.386	0.378	0.371	0.362

表 1-8 户内明敷及穿管的铝芯、铜芯绝缘导线的电阻值和电抗值

标称截面积 (mm^2)	铝芯(Ω/km)			铜芯(Ω/km)		
	电阻值 R_0 (20℃)	电抗值 x_0 明线间距 150mm	穿管	电阻值 R_0 (20℃)	电抗值 x_0 明线间距 150mm	穿管
1.5	—	—	—	12.27	—	0.109
2.5	12.40	0.337	0.102	7.36	0.337	0.102
4	7.75	0.318	0.095	4.60	0.318	0.095
6	5.17	0.309	0.09	3.07	0.309	0.09
10	3.10	0.286	0.073	1.84	0.286	0.073
16	1.94	0.271	0.068	1.15	0.271	0.068
25	1.24	0.257	0.066	0.75	0.257	0.066
35	0.88	0.246	0.064	0.53	0.246	0.064
50	0.62	0.235	0.063	0.37	0.235	0.063
70	0.44	0.224	0.061	0.26	0.224	0.081
95	0.33	0.215	0.06	0.19	0.215	0.06
120	0.26	0.208	0.06	0.15	0.208	0.06
150	0.20	0.201	0.059	0.12	0.201	0.059
185	0.17	0.194	0.059	0.10	0.194	0.059

表 1-9　电缆芯线单位长度电阻值(20℃时)　　　(Ω/km)

线芯标称截面积(mm²)	铜芯电缆	铝芯电缆	线芯标称截面积(mm²)	铜芯电缆	铝芯电缆
16	1.15	1.94	95	0.19	0.33
25	0.74	1.24	120	0.15	0.26
35	0.53	0.89	150	0.12	0.21
50	0.37	0.62	180	0.10	0.17
70	0.26	0.44	240	0.08	0.13

表 1-10　380/220V 三相架空线路每米阻抗值　　　(mΩ/m)

导线标称截面积(mm²)	电阻值 R_1、R_2、R_{0x}、R、R_{01}				导线排列式及中心距离(mm) U V N W　400 600 400		导线排列式及中心距离(mm) U V N W　400 600 400	
	$t=70℃$时裸导线		$t=65℃$时绝缘导线		正、负序电抗值 X_1、X_2、X ($D_j=824$)	零序电抗值 X_{0x}、X_{01} ($D_0=621$)	正、负序电抗值 X_1、X_2、X ($D_j=621$)	零序电抗值 X_{0x}、x_{01} ($D_0=824$)
	铝芯	铜芯	铝芯	铜芯				
10		2.23	3.66	0.19	0.40	0.38	0.38	0.40
16	2.35	1.39	2.29	1.37	0.38	0.37	0.37	0.38
25	1.50	0.89	1.48	0.88	0.37	0.35	0.35	0.37
35	1.07	0.64	1.06	0.63	0.36	0.34	0.34	0.36
50	0.75	0.45	0.75	0.44	0.35	0.33	0.33	0.35
70	0.54	0.32	1.53	0.32	0.34	0.32	0.32	0.34
95	0.40	0.24	0.39	0.23	0.32	0.31	0.31	0.32
120	0.32	0.19	0.31	0.19	0.32	0.30	0.30	0.32
150	0.25	0.15	0.15	0.15	0.31	0.29	0.29	0.31
185	0.20	0.12	0.20	0.12	0.30	0.28	0.28	0.30

注:零序电抗是指相线或零线的零序电抗。

表1-11　380/220V 三相线路绝缘子布线每米阻抗值　　(mΩ/m)

导线标称截面面积 (mm²)	电阻值 R_1,R_2,R_{0x},R,R_{01}				当相同中心距离 D 为下列诸值(mm)时,相,相线正,负序电抗值 X_1,X_2,X			当零线与邻近相线中心间距离 D_n 为下列诸值(mm)时,相线或零线的零序电抗值 X_{0x},X_{01}						
	$t=70℃$时 裸绞线		$t=65℃$时 绝缘导线					$D_n=D$						
	铝	铜	铝	铜	70	100	150	$D=70$	$D=100$	$D=150$	1500	2500	3500	6000
1			36.580	22.712	0.333	0.355	0.380	0.356	0.378	0.403	0.510	0.543	0.564	0.597
1.5			24.387	14.475	0.321	0.368	0.368	0.344	0.366	0.391	0.498	0.530	0.552	0.585
2.5			14.632	8.685	0.305	0.353	0.353	0.331	0.350	0.376	0.483	0.515	0.536	0.570
4			9.145	5.428	0.290	0.338	0.338	0.313	0.335	0.361	0.468	0.500	0.521	0.555
6			6.097	3.619	0.277	0.325	0.325	0.300	0.323	0.348	0.455	0.487	0.508	0.542
10		2.230	3.658	2.193	0.258	0.306	0.306	0.281	0.303	0.329	0.436	0.468	0.489	0.523
16	2.348	1.394	2.286	1.371	0.242	0.290	0.290	0.265	0.288	0.313	0.420	0.452	0.473	0.507
25	1.503	0.892	1.478	0.877	0.229	0.277	0.277	0.252	0.274	0.299	0.406	0.438	0.460	0.493
35	1.073	0.637	1.056	0.627	0.218	0.266	0.266	0.241	0.264	0.289	0.396	0.428	0.449	0.483
50	0.751	0.446	0.746	0.443	0.206	0.251	0.251	0.229	0.252	0.277	0.384	0.416	0.437	0.471
70	0.537	0.319	0.533	0.316	0.196	0.242	0.242	0.219	0.242	0.267	0.374	0.406	0.427	0.461
95	0.396	0.235	0.393	0.233	0.183	0.231	0.231	0.206	0.229	0.254	0.361	0.393	0.414	0.448
120	0.316	0.188	0.311	0.186	0.176	0.223	0.223	0.199	0.222	0.247	0.354	0.386	0.407	0.441
150	0.253	0.150	0.249	0.149	0.169	0.216	0.216	0.192	0.214	0.240	0.347	0.379	0.400	0.434
185	0.203	0.122	0.202	0.122	0.162	0.208	0.208	0.185	0.207	0.232	0.339	0.371	0.393	0.426

表 1-12　1000V 以下三芯电力电缆每米阻抗值　　　　　　　　　　（mΩ/m）

线芯标称截面积 (mm²)	聚氯乙烯绝缘				橡皮绝缘					油浸纸绝缘				
	$t=65℃$时线芯电阻值 R_2,R_{0x},R		正、负序电抗值 X_1,X_2	相线零序电抗值 X_{0x}	铝皮电阻值 R_{0x}	$t=65℃$时线芯电阻值 R_2,R_{0x},R		正、负序电抗值 X_1,X_2	相线零序电抗值 X_{0x}	$t=80℃$时线芯电阻值 R_2,R_{0x},R		铝皮电阻值 R_{01}	正、负序电抗值 X_1,X_2	相线零序电抗值 X_{0x}
	铝	铜				铝	铜			铝	铜			
3×25	14.778	8.772	0.100	0.134	7.52	14.778	8.772	0.107	0.135	15.53	9.218	8.14	0.098	0.130
3×4	9.237	5.482	0.093	0.125	6.93	9.237	5.482	0.099	0.125	9.706	5.761	7.57	0.091	0.121
3×6	6.158	3.655	0.093	0.121	6.38	6.158	3.655	0.094	0.118	6.470	3.841	6.71	0.087	0.114
3×10	3.695	2.193	0.087	0.112	6.28	3.695	2.193	0.092	0.116	3.882	2.304	5.97	0.081	0.105
3×16	2.309	1.371	0.082	0.106	3.66	2.309	1.371	0.086	0.111	2.427	1.440	5.2	0.077	0.103
3×25	1.507	0.895	0.075	0.106	2.79	1.507	0.895	0.079	0.107	1.584	0.940	4.8	0.067	0.089
3×35	1.077	0.639	0.072	0.091	2.25	1.077	0.639	0.075	0.102	1.131	0.671	3.89	0.065	0.085
3×50	0.754	0.447	0.072	0.090	1.93	0.754	0.447	0.075	0.102	0.792	0.470	3.42	0.063	0.082
3×70	0.538	0.319	0.069	0.086	1.45	0.538	0.319	0.072	0.099	0.566	0.336	2.76	0.062	0.079
3×95	0.397	0.235	0.069	0.085	1.18	0.397	0.235	0.072	0.097	0.471	0.247	2.2	0.061	0.078
3×120	0.314	0.188	0.069	0.084	1.09	0.314	0.188	0.071	0.095	0.330	0.198	1.94	0.062	0.077
3×150	0.251	0.151	0.070	0.084	0.99	0.251	0.151	0.071	0.095	0.264	0.158	1.66	0.062	0.077
3×185	0.203	0.123	0.070	0.083	0.90	0.203	0.123	0.071	0.094	0.214	0.130	1.4	0.062	0.076

注：1. 相线的零序电抗是按电缆紧贴接地导体计算的。

　　2. 铝皮电抗忽略不计。

表 1-13 三相母线每米阻抗值 　　　　　(mΩ/m)

母线规格 $a \times b$ (mm)	$t=70℃$时电阻值 R_1、R_2、R_{0x}、R_{0l}		相线正、负序电抗值 X_1、X_2、X 当相间中心距离(mm)为下列诸值时，				当零线与邻近相线中心距离 D_n 为下列诸值(mm)时，相线或零线的零序电抗值 X_{1x}、X_{0e}					
	铝	铜	160	200	250	350	200			1500	3500	6000
							=200	=250	=350			
25×3	0.469	0.292	0.218	0.232	0.240	0.267	0.255	0.261	0.270	0.344	0.397	0.431
25×4	0.355	0.221	0.215	0.229	0.237	0.265	0.252	0.258	0.268	0.341	0.395	0.428
30×3	0.394	0.246	0.207	0.221	0.230	0.256	0.244	0.250	0.259	0.333	0.386	0.420
30×4	0.299	0.185	0.205	0.219	0.227	0.255	0.242	0.248	0.258	0.331	0.385	0.418
40×4	0.225	0.140	0.189	0.203	0.212	0.238	0.226	0.232	0.241	0.315	0.368	0.402
40×5	0.180	0.113	0.188	0.202	0.210	0.237	0.225	0.231	0.240	0.314	0.367	0.401
50×5	0.144	0.091	0.175	0.189	0.199	0.224	0.212	0.218	0.227	0.301	0.354	0.388
50×6	0.121	0.077	0.174	0.188	0.197	0.223	0.211	0.217	0.226	0.300	0.353	0.387
60×6	0.102	0.067	0.164	0.176	0.188	0.213	0.201	0.206	0.216	0.290	0.343	0.377
60×8	0.077	0.050	0.162	0.176	0.185	0.211	0.199	0.205	0.214	0.288	0.341	0.375
80×6	0.077	0.050	0.147	0.161	0.172	0.196	0.184	0.190	0.199	0.273	0.326	0.360
80×8	0.060	0.039	0.146	0.160	0.170	0.195	0.183	0.188	0.198	0.272	0.325	0.359
80×10	0.049	0.083	0.144	0.158	0.168	0.193	0.181	0.187	0.196	0.270	0.323	0.357
100×6	0.063	0.042	0.134	0.148	0.160	0.183	0.171	0.177	0.186	0.260	0.313	0.347
100×8	0.048	0.032	0.133	0.147	0.158	0.182	0.170	0.176	0.185	0.259	0.312	0.346
100×10	0.041	0.027	0.132	0.146	0.156	0.181	0.169	0.174	0.184	0.258	0.311	0.345
120×8	0.042	0.028	0.122	0.136	0.149	0.171	0.159	0.165	0.174	0.248	0.301	0.335
120×10	0.035	0.023	0.121	0.135	0.147	0.170	0.158	0.164	0.173	0.247	0.300	0.334

注:1. 零线的零序电抗是按零线的材料与相线相同计算的。

2. 本表所列数据对于母线平放或竖放均相同。

第四节　查表法求线路损耗和电压损失

一、查表法求线路损耗

用查表法计算线损的方法简单,在实际中经常采用。通常有以下两种方法。

(1)利用线损率计算系数法。先按下式计算出线损率:

$$\Delta P\% = K_j \frac{jL}{\cos\varphi}$$

式中　j——电流密度(A/mm^2);

　　　K_j——线损率计算系数(Ω·mm^2/kV·A),见表1-14;

　　　L——线路长度(km);

　　　$\cos\varphi$——负荷功率因数。

然后求出线损功率:

$$\Delta P = \Delta P\% \cdot P \quad (kW)$$

式中　P——线路输出的有功功率(kW)。

表 1-14　线损率计算系数 K_j 值

供电方式	线路电压 (kV)	铜芯线		铝芯线	
		25℃	50℃	25℃	50℃
三相交流线路	10	0.32	0.35	0.54	0.60
	0.4	8.16	8.92	13.53	15.03
	0.38	8.59	9.39	14.24	15.82
单相交流线路	0.4	9.43	10.30	15.62	17.36
	0.38	9.93	10.85	16.44	18.27
	0.22	17.15	18.74	28.40	31.56

(2)利用线损计算系数法。

①对于单相交流 220V 线路:

$$\Delta P = K_p \left(\frac{P}{\cos\varphi}\right)^2 L \quad (kW)$$

②对于直流线路:

$$\Delta P = K_p P^2 L \quad (kW)$$

③对于三相交流 380V 线路：

$$\Delta P = \frac{1}{6} K_{\text{p}} \left(\frac{P}{\cos\varphi} \right)^2 L \quad (\text{kW})$$

式中　K_{p}——线损计算系数，见表 1-15；

　　其他符号同前。

表 1-15　线损计算系数 K_{p} 值

导线截面积	铜芯线		铝芯线	
（mm²）	25℃	50℃	25℃	50℃
0.5	1.55	1.70		
0.75	1.03	1.13		
1.0	0.779	0.852	1.29	1.43
1.5	0.519	0.568	0.860	0.956
2.0	0.389	0.426	0.645	0.717
2.5	0.311	0.340	0.516	0.573
4	0.194	0.213	0.322	0.358
6	0.129	0.142	0.215	0.239
10	7.79×10^{-2}	8.52×10^{-2}	0.129	0.143
16	4.87×10^{-2}	5.32×10^{-2}	8.07×10^{-2}	8.96×10^{-2}
25	3.11×10^{-2}	3.40×10^{-2}	5.16×10^{-2}	5.73×10^{-2}
35	2.22×10^{-2}	2.43×10^{-2}	3.68×10^{-2}	4.09×10^{-2}
50	1.55×10^{-2}	1.70×10^{-2}	2.58×10^{-2}	2.86×10^{-2}
70	1.11×10^{-2}	1.21×10^{-3}	1.84×10^{-2}	2.04×10^{-2}
95	8.20×10^{-3}	8.96×10^{-3}	1.35×10^{-2}	1.51×10^{-2}
120	6.49×10^{-3}	7.10×10^{-3}	1.07×10^{-2}	1.19×10^{-2}
150	5.19×10^{-3}	5.68×10^{-3}	8.60×10^{-3}	9.56×10^{-3}
185	4.21×10^{-3}	4.60×10^{-3}	6.98×10^{-3}	7.75×10^{-3}

【实例 1】　某水泵站一条三相 380V 线路,采用 LJ-25mm^2 铝绞线,全长 L 为 200m,泵站电动机额定功率 P_e 共为 44kW,负荷率 β 为 70%,功率因数为 0.88,试求该线路在夏季的线损和线损率。

解　线路输出的有功功率为

$$P = \beta P_e = 0.7 \times 44 = 30.8 (\text{kW})$$

根据 LJ-25 型铝绞线,对应 50℃ 查表 1-15,得线损计算系数 $K_p = 5.73 \times 10^{-2}$。

因此该线路的线损为

$$\Delta P = \frac{1}{6} K_p \left(\frac{P}{\cos\varphi} \right)^2 L$$

$$= \frac{1}{6} \times 5.73 \times 10^{-2} \times \left(\frac{30.8}{0.88} \right)^2 \times 0.2$$

$$= 2.34 (\text{kW})$$

线损率百分数为

$$\Delta P\% = \frac{\Delta P}{P} \times 100 = \frac{2.34}{30.8} \times 100 = 7.6$$

即线损率为 7.6%。

【实例 2】　有一条 220V 单相供电线路,采用 16mm^2 的铜芯线,全长 120m,末端接有 10kW 的电热设备,试求:

(1)该线路的功率损耗。

(2)是否需要节电改造?

设允许的线路损耗率为 4%。

解　(1)线路损耗计算。

根据线路采用 16mm^2 的铜芯线,按线芯温度 50℃,由表 1-15 查得 $K_p = 5.32 \times 10^{-2}$。

线路功率损耗为

$$\Delta P = K_j \left(\frac{P}{\cos\varphi} \right)^2 L = 5.32 \times 10^{-2} \times \left(\frac{10}{1} \right)^2 \times 0.12 = 0.64 (\text{kW})$$

线路损耗(百分数)为

$$\Delta P\% = \frac{\Delta P}{P + \Delta P} \times 100 = \frac{0.64}{10 + 0.64} \times 100 = 6$$

即线路损耗率为 6%，大于 4% 的允许值。

（2）按换用 $25mm^2$ 的铜芯线计算线路损耗率。

由表 1-15 查得 $50℃$ 时的 $K_p = 3.40 \times 10^{-2}$，则线路的功率损耗为

$$\Delta P' = 3.40 \times 10^{-2} \times \left(\frac{10}{1}\right)^2 \times 0.12 = 0.41(kW)$$

线路损耗率（百分数）为

$$\Delta P'\% = \frac{\Delta P' \times 100}{P + \Delta P'} = \frac{0.41}{10 + 0.41} \times 100 = 3.9$$

即线路损耗率为 3.9%，小于 4% 的允许值，符合要求。

设该线路的年运行小时数 $T = 3500h$，电价 $\delta = 0.5$ 元/kWh，则投资回收年限为

$$T = \frac{c - d}{\Delta L} = \frac{Y_1 - Y_2}{(\Delta P - \Delta P')T\delta}$$

$$= \frac{Y_1 - Y_2}{(0.64 - 0.41) \times 3500 \times 0.5} = \frac{Y_1 - Y_2}{402.5}(年)$$

式中　Y_1——需安装 $25mm^2$ 铜芯导线的总价及安装费用（元）；

　　　Y_2——拆下的 $16mm^2$ 铜芯导线的剩值，可按现价 15% 估算（元）。

二、查表法求线路电压损失

对于 $380/220V$ 低压配电线路，若整条线路的导线截面积、材料、敷设方式都相同，且功率因数 $\cos\varphi = 1$，线路的电压损失（电压降）可根据负荷矩的大小从表 1-16 和表 1-17 中查得。

$$负荷矩\ M = PL\quad(kW \cdot m)$$

式中　P——线路负荷（kW）；

　　　L——线路长度（m）。

表 1-16　三相 380/220V 三线式或各相负荷均匀的四线制铝导线
负荷矩与电压损失率对照表(cosφ=1)

负荷矩 (kW·m)　导线截面积(mm²) 电压损失率	2.5	4	6	10	16	25	35	50	70	95
0.2%	23	37	55.6	92.6	146	232	324	463	648	878
0.4%	46.3	74.2	111	186	296	462	650	926	1298	1761
0.6%	69.5	111	167	276	445	695	975	1388	1947	2640
0.8%	92.5	148	222	371	593	926	1300	1850	2595	3520
1.0%	116	185	278	463	741	1158	1620	2315	3241	4390
1.2%	138	222	333	556	890	1390	1945	2775	3890	5270
1.4%	161	259	388	648	1036	1640	2270	3235	4540	6150
1.6%	184	296	444	742	1185	1851	2592	3700	5180	7035
1.8%	206	333	499	834	1333	2082	2918	4165	5840	7920
2.0%	232	370	555	927	1481	2314	3240	4630	6480	8800
2.2%	252	407	610	1018	1629	2548	3568	5008	7140	9675
2.4%	276	444	666	1112	1778	2780	3890	5550	7780	10540
2.6%	300	482	722	1205	1925	3008	4220	6002	8440	11430
2.8%	324	518	778	1298	2075	3240	4540	6480	9080	12310
3.0%	347	555	833	1391	2221	3475	4865	6950	9740	13200
3.2%	370	593	889	1484	2370	3700	5190	7402	10380	14080
3.4%	390	630	944	1576	2520	3938	5515	7865	11020	14950
3.6%	416	667	998	1670	2668	4170	5840	8340	11680	15850
3.8%	439	704	1055	1761	2812	4400	6165	8795	12320	16705
4.0%	463	740	1110	1854	2962	4628	6480	9260	12960	17600
4.2%	485	778	1160	1947	3110	4865	6810	9720	13610	18480
4.4%	509	815	1221	2040	3258	5009	7140	10180	14260	19350
4.6%	532	852	1278	2132	3408	5325	7460	10650	14920	20210
4.8%	555	888	1334	2224	3557	5551	7780	11100	15600	21100
5.0%	578	926	1388	2316	3702	5784	8100	11560	16230	21980

表 1-17　三相 380/220V 三线式或各相负荷均匀的四线制
铜导线负荷矩与电压损失率对照表（cosφ＝1）

负荷矩（kW·m）＼导线截面积（mm²）＼电压损失率	1.5	2.5	4	6	10	16	25	35	50	70	95
0.2%	23	38.5	62	92.4	154	246	385	539	770	1078	1463
0.4%	46.2	77	123	185	308	492	770	1078	1540	2156	2926
0.6%	69.3	116	185	277	462	739	1155	1617	2310	3234	
0.8%	92.4	154	246	369	616	985	1540	2156	3080		
1.0%	116	193	308	462	770	1232	1925	2695	3850		
1.2%	139	231	370	554	924	1478	2310	3234	4620	6468	8778
1.4%	162	270	431	647	1078	1724	2695	3773	5390	7546	10241
1.6%	185	308	493	739	1232	1971	3080	4312	6160	8624	11704
1.8%	208	347	554	832	1386	2217	3465	4851	6930	9702	13167
2.0%	231	385	616	924	1540	2464	3850	5390	7700	10780	14630
2.2%	254	424	668	1016	1694	2710	4235	5929	8470	11858	16093
2.4%	277	462	729	1109	1848	2950	4620	6468	9240	12936	17556
2.6%	300	501	791	1201	2002	3204	5006	7007	10010	14014	19019
2.8%	323	539	851	1244	2156	3449	5390	7546	10780	15092	20482
3.0%	347	578	914	1386	2310	3696	5775	8085	11550	16170	21945
3.2%	366	616	976	1478	2646	3742	6160	8624	12320	17248	23408
3.4%	389	655	1037	1571	2618	4188	6545	9163	13090	18326	24871
3.6%	412	693	1099	1663	2772	4435	6930	9702	13860	19404	26334
3.8%	435	732	1160	1756	2826	4681	7315	10241	14630	20472	27797
4.0%	458	770	1222	1848	3080	4928	7700	10780	15400	21560	29260
4.2%	481	809	1294	1940	3234	5174	8085	11319	16170	22638	30723
4.4%	504	847	1345	2033	3388	5420	8470	11858	16940	23716	32186
4.6%	527	886	1407	2125	3542	5667	8855	12397	17710	24794	33694
4.8%	550	924	1468	2218	3696	5913	9240	12936	18480	25872	35112
5.0%	574	963	1530	2310	3850	6160	9625	13475	19250	26950	36575

【实例】　某服装生产车间照明用电 P 共计 20kW，采用 380/220V 三相四线式供电，采用 BLV-16mm² 铝芯塑料线，由变电所至该车间线路全长 L 为 160m，试求：

（1）线路电压降和电压损失率。设供电端电压为 400V。

（2）线路损耗和线损率。

解 （1）电压降和电压损失率计算。

线路负荷矩为

$$M=PL=20\times160=3200(\text{kW·m})$$

根据截面为 16mm² 铝导线,查表 1-16,负荷矩为 3258kW·m 时电压损失率为 4.4％,因此负荷矩为 3200kW·m 时的电压损失率为

$$4.4\%\times\frac{3200}{3258}=4.3\%$$

线路电压降为

$$\Delta U=400\times4.3\%=17.2(\text{V})$$

（2）线路损耗和线损率计算。

查表 1-15,得线损计算系数 $K_p=8.96\times10^{-2}$

线路线损为

$$\Delta P=\frac{1}{6}K_p\left(\frac{P}{\cos\varphi}\right)^2L$$

$$=\frac{1}{6}\times8.96\times10^{-2}\times\left(\frac{20}{1}\right)^2\times0.16$$

$$=0.956(\text{kW})$$

线损率为

$$\frac{0.956}{20}\times100\%=4.78\%$$

第五节 导线截面积的选择与实例

一、常用导线的安全载流量

1. 裸绞线的安全载流量

铜绞线和铝绞线的安全载流量见表 1-18,铜芯铝绞线的安全载流量见表 1-19。

表 1-18　TJ、LJ 型裸铜、裸铝绞线的安全载流量（A）（70℃）

截面积 (mm²)	TJ 型								LJ 型								重量 (kg/km)
	户内				户外				户内				户外				
	25℃	30℃	35℃	40℃	25℃	30℃	35℃	40℃	25℃	30℃	35℃	40℃	25℃	30℃	35℃	40℃	
4	25	24	22	20	50	47	44	41	—			—	—			—	—
6	35	33	31	28	70	66	62	57	—			—	—			—	—
10	60	56	53	49	95	89	84	77	55	52	48	45	75	70	66	61	—
16	100	94	88	81	130	122	114	105	80	75	70	65	105	99	99	85	44
25	140	132	123	113	180	169	158	146	110	103	97	89	135	127	119	109	68
35	175	165	154	142	220	207	194	178	135	127	119	109	170	160	150	138	95
50	220	207	194	178	270	254	238	219	170	160	150	138	215	202	189	174	136
70	280	263	246	227	340	320	300	276	215	202	189	174	265	249	232	215	191
95	340	320	299	276	315	390	365	336	260	244	229	211	325	305	286	247	257
120	405	380	356	328	485	456	426	393	310	292	273	251	375	352	330	304	322
150	480	451	422	389	570	536	510	461	370	348	326	300	440	414	387	356	407
185	550	517	484	445	645	606	567	522	425	400	374	344	500	470	440	405	503
240	650	610	571	526	770	724	678	624	—			—	610	574	536	494	656

注：在《工业建筑和民用建筑电力设计导则》中规定架空电力线路铝线允许温度为
90℃，则导线的载流量比表中所列数值约提高 1.2 倍，可供参考。

表 1-19　LGJ 型钢芯铝绞线的安全载流量（A）（70℃）

截面积(mm²) ＼ 空气温度(℃)	30	35	40	45	50	55
16	106	97	88	79	69	56
25	135	124	113	102	88	72
35	163	150	136	123	106	87
50	213	195	177	160	138	113
70	264	242	220	198	172	140
95	322	296	268	242	209	171
120	365	335	305	275	238	194
150	428	393	358	322	279	228
185	490	450	410	369	320	261
240	589	540	491	443	383	313

2. 绝缘导线的安全载流量

绝缘导线的安全载流量与导线周围的环境温度和导线布线方式有关。几种常用导线的安全载流量见表 1-20～表 1-24。

表 1-20　绝缘导线明敷时的安全载流量(A)

导线截面积(mm²)	铝芯橡皮绝缘线				铜芯橡皮绝缘线				铝芯塑料绝缘线				铜芯塑料绝缘线			
	25℃	30℃	35℃	40℃	25℃	30℃	35℃	40℃	25℃	30℃	35℃	40℃	25℃	30℃	35℃	40℃
1	—	—	—	—	20	19	17	15	—	—	—	—	18	17	15	14
1.5	—	—	—	—	25	23	21	19	—	—	—	—	22	20	19	17
2.5	25	23	21	19	33	31	28	25	23	21	20	17	30	28	25	23
4	33	31	28	25	43	40	37	30	30	28	25	23	40	37	33	30
6	42	39	36	32	55	51	47	42	39	36	33	30	50	47	43	38
10	60	56	51	46	80	74	68	61	55	51	47	42	75	70	64	57
16	80	74	68	61	105	98	89	80	75	70	64	57	100	93	85	76
25	105	98	89	80	140	130	119	106	100	93	85	76	130	121	110	99
30	130	121	110	99	170	158	144	124	125	116	106	95	160	149	136	122
50	165	153	140	125	215	200	183	163	155	144	132	118	200	186	170	152

注:表中"—"表示不许使用。

表 1-21　铝芯绝缘导线穿钢管敷设时的安全载流量(A)

导线截面积（mm²）	装入管内2根				装入管内3根				装入管内4根			
	25℃	30℃	35℃	40℃	25℃	30℃	35℃	40℃.	25℃	30℃	35℃	40℃
2.5	20	19	17	15	19	18	16	14	17	16	14	13
4	29	27	25	22	25	23	21	19	23	21	20	18
6	34	32	29	26	31	29	26	24	28	26	24	21
10	51	47	43	39	42	39	36	32	37	34	31	28
16	61	57	52	46	55	51	47	42	49	46	42	37
25	82	76	70	62	75	70	64	57	65	60	55	49
35	96	89	82	73	84	78	71	64	82	76	70	62
50	125	116	106	95	109	101	93	83	89	83	76	68

表 1-22　铝芯绝缘导线穿硬塑料管敷设时的安全载流量(A)

导线截面积	装入管内 2 根				装入管内 3 根				装入管内 4 根			
(mm²)	25℃	30℃	35℃	40℃	25℃	30℃	35℃	40℃	25℃	30℃	35℃	40℃
2.5	16	14	13	12	15	13	12	11	14	13	11	10
4	24	22	20	18	21	19	17	15	19	17	16	14
6	30	27	24	22	26	24	22	19	22	22	20	18
10	43	40	36	32	36	33	30	27	31	28	26	23
16	53	49	45	40	47	43	40	35	42	39	35	31
25	72	67	61	54	66	61	56	50	57	53	48	43
35	87	81	74	66	76	70	64	57	74	68	62	56
50	113	105	96	86	98	91	83	74	80	74	68	60

表 1-23　铜芯绝缘导线穿钢管敷设时的安全载流量(A)

导线截面积	装入管内 2 根				装入管内 3 根				装入管内 4 根			
(mm²)	25℃	30℃	35℃	40℃	25℃	30℃	35℃	40℃	25℃	30℃	35℃	40℃
1	15	14	13	11	14	13	12	11	13	12	11	10
1.5	18	17	15	14	16	15	14	12	15	14	13	11
2.5	26	24	22	20	25	23	21	19	23	21	20	17
4	38	35	32	29	33	31	28	25	30	28	26	23
6	44	41	37	33	41	38	35	31	37	34	31	28
10	68	63	58	52	56	52	48	43	49	46	42	37
16	80	74	68	61	72	67	61	55	64	60	54	49
25	109	101	93	83	100	93	85	76	85	79	72	65
35	125	116	106	95	110	102	94	84	107	100	91	81
50	163	152	139	124	142	132	121	108	116	108	99	88

表 1-24　铜芯绝缘导线穿硬塑料管敷设时的安全载流量(A)

导线截面积	装入管内 2 根				装入管内 3 根				装入管内 4 根			
(mm²)	25℃	30℃	35℃	40℃	25℃	30℃	35℃	40℃	25℃	30℃	35℃	40℃
1	12	11	10	9	11	10	9	8	10	9	8	7

续表 1-24

导线截面积 (mm²)	装入管内 2 根				装入管内 3 根				装入管内 4 根			
	25℃	30℃	35℃	40℃	25℃	30℃	35℃	40℃	25℃	30℃	35℃	40℃
1.5	14	13	11	10	13	12	11	9	12	11	10	9
2.5	21	19	17	16	20	18	17	15	18	16	15	13
4	31	28	26	23	27	25	23	20	25	23	21	19
6	37	34	31	28	35	32	29	26	31	28	26	23
10	58	54	49	44	48	44	40	36	42	39	35	31
16	69	64	58	52	62	57	52	47	55	51	46	41
25	96	89	81	73	88	82	74	67	75	69	63	57
35	113	105	95	86	99	92	84	75	97	90	82	73
50	147	136	125	112	128	119	109	97	104	96	88	79

二、地埋线路导线长度和截面积的计算与实例

地埋线是埋入地下的绝缘导线。原机械工业部标准 JB 2171—85 将地埋线的全称定名为"额定电压 450/750V 及以下农用直埋铝芯塑料绝缘塑料护套电线"。

低压地埋电力线路具有节省钢材、水泥及有色金属（每 km 节约钢材 500kg、水泥 900～1400kg、铝线 20%～25%），消除线路干扰，安全可靠，少占农田，便于机耕，维护工作量少等优点，因而在我国农村，尤其是南方农村的应用很普遍。运行经验证明，NLVV 型地埋线的寿命可达 20 年以上。新标准 NLYV 型地埋线质量更可靠，若按规程设计施工，供电可靠率可达 100%。

1. 地埋线长度计算

（1）三相动力线路用线长度的计算。田野中的三相动力线路所需用地埋线的长度，可按下式计算：

$$L_1 = 3 \times [L'_1(1+5\%) + 5h_1]$$

式中　L_1——需要导线总长度(m)；

　　　L'_1——地面电源到用电负荷处直线路径长度(m)；

　　　5%——导线曲折率；

　　h_1——埋设深度，$5h$ 是两端引线长度(m)。

　　(2)照明线路用线长度的计算。

　　①分支导线长度为

$$L_2 = 2L_2'(1 + 5\%) + 4N(h_2 + 0.5) + 4ln$$

式中　　L_2——分支导线总长度(m)；

　　　　L_2'——分支线路地面路径长度(m)；

　　　　N——分支线路上总户数；

　　　　h_2——室外沟最大深度(m)；

　　　　l——拐弯长度，即接线点离开路径的长度(m)；

　　　　n——拐弯户数。

　　②照明主干线长度为

$$L_3 = (L_U + L_V + L_W + L_N)(1 + 5\%) + 4Jh_3$$

式中　　　　　　　L_3——主干线需用导线总长度(m)；

L_U、L_V、L_W、L_N——分别为 U、V、W 相和 N 线三相四线地面路径长度(m)；

　　　　　　　　　J——接线箱总数；

　　　　　　　　　h_3——主干线沟最大深度(m)。

　　③引线长度：分支线到各户墙根上 0.5m 处装盒(箱、瓶)封闭恢复绝缘以前，需向上引线，引线长度每根 2.5m 即可。

2. 地埋线的经济截面计算

　　地埋线的经济截面积有按发热条件选择和按允许电压损失率选择两种方法，一般从中选取较大的截面积为所选截面积。

　　(1)按发热条件选择。

$$I_{yx} = \kappa I_e \geqslant I_{js}$$

式中　　I_{yx}——实际环境温度下的导线允许载流量(A)；

　　　　I_e——导线的额定工作电流(即在规定土壤温度 25℃下的允许载流量)，见表 1-25；

　　　　κ——温度校正系数，见表 1-26；

　　　　I_{js}——通过相线的计算电流(A)。

表 1-25　地埋线的安全载流量

标称截面积（mm²）	长期连续负荷允许载流量（A）					
	埋地敷设				室内明敷	
	ρ_T（℃·cm/W）		ρ_T（℃·cm/W）			
	NLV	NLVV NLYV NLYV-1	NLV	NLVV NLYV	NLV	NLVV NLYV
2.5	35	35	32	32	25	25
4	45	45	43	43	32	31
6	65	60	60	55	40	40
10	90	85	80	65	55	55
16	120	110	105	100	80	80
25	150	140	130	125	105	105
35	185	170	160	150	130	135
50	230	210	195	175	165	165

注：1. ρ_T 为土壤热阻系数，一般情况下，长江以北取 $\rho_T=120$；长江以南取 $\rho_T=80$。

2. 土壤温度：25℃。

3. 导电线芯最高允许工作温度：65℃。

表 1-26　温度校正系数

实际环境温度（℃）	5	10	15	20	25	30	35	40	45
校正系数 κ	1.22	1.17	1.12	1.06	1.0	0.935	0.865	0.791	0.707

计算电流 I_{js} 可由表 1-27 查得。

表 1-27　用电设备不同功率因数时输送
每 kW 有功功率线路计算电流值

I_{js}(A)　　cosφ 　电压(V)	1.00	0.95	0.90	0.85	0.80	0.75	0.70	0.65	0.60
220	4.55	4.79	5.05	5.35	5.68	6.06	6.49	7.00	7.58
380	1.52	1.60	1.69	1.79	1.90	2.03	2.17	2.34	2.53

（2）按允许电压损失率选择。

$$S=\frac{PL}{C\Delta U\%}$$

式中　S——地埋线芯线截面积(mm^2)；

　　　P——地埋线传输功率(kW)；

　　　L——线路长度(m)；

$\Delta U\%$——线路电压损失百分数,动力用户(380V)不大于7；照明用户(220V)不大于10；

　　　C——计算系数,380/220V 三相四线制和 380V 三相三线制,当各相负荷均匀分配时取 $C=50$；220V 单相制取 $C=8.3$。

【实例】　敷设某地埋线供 380V、30kW 动力用电,三相负荷对称,功率因数 $\cos\varphi$ 为 0.8,线路长度为 100m。已知当地最高实际环境温度为 30℃。试选择地埋线截面积。

解　(1)按发热条件选择。查表 1-27 得计算电流为

$$I_{js}=1.90\times30=57(A)$$

又查 1-26 得 $K=0.935$,故导线额定电流

$$I_e\geqslant I_{js}/K=57/0.935=61(A)$$

查表 1-25,可选用截面积为 6mm^2 的地埋线。

(2)按允许电压损失率选择。因动力用电,设允许电压损失率 $\Delta U\%=6$,则地埋线截面为

$$S=\frac{PL}{C\Delta U\%}=\frac{30\times100}{50\times6}=10(mm^2)$$

因此可选用标称截面为 $3\times10mm^2$ 的三芯地埋线。若有部分照明,可选用 $3\times10+1\times6(mm^2)$ 的四芯地埋线。

须指出,地埋线埋入地下后,不易拆迁或更换,同时又因散热不好,过负荷性能较差,所以计算电流 I_{js} 一般按规划最大负荷放一定余量来考虑。

三、负荷在末端的老旧线路导线节电改造与实例

1. 农网高、低压配电线路导线截面积的选择原则

对于新建或老旧线路改造的农网高、低压配电线路导线截面积的要求在第一节三、四项中都有涉及,现汇总如下：

（1）35kV 送电线路的导线应选用钢芯铝绞线，导线截面积根据经济电流密度选择，并留有 10 年的发展余度，但不得小于 70mm²。在负荷较大的地区，推荐使用稀土导线。

（2）10kV 配电线路采用钢芯铝绞线，导线截面积根据经济电流密度选择，并留有不少于 5 年的发展余度，但不应小于 35mm²，负荷小的线路末段可选用 25mm²。一般采用裸导线，在城镇或复杂地段可采用绝缘导线。

（3）低压配电线路的主干线按最大工作电流选取导线截面积，但不得小于 35mm²，分支线不得小于 25mm²（铝绞线）。

（4）接户线应采用绝缘导线，其截面积不应小于 6mm²。

2. 节电改造计算与实例

图 1-3 为负荷在末端的三相供电线路。图中，U_1 为变电所出口电压，U_2 为负荷端子处的受电电压（均对中性点电压而言，单位：kV）。

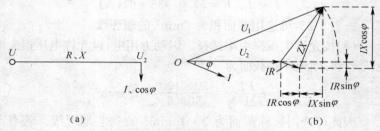

图 1-3　负荷在末端的线路及矢量图

（a）末端接负荷的三相线路　（b）电压矢量图

（1）电压损失计算。

在工程计算中，允许略去（$IX\cos\varphi - IR\sin\varphi$）部分，由此引起的误差不超过实际电压降的 5%。因此，线路每相电压损失可按以下简化公式计算：

$$\Delta U_x = I(R\cos\varphi + X\sin\varphi) = \frac{PR+QX}{\sqrt{3}U_2} \approx \frac{PR+QX}{\sqrt{3}U_e}$$

若用线电压表示,则

$$\Delta U_1 = \sqrt{3}\,I(R\cos\varphi + X\sin\varphi) = \frac{PR+QX}{U_2} \approx \frac{PR+QX}{U_e}$$

式中　ΔU_x、ΔU_1——相电压和线电压的电压损失(V);

　　　　R、X——每条导线的电阻和电抗(Ω);

　　　　U_e——线路额定线电压(kV);

　　　　$\cos\varphi$——负荷的功率因数;

　　　　I——负荷电流(线电流)(A),$I = \dfrac{P}{\sqrt{3}U_e\cos\varphi}$;

　　　　P、Q——三相负荷总有功功率和总无功功率(kW、kvar)。

电压损失率按下式计算:

$$\Delta U\% = \frac{P}{10U_e^2\cos\varphi}(R\cos\varphi + X\sin\varphi)$$

说明:若按该式算得的 $\Delta U\%$ 为 2,则表明电压损失占额定电压 2%。

(2)线路损耗计算。

①计算公式一:

$$\Delta P = mI_j^2 R\times10^{-3},\ \Delta Q = mI_j^2 X\times10^{-3}$$

式中　ΔP——有功功率损耗(kW);

　　　　ΔQ——无功功率损耗(kvar);

　　　　m——线路相数;

　　　　I_j——线路中电流的均方根值(A),求法同本节集中负荷计算;若以一天 24h 计算,则可用下式计算:

$$I = \sqrt{\frac{I_1^2 + I_2^2 + \cdots I_{24}^2}{24}}$$

　　　　R、X——线路每相的电阻和电抗(Ω)。

②计算公式二(三相交流电路):

$$\Delta P = \frac{P^2+Q^2}{U_e^2}R\times10^{-3} = \frac{P^2}{U_e^2\cos^2\varphi}R\times10^{-3}$$

$$\Delta Q=\frac{P^2+Q^2}{U_e^2}X\times10^{-3}=\frac{P^2}{U_e^2\cos^2\varphi}X\times10^{-3}$$

式中　　P——线路输送有功功率(kW)；

　　　　Q——线路输送无功功率(kvar)；

　　　　U_e——线路额定电压(kV)；

　　　$\cos\varphi$——负荷功率因数；

　　其他符号同前。

【实例】　某乡镇企业一条 10kV 专用供电线路，采用 LJ-16 型导线，线路全长 L 为 2km，三相导线呈等边三角形排列，线间距离为 1m。每天负荷变化不大，在电平衡测试的 24h 内，测得的负荷电流如表 1-28 所示。已知负荷的平均功率因数 $\cos\varphi$ 为 0.8，年运行小时数 T 为 4800h。试问该线路电能损耗是多少？是否需要节电改造。设电价 δ 为 0.5 元/kWh。允许电压损失率为 3%，投资回收年限为 5 年。

解　(1)线路电压损失计算。

表 1-28　24h 电流分配情况

测试时间	1	2	3	4	5	6	7	8	9	10	11	12
线路电流（A）	20	20	35	35	40	40	50	60	70	70	70	60
测试时间	13	14	15	16	17	18	19	20	21	22	23	24
线路电流（A）	40	50	60	60	50	40	40	40	30	20	20	20

线路电流均方根值为

$$I_j=\sqrt{\frac{I_1^2+I_2^2+\cdots+I_{24}^2}{h}}$$

$$=\sqrt{\frac{5\times20^2+30^2+2\times35^2+6\times40^2+3\times50^2+4\times60^2+3\times70^2}{24}}$$

$$=\sqrt{\frac{51550}{24}}=46.3(A)$$

根据题意，采用 LJ-16 型导线，线间距离为 1m，查表 1-6 得，

导线单位长度电阻 $R_0 = 1.94\Omega/\text{km}$，单位长度电抗 $x_0 = 0.39\Omega/\text{km}$。

每条导线的电阻为 $R = R_0 L = 1.94 \times 2 = 3.88(\Omega)$，每条导线的电抗为 $X = x_0 L = 0.39 \times 2 = 0.78(\Omega)$。

线路平均电压损失为

$$\Delta U_1 = \sqrt{3}\, I_j (R\cos\varphi + X\sin\varphi)$$
$$= \sqrt{3} \times 46.3 \times (3.88 \times 0.8 + 0.78 \times 0.6) = 286.5(\text{V})$$

电压损失率（百分数）为

$$\Delta U\% = \frac{\Delta U_1}{U_e} \times 100 = \frac{286.5}{10 \times 1000} \times 100 \approx 2.87$$

即电压损失率为 2.87%。

最大负荷时的电压损失为

$$\Delta U_m = \sqrt{3}\, I_m (R\cos\varphi + X\sin\varphi)$$
$$= \sqrt{3} \times 70 \times (3.88 \times 0.8 + 0.78 \times 0.6) = 433.2(\text{V})$$

最大电压损失率（百分数）为

$$\Delta U_m\% = \frac{\Delta U_m}{U_e} \times 100 = \frac{433.2}{10 \times 1000} \times 100 \approx 4.33$$

即最大电压损失率为 4.33%。

(2)线路损耗计算。

①有功电能损耗为

$$\Delta A_p = 3 I_j^2 R \times 10^{-3} T$$
$$= 3 \times 46.3^2 \times 3.88 \times 10^{-3} \times 4800 = 119772.1(\text{kW} \cdot \text{h})$$

②无功电能损耗为

$$\Delta A_Q = 3 I_j^2 \times 10^{-3} T$$
$$= 3 \times 46.3^2 \times 0.78 \times 10^{-3} \times 4800 = 24077.8(\text{kvar} \cdot \text{h})$$

③线路损耗率计算。线路的负荷为

$$P = \sqrt{3} U I_j \cos\varphi$$
$$= \sqrt{3} \times 10 \times 46.3 \times 0.8 = 641.6(\text{kW})$$

有功线路损耗率（百分数）为

$$\Delta P\% = \frac{\Delta A_P}{PT} \times 100 = \frac{119772.1}{641.6 \times 4800} \times 100 = 3.89$$

即线路损耗率为 3.89%。

④线路造成的电费计算。

假设无功电价等效当量 $K_G = 0.2$（见表 2-18），电价 $\delta = 0.5$ 元/kWh，则每年线路损耗造成的电费为

$$F = (\Delta A_P + K_G \Delta A_Q)\delta$$
$$= (119772.1 + 0.2 \times 24077.8) \times 0.5 = 62293.8（元）$$
$$\approx 6.2（万元）$$

从以上计算结果看，显然该线路的电压损失率和线路损耗率都已超出允许范围，该线路每年线路损耗造成的电费高达 6.2 万元，大量的电能白白消耗在线路上十分可惜。需更换成较大截面积的导线。

（3）增大导线截面积改造的计算。

将分别采用 LJ-25 型和 LJ-35 型导线改造的计算结果列于表 1-29 中。LJ-25 型：$R_0 = 1.28\Omega/km$，$x_0 = 0.376\Omega/km$；LJ-35 型：$R_0 = 0.92\Omega/km$，$x_0 = 0.366\Omega/km$。

表 1-29　三种导线的计算结果比较

项目 导线 型号	线路平均电压损失（V）	电压损失率（%）	最大电压损失率（%）	线路有功电能损耗（kW·h）	线损率（%）	年损造成的电费（万元）	投资（万元）	剩值（万元）	更换导线后年节电费（万元）
LJ-16	286.5	2.87	4.33	119772.1	3.89	6.20	—	Y_3	—
LJ-25	200.4	2.00	3.00	79025.0	2.57	4.20	Y_1	—	2
LJ-35	153.3	1.53	2.32	56799.2	1.84	3.07	Y_2	—	3.13

注：1. 投资包括购买导线费用和安装费用。

　　2. 旧线剩值可按现价 15% 计算。

当采用 LJ-25 型导线时投资回收年限为

$$T = \frac{C-d}{\Delta L} = \frac{Y_1 - Y_3}{2}$$

采用 LJ-35 型导线时投资回收年限为

$$T = \frac{Y_2 - Y_3}{3.13}$$

式中,C 为节能改造投资费用(万元);d 为旧导线剩值(万元);ΔL 为节能改造后年节电效益(万元)。

如果计算的结果表明,采用 LJ-35 型导线时的投资回收年限在 5 年内,则即使采用 LJ-25 型导线的投资回收年限更短(如 3～4 年),也应采用 LJ-35 型导线。因为从长远考虑其节能效益更大。

四、具有分支负荷线路导线节电改造与实例

分支负荷线路电压损失和线路损耗,原则上可以视为多个负荷在末端线路之和。图 1-4 是具有分支负荷的线路,其线路电压损失和线路损耗的计算公式为

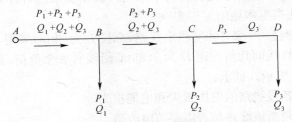

图 1-4　沿线有几个负荷的线路

1. 电压损失计算

$$\Delta U = \sum_1^n \frac{PR + QX}{U_e} = \sum_1^n \frac{(PR_0 + Qx_0)L}{U_e}$$

式中　ΔU——线路电压损失(V);

　　　　P、Q——分别为通过每段线路的有功功率(kW)和无功功率(kvar);

　　　　R_0、x_0——每段线路每千米电阻和电抗(Ω);

　　　　L——每段线路长度(km);

U_e——线路额定电压(V)。

(1)如果沿线路 R_0、x_0 不变时,则电压损失为

$$\Delta U = \sqrt{3}\left[R_0 \sum_1^n (I\cos\varphi L) + x_0 \sum_1^n (I\sin\varphi L) \right]$$

如果负荷的功率因数相同,则

$$\Delta U = \sqrt{3}(R_0\cos\varphi + x_0\sin\varphi) \sum_1^n IL$$

(2)如果 $\cos\varphi = 1$,则

$$\Delta U = \sqrt{3} \sum_1^n (IR_0 L)$$

2. 线路损耗计算

具有分支负载线路损耗的计算比较复杂,在实际工作中可以采用近似计算的方法,即近似地认为各支路负荷的功率因数相等。这样一来,各支路电流就能简单地用代数相加来进行计算。具体计算方法参见本项的工程实例。

【实例】 一条 10kV 供电线路,全长 L 为 3km,采用 LJ-25 型导线,导线线间几何均距 D 为 1.25m,沿线有 3 个负荷,具体情况如图 1-5 所示。试求:

(1)各段线路的电压损失和电能损失。

(2)判断该线路是否需要节电改造。

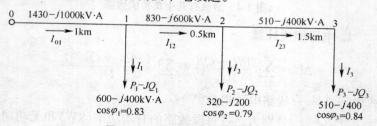

图 1-5　10kV 线路负荷分布图

设电价 δ 为 0.5 元/kWh,要求允许电压损失率和线损率均为 3%,已知年运行小时数为 5000h。

解 (1)各段线路电压损失计算。根据导线型号和线间几何均距 $D=1.25\text{m}$，由表 1-6 查得导线单位长度电阻和电抗为 $R_0=1.28\Omega/\text{km}$，$x_0=0.39\Omega/\text{km}$。

23 段电压损失为

$$\Delta U_{23}=\frac{(510\times 1.28+400\times 0.39)\times 1.5}{10}=121.3(\text{V})$$

12 段电压损失为

$$\Delta U_{12}=\frac{(830\times 1.28+600\times 0.39)\times 0.5}{10}=64.8(\text{V})$$

01 段电压损失为

$$\Delta U_{01}=\frac{(1430\times 1.28+1000\times 0.39)\times 1}{10}=222(\text{V})$$

03 段电压损失为

$$\begin{aligned}\Delta U_{03}&=\Delta U_{01}+\Delta U_{12}+\Delta U_{23}\\&=222+64.8+121.3=408.1(\text{V})\end{aligned}$$

03 段电压损失率(百分数)为

$$\Delta U_{03}\%=\frac{\Delta U_{03}}{U_{\text{e}}}\times 100=\frac{408.1}{10\,000}\times 100=4.1$$

即电压损失率为 4.1%，大于 3% 的允许电压损失率。

(2)线路损耗计算。

①求出各支路的负荷电流：

$$I_1=P_1/(\sqrt{3}U\cos\varphi_1)=600/(\sqrt{3}\times 10\times 0.83)=41.7(\text{A})$$

$$I_2=P_2/(\sqrt{3}\cos\varphi_2)=320/(\sqrt{3}\times 10\times 0.84)=22(\text{A})$$

$$I_3=P_3/(\sqrt{3}U\cos\varphi_3)=510/(\sqrt{3}\times 10\times 0.79)=37.3(\text{A})$$

②计算各段线路中的电流值：

$$I_{23}=I_3=37.3(\text{A})$$

$$I_{12}=I_2+I_3=22+37.3=59.3(\text{A})$$

$$I_{01}=I_1+I_2+I_3=41.7+59.3=101(\text{A})$$

线路 23 段的有功功率损耗和无功功率损耗分别为

$$\Delta P_{23} = 3I_{23}^2 R_3 \times 10^{-3} = 3 \times 37.3^2 \times (1.28 \times 1.5) \times 10^{-3}$$
$$= 8(\text{kW})$$
$$\Delta Q_{23} = 3I_{23}^2 X_3 \times 10^{-3} = 3 \times 37.3^2 \times (0.39 \times 1.5) \times 10^{-3}$$
$$= 2.4(\text{kvar})$$

线路 12 段的功率损耗为

$$\Delta P_{12} = 3I_{12}^2 R_2 \times 10^{-3} = 3 \times 59.3^2 \times (1.28 \times 0.5) \times 10^{-3}$$
$$= 6.75(\text{kW})$$
$$\Delta Q_{12} = 3I_{12}^2 X_2 \times 10^{-3} = 3 \times 59.3^2 \times (0.39 \times 0.5) \times 10^{-3}$$
$$= 2.06(\text{kvar})$$

01 段线路功率损耗为

$$\Delta P_{01} = 3I_{01}^2 R_1 \times 10^{-3} = 3 \times 101^2 \times (1.28 \times 1) \times 10^{-3}$$
$$= 39.17(\text{kW})$$
$$\Delta Q_{01} = 3I_{01}^2 X_1 \times 10^{-3} = 3 \times 101^2 \times (0.39 \times 1) \times 10^{-3}$$
$$= 11.93(\text{kvar})$$

整条线路(03)的功率损耗为

$$\Delta P_{03} = \Delta P_{01} + \Delta P_{02} + \Delta P_{03}$$
$$= 39.17 + 6.75 + 8 = 53.92(\text{kW})$$
$$\Delta Q_{03} = \Delta Q_{01} + \Delta Q_{02} + \Delta Q_{03}$$
$$= 11.93 + 2.06 + 2.4 = 16.39(\text{kvar})$$

有功线路损耗率(百分数)为

$$\Delta P_{03}\% = \frac{\Delta P_{03}}{\Sigma P + \Delta P_{03}} \times 100 = \frac{53.92 \times 100}{600 + 320 + 510 + 53.92} = 3.6$$

即线损率为 3.6%,大于 3%的允许线路损耗率。

该线路的电压损失率和线路损耗率都超过允许值,因此应考虑节电改造。

(3)单独将最后一段(01)线路改用 LJ-35 型导线后的计算。

对于 LJ-35 型导线,查表 1-6 可得 $R_0 = 0.92\Omega/\text{km}$, $x_0 = 0.38\Omega/\text{km}$,这时 01 段线路电压损失为

$$\Delta U_{01} = \frac{(1430 \times 0.92 + 1000 \times 0.38) \times 1}{10} = 169.6(\text{V})$$

整条线路线路损耗率(百分数)为

$$\Delta U_{03}\% = \frac{(93+64.8+169.6)}{10000} \times 100 = 3.27$$

即电压损失率为 3.27%,仍大于 3%的要求,但大得不多。

这时 01 段的线路损耗为

$$\Delta P_{01} = 3 \times 101^2 \times (0.92 \times 1) \times 10^{-3} = 28.15(kW)$$

$$\Delta Q_{01} = 3 \times 101^2 \times (0.38 \times 1) \times 10^{-3} = 11.63(kvar)$$

整条线路的线路损耗率为

$$\Delta P_{03} = 8 + 6.75 + 28.15 = 42.9(kW)$$

$$\Delta P_{03}\% = \frac{42.9}{1430+42.9} \times 100 = 2.9$$

即线路损耗率为 2.9%,满足小于 3%的要求。

因此此方案可行。

(4)若将整条线路都换成 LJ-35 型导线,其计算结果为:

①电压损失计算。

23 段　$\Delta U'_{23} = 93V$

12 段　$\Delta U'_{12} = \dfrac{(830 \times 0.92 + 600 \times 0.38) \times 0.5}{10} = 49.6(V)$

01 段　$\Delta U'_{01} = \dfrac{(1430 \times 0.92 + 1000 \times 0.38) \times 1}{10} = 169.6(V)$

03 段　$\Delta U'_{03} = 93 + 49.6 + 169.6 = 312.2(V)$

整条线路电压损失率(百分数)为

$$\Delta U'_{03}\% = \frac{\Delta U'_{03}}{U_e} \times 100 = \frac{312.2}{10000} \times 100 = 3.12$$

即电压损失率约 3.12%,已基本符合要求。

②线路损耗计算。

23 段　$\Delta P'_{23} = 5.76kW$

$\Delta Q'_{23} = 2.38kvar$

12 段　$\Delta P'_{12} = 3 \times 59.3^2 \times (0.92 \times 0.5) \times 10^{-3} = 4.85(kW)$

$\Delta Q'_{12} = 3 \times 59.3^2 \times (0.38 \times 0.5) \times 10^{-3} = 2.0(kvar)$

01 段　　$\Delta P'_{01}=3\times101^2\times(0.92\times1)\times10^{-3}=28.15(\text{kW})$

$\qquad\qquad\Delta Q'_{01}=3\times101^2\times(0.38\times1)\times10^{-3}=11.62(\text{kvar})$

03 段　　$\Delta P'_{03}=5.76+4.85+28.15=38.76(\text{kW})$

整条线路线损率(百分数)为

$$\Delta P'_{03}\%=\frac{\Delta P'_{03}}{\sum P+\Delta P'_{03}}\times100=\frac{38.76\times100}{1430+38.76}=2.6$$

即线路损耗率 2.6%,小于 3% 的允许值。

(5)整条线路改用 LJ-35 型导线后的节电计算。

设无功电价等效当量 $K_G=0.2$(见表 2-18),电价 $\delta=0.5$ 元/kW·h,年运行时间 T 为 5000h,则

原 LJ-25 型导线时每年线路损耗电费为

$$F_1=(\Delta A_P+K_G\Delta A_Q)\delta=(\Delta P_{03}+K_G\Delta Q_{03})T\delta$$

$$=(53.92+0.2\times16.39)\times5000\times0.5=142995(\text{元})$$

改成 LJ-35 型导线后每年线路损耗电费为

$$F_2=(\Delta P'_{03}+K_G\Delta Q'_{03})T\delta$$

$$=(38.76+0.2\times16.01)\times5000\times0.5=104905(\text{元})$$

年节约电费为

$$F=F_1-F_2=142995-104905=38090(\text{元})\approx3.8(\text{万元})$$

如果要求 4 年收回投资,可能接受的投资额计算如下:

根据回收年限计算公式

$$T=\frac{Y_1-Y_2}{\Delta L}=\frac{Y_1-Y_2}{3.8}$$

可以接受的投资额为

$$Y_1=3.8T+Y_2=3.8\times4+Y_2=15.2+Y_2(\text{万元})$$

式中 Y_2 为旧导线的剩值。

五、低压配电线路导线节电改造与实例

对于 380/220V 低压配电线路,若整条线路的导线截面、材料、敷设方式都相同,且 $\cos\varphi\approx1$ 时(如照明、电热等负荷),则可采用简易的计算方法求得电压损失和线路损耗,从而判断线路导线

是否需进行节电改造。

1. 电压损失率计算

$$\Delta U\% = \frac{\sum M}{CS}$$

$$\sum M = \sum pL$$

式中　$\sum M$——总负荷矩（kW・m）；

　　　　S——导线截面（mm^2）；

　　　　p——计算负荷（kW）；

　　　　L——用电负荷至供电母线之间的距离（m）；

　　　　C——系数，根据电压和导线材料而定，可查表 1-30。

表 1-30　电压损失计算系数 C

线路额定电压 (V)	供电系统	C 值计算式	C 值	
			铜	铝
380/220	三相四线	$10\gamma U_{el}^2$	70	41.6
380/220	两相三线	$\dfrac{10\gamma U_{el}^2}{2.25}$	31.1	18.5
380			35	20.8
220			11.7	6.96
110	单相交流或	$5\gamma U_{ex}^2$	2.94	1.74
36	直流两线系统		0.32	0.19
24			0.14	0.083
12			0.035	0.021

注：1. U_{el} 为额定线电压，U_{ex} 为额定相电压，单位为 kV。

　　2. 线芯工作温度为 50℃。

　　3. γ 为电导率，铜线 $\gamma = 48.5$m/(Ω・mm^2)；铝线 $\gamma = 28.8$m/(Ω・mm^2)。

2. 线路损耗计算

计算方法同本节四项。

【实例】　380/220V 三相四线车间电热及照明用供电线路，已知线路全长 L 为 160m，负荷功率因数 $\cos\varphi \approx 1$，负荷分布如图 1-6 所示，采用截面 S 为 50mm^2 的塑料铝芯线，绝缘瓷瓶布线。试求：

（1）各负荷点的电压水平及全线路电压损失和线路损耗,并判断该线路目前运行是否合理。

（2）如果要在线路末端增加 20kW 电热负荷,该线路能否在允许的电压损失和线路损耗范围内运行。

设允许电压损失率和线路损耗率均为 4%。

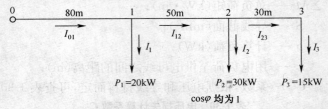

图 1-6　380/220V 供电线路负荷分布图

解　（1）各负荷点的电压水平和全线路电压损失率计算。由表 1-30 查得电压损失系数：

$$C = 41.6$$

①1 处的负荷矩为

$$M_1 = P_1 L_1 = 20 \times 80 = 1600 (\text{kW} \cdot \text{m})$$

1 处的电压损失率（百分数）为

$$\Delta U_1 \% = \frac{M_1}{CS} = \frac{1600}{41.6 \times 50} = 0.77$$

即电压损失率为 0.77%。

②2 处的负荷矩为

$$\Sigma M_2 = P_1 L_1 + P_2 L_2 = 1600 + 30 \times 130 = 5500 (\text{kW} \cdot \text{m})$$

2 处的电压损失率（百分数）为

$$\Delta U_2 \% = \frac{\Sigma M_2}{CS} = \frac{5500}{41.6 \times 50} = 2.64$$

即电压损失率为 2.64%。

③3 处的负荷矩为

$$\Sigma M_3 = P_1 L_1 + P_2 L_2 + P_3 L_3 = 5500 + 15 \times 160 = 7900 (\text{kW} \cdot \text{m})$$

3 处的电压损失率（百分数）为

$$\Delta U_3\% = \frac{\Sigma M_3}{CS} = \frac{7900}{41.6 \times 50} = 3.8$$

即电压损失率为 3.8%。

如果供电母线 0 处的线电压为 380V，则 1、2、3 处的实际电压分别为

$$U_1 = 380 \times (1 - 0.0077) = 377.2(\text{V})$$
$$U_2 = 380 \times (1 - 0.024) = 370.8(\text{V})$$
$$U_3 = 380 \times (1 - 0.038) = 365.6(\text{V})$$

由于全线电压损失率为 3.8%，<4% 的允许值，所以目前该线路电压损失率满足要求。

（2）整条线路的有功功率损耗计算。由于线路的电抗很小，无功功率损耗可忽略不计。

①先求出各支路的负荷电流。

$$I_1 = P_1/\sqrt{3}U = 20/(\sqrt{3} \times 0.38) = 30.4(\text{A})$$
$$I_2 = P_2/\sqrt{3}U = 30/(\sqrt{3} \times 0.38) = 45.58(\text{A})$$
$$I_3 = P_3/\sqrt{3}U = 15/(\sqrt{3} \times 0.38) = 22.79(\text{A})$$

②再计算各段线路中的电流值。

$$I_{23} = I_3 = 22.79(\text{A})$$
$$I_{12} = I_2 + I_3 = 45.58 + 22.79 = 68.37(\text{A})$$
$$I_{01} = I_{12} + I_1 = 68.37 + 30.4 = 98.77(\text{A})$$

③计算功率损耗。

根据导线型号规格（50mm^2）及安装方式，由表 2-14 查得单位长度电阻 $R_0 = 0.746\Omega/\text{km}(t=65℃)$。

线路 23 段的功率损耗为

$$\Delta P_{23} = 3I_{23}^2 R_{23} = 3 \times 22.79^2 \times (0.746 \times 0.03) = 34.9(\text{W})$$

线路 12 段的功率损耗为

$$\Delta P_{12} = 3I_{12}^2 R_{12} = 3 \times 68.37^2 \times (0.746 \times 0.05) = 523.1(\text{W})$$

线路 01 段的功率损耗为

$$\Delta P_{01} = 3I_{01}^2 R_{01} = 3 \times 98.77^2 \times (0.746 \times 0.08) = 1746.6(\text{W})$$

所以整条线路的功率损耗为

$$\Delta P_{03} = \Delta P_{01} + \Delta P_{12} + \Delta P_{23}$$
$$= 1746.6 + 523.1 + 34.9 = 2304.6(\text{W}) \approx 2.3(\text{kW})$$

线损率（百分数）为

$$\Delta P_{03}\% = \frac{\Delta P_{03}}{\sum P + \Delta P_{03}} \times 100 = \frac{2.3 \times 100}{20 + 30 + 15 + 2.3} = 3.4$$

即线路损耗率为 3.4%，<4%的允许值，说明线路损耗率也满足要求。

(3)欲在线路末端再增加 20kW 负荷时的计算。

①电压损失计算。改造后的全线负荷矩为

$$\sum M_3 = 5500 + (15 + 20) \times 160 = 11100(\text{kW} \cdot \text{m})$$

全线电压损失率（百分数）为

$$\Delta U_3\% = \frac{11100}{41.6 \times 50} = 5.34$$

即电压损失率为 5.34%，>4%的允许值。

②线路损耗计算。

各段线路电流和功率损耗分别为

$$I_3 = (15 + 20)/(\sqrt{3} \times 0.38) = 53.2(\text{A})$$
$$I_{23} = I_3 = 53.2(\text{A})$$
$$I_{12} = I_2 + I_3 = 45.58 + 53.2 = 98.78(\text{A})$$
$$I_{01} = 75.98 + 53.2 = 129.18(\text{A})$$
$$\Delta P_{23} = 3 \times 53.2^2 \times (0.746 \times 0.03) = 190(\text{W})$$
$$\Delta P_{12} = 3 \times 98.78^2 \times (0.746 \times 0.05) = 1091.8(\text{W})$$
$$\Delta P_{01} = 3 \times 129.18^2 \times (0.746 \times 0.08) = 2987.7(\text{W})$$

因此整条线路功率损耗

$$\Delta P_{03} = \Delta P_{01} + \Delta P_{12} + \Delta P_{23} = 2987.7 + 1091.8 + 190 = 4269.5(\text{W})$$
$$\approx 4.3(\text{kW})$$

线路损耗率（百分数）为

$$\Delta P_{03}\% = \frac{\Delta P_{03}}{\Sigma P + \Delta P_{03}} = \frac{4.3}{85+4.3} \times 100 = 4.8$$

即线路损耗率为 4.8%，大于 4% 的允许值。

(4)如果将整条线路更换成截面为 $70mm^2$ 的铝芯线后的计算。由表 1-11 查得，单位长度电阻 $R_0' = 0.533\Omega/km(t=65℃)$。

①电压损失计算。

$$\Delta U_1\% = \frac{1600}{41.6 \times 70} = 0.55$$

即电压损失率为 0.55%

$$\Delta U_2\% = \frac{5500}{41.6 \times 70} = 1.89$$

即电压损失率为 1.89%

$$\Sigma M_3 = 5500 + 35 \times 160 = 11100(kW \cdot m)$$

$$\Delta U_3\% = \frac{11100}{41.6 \times 70} = 3.81$$

即电压损失率为 3.81%，小于 4% 的允许值，满足电压损失率的要求。

②功率损耗计算。

分别计算各段电流和线路损耗

$I_1 = 30.4(A)$

$I_2 = 45.58(A)$

$I_3 = 35/(\sqrt{3} \times 0.38) = 53.12(A)$

$I_{23} = 53.12(A)$

$I_{12} = 45.56 + 53.12 = 98.68(A)$

$I_{01} = 98.68 + 30.4 = 129.08(A)$

$\Delta P_{23} = 3I_{12}^2 R_{23} = 3 \times 53.12^2 \times (0.533 \times 0.03) = 135.4(W)$

$\Delta P_{12} = 3I_{12}^2 R_{12} = 3 \times 98.68^2 \times (0.533 \times 0.05) = 778.5(W)$

$\Delta P_{01} = 3I_{01}^2 R_{01} = 3 \times 129.08^2 \times (0.533 \times 0.08) = 2131.4(W)$

因此整条线路损耗为

$\Delta P_{03} = \Delta P_{01} + \Delta P_{12} + \Delta P_{23} = 2131.4 + 778.5 + 135.4$

$$=3045.3(\text{W})\approx3(\text{kW})$$

线路损耗率(百分数)为

$$\Delta P_{03}\% = \frac{\Delta P_{03}}{\Sigma P + P_{03}} \times 100 = \frac{3}{85+3} \times 100 = 3.4$$

即线路损耗率为 3.4%,小于 4% 的允许值。

改造后线路损耗将减少 $\Delta\Delta P = 4.3 - 3 = 1.3(\text{kW})$,如果该线路年运行小时数为 5000h,电价 $\delta = 0.5$ 元/kWh,则年节约电费为

$$F = \Delta\Delta P T \delta = 1.3 \times 5000 \times 0.5 = 3250(\text{元})$$

若要求 5 年收回投资,则可接受的节电改造投资为

$$Y = 3250 \times 5 + Y'(\text{元})$$

式中,Y' 为更换下来的导线剩值(元)。

六、电力线路导线接头损耗的测算与实例

较长的供电线路,往往有连接头,如果连接处接触不良,接触电阻过大,连接处会造成很大的电能损失,不但白白浪费电能,而且还会使连接头过热,威胁正常供电。为此,可通过实测电压法计算线路损耗并判断线路接头连接情况。

该方法较适用于电压损失较大,且中间无分支的低压配电线路。在同一时刻 t 测出线路首端和末端的线电压和功率因数,以及线路电流,则该线路的相电压降为

$$\Delta U = \left(\frac{U_1}{\sqrt{3}}\cos\varphi_1 - \frac{U_2}{\sqrt{3}}\cos\varphi_2\right) \times 10^3 + \text{j}\left(\frac{U_1}{\sqrt{3}}\sin\varphi_1 - \frac{U_2}{\sqrt{3}}\sin\varphi_2\right) \times 10^3$$

$$= \Delta U_R + \text{j}\Delta U_X$$

式中　ΔU——线路相电压降(V);

U_1、U_2——分别为时间 t 时线路首端和末端线电压有效值 (kV);

$\cos\varphi_1$——时间 t 时线路首端的功率因数;

$\cos\varphi_2$——时间 t 时线路末端的功率因数;

ΔU_R、ΔU_X——分别为时间 t 时线路每相电阻压降和电抗压降(V)。

所以,线路每相电阻和电抗分别为

$$R = \Delta U_R / I, \quad X = \Delta U_X / I$$

式中　R——线路相电阻（Ω）；

　　　X——线路相电抗（Ω）；

　　　I——时间 t 时线路中电流有效值（A）。

设电平衡测试时间内线路运行了 T_j 小时，则

$$\Delta A_p = 3I_j^2 R \times 10^{-3} T_j = 3I_j^2 \frac{\Delta U_R}{I} \times 10^{-3} T_j$$

$$\Delta A_Q = 3I_j^2 X \times 10^{-3} T_j = 3I_j^2 \frac{\Delta U_X}{I} \times 10^{-3} T_j$$

式中　ΔA_p——损耗有功电量（kW·h）；

　　　ΔA_Q——损耗无功电量（kvar·h）；

　　　I_j——线路中电流变化一个周期 T_M 时间内的均方根
　　　　　　值（A）。

工厂配电线路，其电抗很小，对功率因数的影响很难通过线路首端和末端功率因数表读数之差反映出来，而且线路的电抗取决于导线材料和导线间的几何均距，其大小基本稳定。所以，通常采用实测电压法时，只测量线路首端和末端的电压和线路中的电流，而不测功率因数。此时，每相线路电阻上的电压降为

$$\Delta U_R = \sqrt{\Delta U^2 - \Delta U_X^2} = \sqrt{\left[\left(\frac{U_1}{\sqrt{3}} - \frac{U_2}{\sqrt{3}}\right) \times 10^3\right]^2 - I^2 X^2}$$

由于 $X = X_0 L$，X_0 可采用查表法或计算法得到。于是可求得每相线路电阻为

$$R = \Delta U_R / I$$

【实例】　某乡镇企业一条架空低压线路，导线采用 LJ-185 型铝绞线，长度 L 为 300m，已知线间几何均距 D 为 1m。负荷在末端，三相负荷平衡，已运行 2 年。最近发现负荷端电压偏低，该线路每相有一接线头，怀疑电压偏低是接线头接触不良引起的。由于接线头在架空线路上，无法检查。于是采用实测电压法进行计算分析。在某一时刻实测线路始末端的线电压分别为 400V 和 361V，负荷电流 I 为 200A，试求：

（1）该线路一天 24h 的电能损耗（设线路平均电流 I_j 为 180A）。

（2）接头电阻是多少？接头功率和电压损失是多少？

解　（1）线路损耗计算。根据导线型号和线间几何均距 $D=$ 1m，由表 1-6 查得单位长度电阻和电抗为 $R_0=0.17\Omega/\text{km}$，$x_0=0.305\Omega/\text{km}$。

该线路每相线路电抗为

$$X=x_0L=0.305\times0.3=0.0915(\Omega)$$

每相线路电阻上的电压降为

$$\Delta U_R=\sqrt{\left[\left(\frac{U_1}{\sqrt{3}}-\frac{U_2}{\sqrt{3}}\right)\times10^3\right]^2-I^2X^2}$$

$$=\sqrt{\left[\left(\frac{0.4}{\sqrt{3}}-\frac{0.361}{\sqrt{3}}\right)\times10^3\right]^2-200^2\times0.0915^2}$$

$$=\sqrt{507-334.9}=13.1(\text{V})$$

线电压压降为

$$\sqrt{3}\times13.1=22.7(\text{V})$$

每相线路电阻值（实际值）为

$$R_S=\Delta U_R/I=13.1/200=0.0656(\Omega)$$

故一天的有功损耗电量为

$$\Delta A_P=3I_j^2R\times10^{-3}T=3\times180^2\times0.0656\times10^{-3}\times24$$

$$=153(\text{kW}\cdot\text{h})$$

一天的无功损耗电量为

$$\Delta A_Q=3I_j^2\times10^{-3}T=3\times180^2\times0.0915\times10^{-3}\times24$$

$$=213.5(\text{kvar}\cdot\text{h})$$

（2）接头损耗电压降等计算。该导线的单位电阻 $R_0=$ 0.17Ω/km，故理论上 300m 长导线的电阻 $R=R_0L=0.17\times$ 0.3$=0.051(\Omega)$，因此接头的电阻为 $R_j=R_S-R=0.0656-$ 0.051$=0.0146(\Omega)$。

每个接头的损耗电能为（$I=200$A 时）

$$P = I^2 R_j = 200^2 \times 0.0146 = 584(\text{W})$$

三个接头共损耗电能为 $3 \times 584 = 1752(\text{W})$。

接头相电压损失为

$$\Delta U_{Rj} = IR_j = 200 \times 0.0146 = 2.92(\text{V})$$

接头线电压损失为

$$\Delta U_{lRj} = \sqrt{3}\, \Delta U_{Rj} = \sqrt{3} \times 2.92 \approx 5(\text{V})$$

由此可见,导线接头接触电阻太大,连接不良,在接头处造成很大的压降。放下导线后,发现接头处已因过热变黑氧化。严格按工艺要求重新连接导线,接好后送电,在相同的始端电压和200A负荷下,末端电压升至365V,恢复到正常状态。

采用以上方法计算,计算值与实际情况会有一定的出入,但可以大致判断出供电线路导线连接是否良好。因此,具有实际意义。

第二章 变压器节电技术与实例

第一节 农网建设与改造对变电工程的要求

一、农网建设与改造对变电工程的基本要求

国家电力公司制定了《农村电网建设与改造技术原则》,对变电工程有如下要求:

1. 35kV 变电工程

(1)农村变电所的建设应坚持"密布点、短半径"的原则,向"户外式、小型化、低造价、安全可靠、技术先进"的方向发展,设计时考虑无人值班。

(2)设计标准可考虑 10 年负荷发展要求,一般可按两台主变压器考虑。

(3)变电所进出线应尽量考虑两回及以上接线,线路应采用环网结线方式,开环运行,或根据情况采用放射式单结线方式。

(4)高压侧选用新型熔断器作主变压器保护方式,相应的 10kV 侧保护宜采用反时限重合器配合。

(5)新建变电所保护宜采用微机保护装置,淘汰综合集控台。

(6)新上主变压器必须采用新型节能变压器,高耗能变压器在 3 年内全部更换完毕。

(7)农网改造选用的设备必须是通过省部级或相应级别部门鉴定的国产设备,应优先选择原国家经贸委和国家电力公司推荐的产品。城镇和经济发达地区宜选用自动化、智能化、无油化、少维护产品。

2. 10kV 变电工程

(1)农村配电变压器台区应按"小容量、密布点、短半径"的原

则建设改造。新建和改造的台区,应选用低损耗配电变压器(目前主要是采用 S9 型和少量非晶合金配电变压器)。64、73 系列高损耗配电变压器要全部更换。

(2)变压器容量以现有负荷为基础,适当留有余度,新增生活用电变压器单台容量一般不超过 100kV·A。

(3)容量在 315kVA 及以下的配电变压器宜采用落地安装方式。宜选用多功能配电柜,不宜再建配电房。

(4)新建和改造配电变压器台应达到以下安全要求:

①柱上及屋上安装式变压器底部对地距离不得小于 2.5m。

②落地安装式变压器四周应建围墙(栏),围墙(栏)高度不得小于 1.8m,围墙(栏)距变压器的外廓净距不小于 0.8m,变压器底座基础应高于当地最大洪水位,但不得小于 0.3m。

(5)配电变压器的高压侧宜采用国家定型的新型熔断器和金属氧化物避雷器。

二、农村变电所设计原则

农村用电量与季节关系很大,不像工厂企业那样用电量较稳定,变压器负荷率较高。农村变压器的年负荷率很低,一般不足 30％。但在农田灌溉、抗洪排涝及农忙季节,由于用电量剧增,变压器负荷率异常高,甚至造成变压器严重过载而烧毁。

设计农村变电所可按以下原则考虑:

(1)首先要调查清楚所在供电地区的用电情况,如有多少个排灌站,有多少眼机井,乡镇企业用电多少,有多少个农机修造厂、粮食加工厂,有多少生活照明用电等,从而得到一个总的用电量。由于这些用电户不可能同时使用,因此再乘以一个"同期率",一般情况下同期率可取 60％～70％。

(2)要分析一台变压器同时向不同性质的众多用电户供电(如排灌、粮食加工、农机修配和生活照明等)的"同期率"和可能出现的最大用电量、最小用电量的延续时间。如最大用电量每天延续时间不超过 4h,则变压器可允许超载 15％～20％运行。

(3)农电负荷年平均负荷率可参见表 2-1 所列数值。

表 2-1　农电负荷年平均负荷率

负　荷	负荷率	负　荷	负荷率
排　灌	12.6%	农村加工	30.8%
乡镇工业	34.2%	三班制生产	51.6%
一二班制生产	30.7%	公用配变	23.4%
农村照明	11.4%	照明动力合一	19.2%

（4）对于用电负荷率较高、用电量较大的乡镇企业，可以考虑单独为其设置变压器，不与排灌、粮食加工及生活用电等合用。

（5）由于农村用电负荷变化大，不能按最佳负荷系数（一般为60%左右）选择农用变压器；否则将造成一半以上容量未被利用，并大大增加增容费、购买用电权费等费用，在农闲季节会造成长时间空载、轻载不经济运行。

（6）每台变压器的供电范围不宜过大，一般低压供电半径以不超过 500m 为宜。

（7）对于季节性用电的变压器，如中小型排灌站或机井、砖瓦窑、轧花等应单独装用变压器，而不宜接入其他负荷，以便在不用电期间及时停用这些空载变压器，减少变压器的空载损耗。如果在此期间，有部分设备维修等少量用电，可以装设母子变压器。

（8）在有排灌等季节性负荷的农村，还可采用调容量变压器或母子变压器，以便在用电高峰季节投入全部容量，在农闲季节将调容量变压器换成小容量挡运行或只使用子变压器。

（9）专用于照明的配电变压器容量可接近于照明总负荷。对于照明、动力合用的配电变压器容量，可按最大负荷的 1.25 倍选择。

（10）变压器容量的选择还应考虑到负荷的增长及负荷性质的变化，所以应有适当余量。主变压器应考虑 10 年负荷发展的要求。

（11）新上生活照明的配电变压器应遵循"小容量、密布局、短半径"的原则,尽量控制多个自然村合用一台变压器的供电方式。若一个自然村有多台配电变压器,应划块供电,尽量避免线路交叉,防止串线,保证村民的用电安全。

(12)积极推广低损耗变压器,逐步淘汰老式高损耗变压器。

第二节 农用变压器节电措施及调荷节电

一、农用变压器节电措施

农用变压器的主要节电措施有以下几种。

(1)选用低损耗变压器。

SJ、SJ_{1-5}、SJL、SJL_1、S、S1、SZ、SL、SL1、SLZ、SLZ1、S7、SL7等系列中小型配电变压器均属淘汰产品。应积极推广使用 S9、新S9、S10、S11、SN9、SH10 和 DZ10 等系列节能变压器。

各个时期代表型号的 100kV·A 和 1000kV·A 配电变压器的损耗比较见表 2-2。

表 2-2 各个时期代表型号的 100kV·A 和 1000kV·A
配电变压器的损耗比较

变压器型号	100kV·A 10/0.4kV		1000kV·A 10/0.4kV		技术标准
	空载损耗 (W)	负载损耗 (W)	空载损耗 (W)	负载损耗 (W)	
SJ、SJ1	730	2400	4900	15000	JB 500—1964
S5	540	2100	3250	13700	JB 1300—1973
S7、SL7	320	2000	1800	11600	GB/T 6451—1986
S9	290	1500	1700	10300	
S11 非晶合金铁芯	85	1500	450	10300	GB/T 6451—1995
S11 卷铁芯	205	1500	1190	10300	

注:S9、S11 系列为低损耗配电变压器。

我国农用变压器的容量约为 3 亿千伏安,其中很大一部分还是国家明令淘汰的高能耗变压器,仅它们的空载损耗就比低损耗变压器高 40%～55%,如果把现有的高损耗变压器逐步更换为低损耗变压器,就能大大地节能。低损耗变压器与被淘汰的产品相比,每 1kV·A 变压器容量每年可节电 15～45kW·h 不等。据测定,一台 100kV·A 的老型号变压器的空载损耗为 660W,而一台 100kV·A 的低损耗变压器的空载损耗仅为 230W,可节电 65% 左右;一台 50kV·A 的串并联调容量变压器可节电 3000kW·h。

应该说明,用新购置的低损耗变压器来代替高损耗变压器所花费用只需经过 3～5 年的节电费就能全部收回。

(2)合理选择配电变压器的安装位置。

配电变压器的安装位置应尽量靠近负荷中心,且应符合地势较高、交通方便、进出线容易、安全可靠等条件。

负荷中心不是指负荷的位置中心,而是指负荷矩(即输送容量和输送距离的乘积)的中心。

(3)合理调整部分配电变压器的容量。

对于过去建设的某些负荷率很低的配电变压器,应调整其容量,停用多余的变压器(如排灌期间,停用专供排灌用的变压器等);对于新上用户,应尽量把动力设备(如榨油、粮食加工及饲料加工等)放在一起,建立专线供电的动力用电区,以利于降损节电和调荷等用电管理。

(4)对于负荷变化大、具有季节性负荷的变压器,可采用小容量变压器、调容量变压器或母子变压器。

(5)如果用一台变压器在负荷高峰时期负荷率超过 90%,甚至超过 100% 时,则可以考虑用两台变压器,以达到经济运行。例如,农村变压器在农闲时负荷小,农忙排灌季节负荷又很大,使用一台变压器是很难做到经济运行的,但使用两台变压器就能基本做到。先根据农闲时的负荷情况按经济运行原则(如按最佳负荷率原则)选配好一定容量的变压器,然后根据农忙排灌季节需增加的负荷情况,也按经济运行原则选配好另一台变压器。这样在农闲时只投入第一台变压器运行,农忙季节再把第二台变压器投入并联运行,无论什么时候变压器都将处于高效运行状态。

(6)均衡配电变压器三相负荷。

当变压器三相负荷不平衡时,中性线(零线)中便有电流通过,增加了配电线路的损耗。不平衡度越大,线损越大。同时,负荷不平衡还会降低变压器的利用率,并使三相电压不平衡。因此,一般配电变压器输出电流的不平衡度要求小于 10%,低压干线及主要支线始端电流的不平衡度小于 20%。

(7)选用合适的电压分接头。一般可根据负荷的季节性变化加以调节。

(8)装设无功补偿电容,提高配电变压器的功率因数。

农村电网配电变压器的自然功率因数都很低,一般在 0.5～0.75 之间。全国供用电规则要求 100kV·A 以上的农用配电变压器的功率因数必须达到 0.8 以上。

(9)多台并联变压器,根据负荷大小合理投切运行台数。

(10)加强计划用电管理。调整生产班次,避峰填谷,尽量做到均衡用电,提高用电负荷率;减少轻载和空载时间,提高变压器的利用率,降低变压器的损失率。

二、农用变压器调荷节电

1. 调荷节电的目的和方法

农用变压器年负荷率很低,一般不足 30%,而季节性超载现象又很严重。农忙季节,因灌溉、脱粒等负荷大量增加,且使用时间相当集中,致使变压器严重过载。这不仅使变压器效率下降,能耗增大,而且事故频发。为此,应采取调荷节电措施。

调荷的目的在于使变压器能经常保持在其最佳负荷率附近运行。为此应积极采用调容量变压器或母子变压器,并宜将农村工副业生产、排灌与生活用电分开,分设专用变压器。对农忙季节出现的短期高峰负荷,应采取工业让电、白天脱粒、深夜灌溉等避峰措施,或采用无功补偿,适当提高功率因数。切不能盲目增容。

采用调容量变压器或母子变压器,能较好地解决农村用电在高峰时变压器超载、低谷时变压器负载率过低的矛盾。在高峰月份用大挡容量,在低谷月份用小挡容量,使实际负荷率尽量接近变压器的经济负荷率(60%~70%),从而节约电能。

2. 调容量变压器

调容量变压器是一种农村专用的节能变压器,可通过变换挡操作改变变压器的容量,以适应农村用电高峰和农闲季节用电低谷的不同需要,因而大大节约电能,是一种应大力推广的农用变压器。

调容量变压器有自己的系列化产品。例如型号为 S9-T,50-25/10 的三相调容量变压器,其含义如下:

S 表示三相;T 表示油浸自冷式调容量变压器;数字 9 为设计序号,为低损耗系列变压器;分子数字 50 表示大挡额定容量为 50kV·A,25 表示小挡额定容量为 25kV·A;分母数字 10 表示高压侧电压等级是 10kV。

调容量变压器的容量要根据具体用电负荷的特点,综合考虑大小两挡容量的需要后再作决定。其选择原则有:

(1)适应调容量变压器的季节负荷特点。

调容量变压器适用于用电负荷季节性变化明显,特别是变动周期较长的用户,如农村、林区、牧区、茶厂、棉花加工厂、糖厂、绳丝厂、棒冰厂、孵坊、农场、蚕场、排灌站、小水电站、基建工地、有中央空调的单位等。

(2)大挡容量的选择。

按最大实际计算负荷留有适当发展裕度来选择。如估计增长幅度较大时,可考虑目前只装一台调容量变压器,将来再增加一台普通变压器的方案,或有更换大一级容量的调容量变压器的可能。

(3)小挡容量的选择。

使高峰用电期过后经常负荷率不超过节电临界负荷率。

在实际运行中,当经常负荷率小于节电临界负荷率时即换成小容量挡,或按最大负荷利用小时核算出年电能节电临界负荷率。当最大负荷率小于此值时便换成小容量挡,但此时节电量较上述的少。

3. 有载调压变压器

能带负荷自动调整电压的变压器叫做有载调压变压器。

有载调压变压器具有以下优点:

(1)能稳定电压。由于电网的用电负荷是不断变化的,因此线路损失也不断变化,电压降也不断变化。如果负荷变化大,则电网电压将不能稳定。采用有载调压变压器后,其输出电压将随负荷随时自动调整,将电网电压维持在较稳定的范围内,因此可以使区域电网或重点用户的电压稳定在允许的电压偏差范围之内。

(2)能节约电能。如果电网无功不足,系统电压就要下降,从而可能引起负荷不稳定,同时由于功率因数低,线损增大。为此需增加无功补偿,以增大功率因数,降低线损,提高系统电压。增加无功补偿设备需加大投资。如果采用有载调压变压器,则能稳定系统电压,从而相对地增大了功率因数,降低线损,并可减少无功补偿设备的投资。

(3)联络电网。将几个电网互相连接起来,对供电可靠性、经济运行及灵活调度都有重要意义。通过有载调压变压器连接电网,在用电高峰时可提高电网电压,在用电低谷时可降低电网电压,从而确保电压质量。

第三节　变压器使用条件及基本参数

一、变压器使用条件和温升限值

1. 油浸式变压器的正常使用条件

根据 GB 1094.1—1996 的规定,变压器的正常使用条件如下：

(1)海拔：不超过 1000m。

(2)环境温度：最高气温 40℃；最高日平均气温 30℃；最高年平均气温 20℃；最低气温－25℃（适用户外式）；最低温度－5℃（适用户内式）。

(3)对于水冷却变压器，其冷却器入口处冷却水的最高温度为 25℃。

(4)电源电压的波形近似于正弦波。

(5)三相变压器的电源电压应近似对称。

2. 温升限值

国产变压器在正常使用条件下，可以安全运行 20～25 年。为此规定，油浸式电力变压器（自然循环自冷、风冷）上层油温在环境温度为 40℃时不得超过 95℃。但为了防止油过快劣化，一般要求油温不要超过 85℃。油浸式变压器的温升限值见表 2-3；油浸式变压器顶层油温规定值见表 2-4；变压器负荷电流和温升限值见表 2-5。

表 2-3 油浸式变压器的温升限值 （℃）

部 位	温升限值
绕组：绝缘耐热等级 A	65（电阻法测量）
顶层油	55（温度计测量）
铁心本体	使相邻绝缘材料不受损伤的温升
油箱及结构件表面	80

表 2-4 油浸式变压器顶层油温一般规定值 （℃）

冷却方式	冷却介质最高温度	最高顶层油温
自然循环自冷、风冷	40	95
强迫油循环风冷	40	85
强迫油循环水冷	30	70

表 2-5　变压器负荷电流和温度限值

负荷类型		配电变压器	中型电力变压器	大型电力变压器
正常周期性负荷	负荷电流(标么值)	1.5	1.5	1.3
	热点温度与绝缘材料接触的金属部件的温度(℃)	140	140	120
长期急救周期性负荷	负荷电流(标么值)	1.8	1.5	1.3
	热点温度与绝缘材料接触的金属部件的温度(℃)	150	140	130
短期急救负荷	负荷电流(标么值)	2.0	1.8	1.5
	热点温度与绝缘材料接触的金属部件的温度(℃)	—	160	160

注:负荷电流标么值=负荷电流/变压器额定电流。

二、油浸式变压器过负荷能力

变压器在实际运行中,由于负荷不可能恒定不变,很多时间低于变压器的额定电流。此外,变压器运行时的环境温度不可能一直处在规定的环境温度。因此在一般运行时变压器没有充分发挥其负荷能力。从维持变压器规定的使用寿命(20 年)来考虑,在必要时变压器完全可以过负荷运行。

1. 变压器正常过负荷能力

《电力变压器运行规程》(水电部,1985 年 5 月版)对变压器正常过负荷规定如下:

①全天满负荷运行的变压器不宜过负荷运行;

②变压器在低负荷期间(负荷率小于 1),而在高峰负荷期间变压器允许的过负荷倍数和持续时间,按年等值环境温度,负荷曲线和负荷前变压器所带的负荷等来规定;

③在夏季低于额定容量负荷运行,每低 1%,冬季可允许过负荷 1%,但仍以过负荷 15%为限。

根据我国目前的设计结构,对于自然循环的油冷变压器和风冷变压器,推荐的正常过负荷的最大值为额定负荷的 30%。

自然冷却或吹风冷却油浸式电力变压器的过负荷允许时间见表 2-6。

表 2-6 自然冷却或吹风冷却油浸式电力变压器的
过负荷允许时间 (h:min)

过负荷倍数	过负荷前上层油的温度为下列数值时的允许过负荷持续时间						
	18℃	24℃	30℃	36℃	42℃	48℃	54℃
1.0	连续运行						
1.05	5:50	5:25	4:50	4:00	3:00	1:30	—
1.10	3:50	3:25	2:50	2:10	1:25	0:10	
1.15	2:50	2:25	1:50	1:20	0:35	—	
1.20	2:50	1:40	1:15	0:45			
1.25	1:35	1:15	0:50	0:25			
1.30	1:10	0:50	0:30				
1.35	0:55	0:35	0:15				
1.40	0:40	0:25					
1.45	0:25	0:10					
1.50	0:15	—					

2. 变压器事故过负荷能力

超过额定容量 30%的过负荷为事故过负荷,这种运行方式影响变压器的正常寿命。

有一种事故过负荷发生在并列运行的系统中,当其中一台变压器因事故退出运行时,与其并列运行的变压器便承担原来的全部负荷。这种过负荷一般大于额定容量的 30%。因这种过负荷带有应急的性质,所以又称为 0.5h 短期急救过负荷。

短期急救过负荷对变压器绝缘有一定的损坏,对其寿命也有影响。但从某种意义上来讲,短期急救过负荷维持了生产的连续进行,避免发生设备及人身事故,因此仍有其积极意义。此时,值班人员应尽快重新调整负荷,将不重要的负荷切除,尽可能地使变压器过负荷率不超过 30%。中小型变压器 0.5h 短期急救过负荷的负荷率 β_2 见表 2-7。

表 2-7 变压器 0.5h 短期急救过负荷的负荷率 β_2 表

变压器类型	急救过负荷前的负荷率 β_1	环境温度(℃)							
		40	30	20	10	0	−10	−20	−25
配电变压器(冷却方式 ONAN)	0.7	1.95	2.00	2.00	2.00	2.00	2.00	2.00	2.00
	0.8	1.90	2.00	2.00	2.00	2.00	2.00	2.00	2.00
	0.9	1.84	1.95	2.00	2.00	2.00	2.00	2.00	2.00
	1.0	1.75	1.86	2.00	2.00	2.00	2.00	2.00	2.00
	1.1	1.65	1.80	1.90	2.00	2.00	2.00	2.00	2.00
	1.2	1.55	1.68	1.84	1.95	2.00	2.00	2.00	2.00
中型变压器(冷却方式 ONAN 或 ONAF)	0.7	1.80	1.80	1.80	1.80	1.80	1.80	1.80	1.80
	0.8	1.76	1.80	1.80	1.80	1.80	1.80	1.80	1.80
	0.9	1.72	1.80	1.80	1.80	1.80	1.80	1.80	1.80
	1.0	1.65	1.75	1.80	1.80	1.80	1.80	1.80	1.80
	1.1	1.54	1.66	1.78	1.80	1.80	1.80	1.80	1.80
	1.2	1.42	1.56	1.70	1.80	1.80	1.80	1.80	1.80
中型变压器(冷却方式 OFAF 或 OFWF)	0.7	1.50	1.62	1.70	1.78	1.80	1.80	1.80	1.80
	0.8	1.50	1.58	1.68	1.72	1.80	1.80	1.80	1.80
	0.9	1.48	1.55	1.62	1.70	1.80	1.80	1.80	1.80
	1.0	1.42	1.50	1.60	1.68	1.70	1.80	1.80	1.80
	1.1	1.38	1.48	1.58	1.66	1.72	1.80	1.80	1.80
	1.2	1.34	1.44	1.50	1.62	1.70	1.76	1.80	1.80
中型变压器(冷却方式 ODAF 或 ODWF)	0.7	1.45	1.50	1.58	1.62	1.68	1.72	1.80	1.80
	0.8	1.42	1.48	1.55	1.60	1.66	1.70	1.78	1.80
	0.9	1.38	1.45	1.50	1.58	1.64	1.68	1.70	1.70
	1.0	1.34	1.42	1.48	1.54	1.60	1.65	1.70	1.70
	1.1	1.30	1.38	1.42	1.50	1.56	1.62	1.65	1.70
	1.2	1.26	1.32	1.38	1.45	1.50	1.58	1.60	1.70

注:ONAN—油浸自冷;

ONAF—油浸风冷;

OFAF—强迫油循环风冷(流经绕组内部的油流是热对流循环);

OFWF—强迫油循环水冷(流经绕组内部的油浸是热对流循环);

ODAF—强迫导向油循环风冷(在主要绕组内的油流是强迫导向循环);

ODWF—强迫导向油循环水冷(在主要绕组内的油流是强迫导向循环)。

若不知道变压器负荷率等资料,变压器事故过负荷倍数与允许延续时间可按表 2-8 和表 2-9 所列数值选取。

表 2-8 变压器事故过负荷允许延续时间

过负荷倍数	允许过负荷延续时间	
	室外	室内
1.3	2h	1h
1.6	30min	15min
1.75	15min	8min
2	7.5min	4min
3	1.5min	1min

表 2-9 油浸自然循环冷却变压器事故过负荷允许时间 （h：min）

环境温度(℃) 过负荷倍数	0	10	20	30	40
1.1	24：00	24：00	24：00	19：00	7：00
1.2	24：00	24：00	23：00	5：50	2：45
1.3	23：00	10：00	5：00	3：00	1：30
1.4	8：30	5：10	3：10	1：45	0：55
1.5	4：45	3：10	2：00	1：10	0：35
1.6	3：00	2：05	1：20	0：45	0：18
1.7	2：00	1：25	0：55	0：25	0：09
1.8	1：30	1：00	0：30	0：13	0：06
1.9	1：00	0：35	0：18	0：09	0：05
2.0	0：40	0：22	0：11	0：06	—

需要特别指出的是,绕组的稳定温升只要 20～30min,而油的稳定温升要 10～18h,甚至更长。因此,在过负荷运行时,上层油温并不能准确地反映绕组的实际温度,值班电工必须严格按允许过负荷倍数和延续时间掌握变压器的过负荷,而不能仅从上层油

温是否达到极限值来控制负荷。

三、变压器基本参数及计算

1. 变比、容量和等效阻抗

（1）变比。

当变压器一次侧接到频率为 f 和电压为 U_1 的正弦电流时，U_1、U_2 与 f 的关系为

$$U_1 = E_1 = 4.44 f W_1 \Phi_{Zm}$$

$$U_2 = E_2 = 4.44 f W_2 \Phi_{Zm}$$

因为

$$I_1 W_1 = I_2 W_2$$

故变比（变压比）

$$k = k_{12} = \frac{U_1}{U_2} = \frac{E_1}{E_2} = \frac{W_1}{W_2} = \frac{I_2}{I_1}$$

式中　E_1、E_2——变压器一次和二次的感应电势；

　　　　f——电源频率；

　W_1、W_2——变压器一次和二次绕组的匝数；

　　Φ_{Zm}——变压器铁心磁通最大值；

　I_1、I_2——变压器一次和二次电流。

（2）容量。

单相变压器的容量为

$$S_e = U_1 I_1 = U_2 I_2$$

三相变压器的容量为

$$S_e = \sqrt{3} U_1 I_1 = \sqrt{3} U_2 I_2$$

（3）变压器等效阻抗。

①变压器等效电阻。

按变压器已知参数计算如下：

$$R_{12} = \frac{P_d}{3 I_{1e}^2} \times 10^3 = \frac{P_d U_{1e}^2}{S_e^2} \times 10^3$$

$$R_{21} = \frac{P_d}{3 I_{2e}^2} \times 10^3 = \frac{P_d U_{2e}^2}{S_e^2} \times 10^3$$

式中　R_{12}、R_{21}——变压器每相等效电阻折算到一次侧值和二次

侧值(Ω)，详见表 2-10～表 2-12；

P_d——变压器额定电流时的铜耗，即负载损耗(kW)，

　　　　可由产品目录查得；

I_{1e}、I_{2e}——变压器一次和二次额定电流(A)；

I_{1e}、U_{2e}——变压器一次和二次额定线电压(kV)；

S_e——变压器额定容量(kV·A)。

表 2-10　S7 系列变压器的等效电阻和等效漏抗

容量 (kV·A)	变压比 (kV/kV)	连接组	R_{12} (Ω)	R_{21} (Ω)	X_{D12} (Ω)	X_{D21} (Ω)
50			35	0.056	80	0.128
100			14.5	0.0232	40	0.064
160			8.125	0.013	25	0.04
200			6.175	0.00988	20	0.032
250			4.672	0.00748	16	0.0256
315	10/0.4	Y,yn0	3.497	0.00559	12.69	0.0203
400			2.6	0.00416	10	0.016
500			1.969	0.00315	8	0.0128
630			1.461	0.00234	7.94	0.0127
800			1.125	0.0018	6.25	0.01
1000			1.0	0.0016	5	0.008
1250			0.736	0.00118	4	0.0064
1600			0.547	0.00088	3.13	0.005

表 2-11　SL7 系列变压器的等效电阻和等效漏抗

容量 (kV·A)	变压比 (kV/kV)	连接组	R_{12} (Ω)	R_{21} (Ω)	X_{D12} (Ω)	X_{D21} (Ω)
30			88.889	0.14222	113.33	0.2133
50			46	0.0736	80	0.16
63	10/0.4	Y,yn0	35.273	0.05637	63.49	0.1016
80			25.781	0.04125	50	0.08
100			16.5	0.064		
125			15.68	0.02509	32	0.0512

续表 2-11

容量 (kV·A)	变压比 (kV/kV)	连接组	R_{12} (Ω)	R_{21} (Ω)	X_{D12} (Ω)	X_{D21} (Ω)
160			11.133	0.01781	25	0.04
200			8.5	0.0136	20	0.032
250			6.4	0.01024	16	0.0256
315			4.837	0.00774	12.69	0.0203
400			3.625	0.0058	10	0.016
500	10/0.4	Y,yn0	2.76	0.00442	8	0.0078
630			2.041	0.00327	7.14	0.0114
800			1.547	0.00248	5.63	0.009
1000			1.16	0.00186	4.5	0.0072
1250			0.88	0.00141	3.6	0.0058
1600			0.645	0.00103	2.81	0.0045
2000			0.495	0.19647	2.75	1.0915
2500			0.368	0.14606	2.2	0.8732
3150	10/6.3	Y,d11	0.272	0.10796	1.75	0.693
4000			0.2	0.07938	1.38	0.5457
5000			0.147	0.05834	1.1	0.4366
6300			0.103	0.04088	0.87	0.3465

表 2-12 S9 系列变压器的等效电阻和等效漏抗

容量 (kV·A)	变压比 (kV/kV)	连接组	R_{12} (Ω)	R_{21} (Ω)	X_{D12} (Ω)	X_{D21} (Ω)
30			66.667	0.10667	113.33	0.2133
50			34.8	0.5568	80	0.16
63			26.2	0.04192	63.49	0.1016
80			19.531	0.03125	50	0.08
100	10/0.4	Y,yn0	12.5	0.02	40	0.064
125			11.52	0.01843	32	0.0512
160			8.594	0.01375	25	0.04
200			6.5	0.0104	20	0.032
250			4.88	0.00781	16	0.0257

续表 2-12

容量 (kV·A)	变压比 (kV/kV)	连接组	R_{12} (Ω)	R_{21} (Ω)	X_{D12} (Ω)	X_{D21} (Ω)
315			3.679	0.00589	12.69	0.0203
400			2.688	0.0043	10	0.016
500			2.04	0.00326	8	0.0078
630	10/0.4	Y,yn0	1.562	0.0025	7.14	0.0114
800			1.172	0.00188	5.63	0.009
1000			1.03	0.00165	4.5	0.0072
1250			0.768	0.00123	3.6	0.0058
1600			0.566	0.00091	2.81	0.0045

②变压器等效漏抗。变压器等效漏抗为

$$X_D = U_d\% \frac{10S_e}{3I_e^2} = U_d\% \frac{100U_e}{\sqrt{3}\,I_e} = U_d\% \frac{10U_e^2}{S_e}$$

式中　X_D——变压器每相等效漏抗（Ω），可以折算到一次侧（X_{D12}），也可以折算到二次侧（X_{D21}）；

　　　　I_e、U_e——同前，与 X_{D12}（或 X_{D21}）对应，折算到一次侧（或二次侧）的电流和电压（A，kV）；

　　　　$U_d\%$——变压器阻抗电压百分数，可由产品目录查得。

2. 负荷率和效率

（1）负荷率。

变压器负荷率可按下式计算

$$\beta = \frac{S}{S_e} = \frac{I_2}{I_{2e}} = \frac{P_2}{S_e\cos\varphi_2}$$

当测量 I_2 有困难时，也可近似用 I_1/I_{1e}，求取变压器的负荷率。

由于变压器在实际运行中负荷是不断变化时，所以不能根据变压器某一瞬时的负荷来计算负荷率，而应取一段时期内（一个周期）的平均负荷率。对于企业，可以一天（24h）作为变压器负荷变化的周期。图 2-1(a)为某乡镇企业正常生产日变压器视在功率变化曲线。

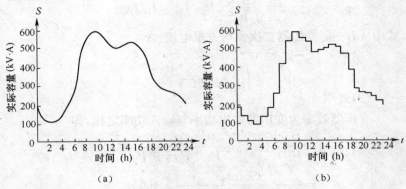

图 2-1　某乡镇企业变压器日负荷曲线

变压器负荷率的计算公式为

$$\beta = \frac{\sqrt{\dfrac{1}{24}\displaystyle\int_0^{24} S^2\,\mathrm{d}t}}{S_e}$$

为了便于计算，可近似认为在 Δt 时间内负荷恒定不变，则

$$\beta = \sqrt{\frac{\Delta t}{24}\sum_{i=1}^{24/\Delta t} S_i^2} \Big/ S_e = S_j / S_e$$

式中　S_j——视在功率的均方根值(kVA)。

$$S_j = \sqrt{\frac{\Delta t}{24}\sum_{i=1}^{24/\Delta t} S_i^2} = \sqrt{\frac{1}{n}\sum_{i=1}^{n} S_i^2}$$

$n=24/\Delta t$，即一天时间里测量变压器负荷的次数。当 Δt 取 1 时，$24/\Delta t=24$，即每小时测量一次，并认为每小时内负荷不变[见图 2-1(b)]。Δt 的大小视具体情况而定。当负荷变化较大时，Δt 可以小一些，即变压器负荷的测量次数应多一些；反之可以大一些，即变压器负荷的测量次数可以少一些。

若所测的是变压器二次电流,则

$$\beta = \sqrt{\frac{1}{n}\sum_{i=1}^{n}I_{2i}^2} \Big/ I_{2e} = I_j / I_{2e}$$

式中 I_j——变压器二次侧均方根电流(A),

$$I_j = \sqrt{\frac{1}{n}\sum_{i=1}^{n}I_{2i}^2}$$

(2)效率。

变压器效率为变压器输出功率与输入功率之比,即

$$\eta = \frac{P_2}{P_1} \times 100\% = \frac{P_2}{P_2 + P_0 + \beta^2 P_d} \times 100\%$$

$$= \frac{\beta S_e \cos\varphi^2}{\beta S_e \cos\varphi_2 + P_0 + \beta^2 P_d} \times 100\%$$

$$= \frac{\sqrt{3}U_2 I_2 \cos\varphi_2}{\sqrt{3}U_2 I_2 \cos\varphi_2 + P_0 + \beta^2 P_d} \times 100\%$$

式中 P_1——变压器输入功率(kW);

P_2——变压器输出功率(kW);

U_2——变压器二次线电压(kV);

I_2——变压器二次电流(A);

$\cos\varphi_2$——负荷功率因数;

P_0——变压器的空载有功损耗,即空载损耗(kW),可由产品目录中查得;

其他符号同前。

变压器全日效率为

$$\eta_日 = \frac{1\ 日的输出电能}{1\ 日的输出电能 + 1\ 日的损耗电能} \times 100\%$$

式中除 P_0、P_d 和 U_2 基本不变外,I_2、$\cos\varphi_2$ 及 β 均随时间而变化。$\eta_日$ 可从日负荷曲线按时间分段按上式求得。

(3)最佳负荷率。

即变压器最大效率时的负荷率。最佳负荷率 β_m 可按下式

计算

$$\beta_{\mathrm{m}} = \sqrt{\frac{P_0 + KQ_0}{P_{\mathrm{d}} + KQ_{\mathrm{d}}}}$$

式中　Q_0——变压器的空载无功损耗(即励磁无功损耗)(kvar),

$$Q_0 = \sqrt{3} U_{1\mathrm{e}} I_0 \sin\varphi_0 = \sqrt{S_{\mathrm{s}0}^2 - P_0^2} \approx S_{\mathrm{s}0} = \sqrt{3} U_{1\mathrm{e}} I_0$$
$$= \sqrt{3} U_{1\mathrm{e}} I_0 \frac{S_{\mathrm{e}}}{\sqrt{3} U_{1\mathrm{e}} I_{\mathrm{e}}} = I_0\% S_{\mathrm{e}} \times 10^{-2} \; ;$$

Q_{d}——变压器的短路无功损耗(即漏磁无功损耗)(kvar),

$$Q_{\mathrm{d}} = \sqrt{S_{\mathrm{sd}}^2 - P_{\mathrm{d}}^2} \approx S_{\mathrm{sd}} = \sqrt{3} U_{\mathrm{d}} I_{1\mathrm{e}} = U_{\mathrm{d}}\% S_{\mathrm{e}} \times 10^{-2} \; ;$$

$I_0\%$——空载电流百分数,可由产品目录查得,$I_0\% = I_0 / I_{1\mathrm{e}} \times 100$,中小型变压器一般为 $2\sim8$,大型变压器则往往小于 1;

$U_{\mathrm{d}}\%$——短路电压(即阻抗电压)百分数,可由产品目录查得;

$S_{\mathrm{s}0}$——变压器的空载视在功率(kV·A);

S_{sd}——变压器的负载视在功率(kV·A);

S_{e}——变压器的额定容量(kV·A);

K——无功经济当量(kW/kvar),是指变压器连接处的无功经济当量。表 2-13 给出了无功经济当量概略值,供参考。

表 2-13　无功经济当量 K 值

变压器安装地点的特征	K(kW/kvar)	
	最大负荷时	最小负荷时
直接由发电厂母线供电的变压器	0.02	0.02
由发电厂供电(发电机电压)的线路变压器	0.07	0.04
由区域线路供电的 35～110kV 的降压变压器	0.1	0.06
由区域线路供电的 10～6/0.4kV 的降压变压器	0.15	0.1

从而可得出变压器最佳的经济负荷 S_{zj} 为

$$S_{\mathrm{zj}} = \beta_{\mathrm{m}} S_{\mathrm{e}}$$

当需要粗略估算变压器最佳负荷率,(即只计及变压器有功功率损耗)时,上述公式可写成 $\beta_m = \sqrt{P_0/P_d}$,对于国产油浸式电力变压器 β_m 一般为 0.4～0.6;干式变压器 β_m 一般为 0.55～0.62。

须指出,在实际运行中,应从节能性和经济性(如企业电费开支)等方面综合考虑来确定变压器的经济负荷率。详见本章第四节和第六节。

(4)最大效率。

对应于变压器最佳负荷率时的变压器效率为最大效率,其公式如下:

$$\eta_{max} = \left(1 - \frac{2P_0}{\sqrt{P_0/P_d}\, S_e\cos\varphi_2 + 2P_0}\right) \times 100\%$$

四、常用电力变压器的技术数据

S7 系列电力变压器的技术数据见表 2-14;SL7 系列电力变压器的技术数据见表 2-15;S9 系列电力变压器的技术数据见表 2-16;SH-M 型电力变压器的技术数据见表 2-17。

S7、SL7、S9、SH-M 系列变压器均为油浸自冷式变压器。其中:SL7 为铝线绕组,其余为铜线绕组,SH 为非晶合金铁心。S7 系列变压器绕组采用铜导线,铁心采用 DQ151-35 冷轧取向硅钢片,调压范围±5%,温升标准:绕组 65℃,油顶层 55℃。S9 系列变压器绕组采用铜导线,铁心采用 DQ147-30 冷轧取向硅钢片,调压范围±5%,温升标准:绕组 65℃,油顶层 55℃。

S7 系列及 SL7 系列变压器属淘汰产品。

表 2-14　S7 系列电力变压器主要技术数据

额定容量 (kV・A)	连接组	额定电压(kV)		损耗(W)		阻抗电压 (%)	空载电流 (%)	质量 (kg)
		高压	低压	空载	负载			
30	Y,Yn0	6±5%, 6.3±5%, 10±5%	0.4	150	800	4	2.8	330
50				190	1150		2.6	450
63				220	1400		2.5	470

续表 2-14

额定容量 (kV·A)	连接组	额定电压(kV)		损耗(W)		阻抗 电压 (%)	空载 电流 (%)	质量 (kg)
		高压	低压	空载	负载			
80				270	1650		2.4	535
100				320	2000		2.3	615
125				370	2450		2.2	725
160				460	2850		2.1	825
200				540	3400	4	2.1	995
250				640	4000		2.0	1110
315	Y,Yn0	6±5%, 6.3±5%, 10±5%	0.4	760	4800		2.0	1320
400				920	5800		1.0	1530
500				1080	6900		1.0	1790
630				1300	8100		1.8	2535
800				1540	9900		1.5	2970
1000				1800	11600	4.5	1.2	3485
1250				2200	13800		1.2	4345
1600				2650	165000		1.1	4790

表 2-15　SL7 系列低损耗电力变压器的主要技术数据

额定容量 (kV·A)	连接组	额定电压(kV)		损耗(W)		阻抗 电压 (%)	空载 电流 (%)	质量 (kg)
		高压	低压	空载	负载			
30				150	800		2.5	300
50				190	1150		2.8	460
63				220	1400		2.8	515
80	Y,yn0	6,6.3,10	0.4	270	1650	4	2.7	570
100				320	2000		2.6	670
125				370	2450		2.5	780
160				460	2850		2.4	945

续表 2-15

额定容量 (kV·A)	连接组	额定电压(kV)		损耗(W)		阻抗 电压 (%)	空载 电流 (%)	质量 (kg)
		高压	低压	空载	负载			
200				540	3400		2.4	1070
250				640	4000		2.3	1255
315	Y,yn0	6,6.3,10	0.4	760	4800	4	2.3	1525
400				920	5800		2.1	1775
500				1080	6900		2.1	2055
630	Y,d11	$\frac{6,6.3}{10}$	$\frac{(3.15)}{(3.15)6.3}$	1300	8100	4.5	2.0	2935
800	Y,yn0	6,6.3,10	0.4	1540	9900		1.7	3305
	Y,d11	$\frac{6,6.3}{10}$	$\frac{(3.15)}{(3.15)6.3}$					3160
1000	Y,yn0	6,6.3,10	0.4	1800	11600	$\frac{4.5}{5.5}$	1.4	4135
	Y,d11	$\frac{6,6.3}{10}$	$\frac{(3.15)}{(3.15)6.3}$					3590
1250	Y,yn0	6,6.3,10	0.4	2200	13800		1.4	5030
	Y,d11	$\frac{6,6.3}{10}$	$\frac{(3.15)}{(3.15)6.3}$					4135
1600	Y,yn0	6,6.3,10	0.4	2650	16500		1.3	6000
		$\frac{6,6.3}{10}$	$\frac{(3.15)}{(3.15)6.3}$					4935
2000		$\frac{6,6.3}{10}$	$\frac{(3.15)}{(3.15)6.3}$	3100	19800		1.2	5575
250		$\frac{6,6.3}{10}$	$\frac{(3.15)}{(3.15)6.3}$	3650	23000		1.2	6685
3150	Y,d11	$\frac{6,6.3}{10}$	$\frac{(3.15)}{(3.15)6.3}$	4400	27000	5.5	1.1	7830
4000		10	(3.15)6.3	5300	32000		1.1	9040
5000		10	(3.15)6.3	6400	36700		1.0	10650
6300		10	(3.15)6.3	7500	41000		1.0	12705

注:括号内数据尽量不采用。

表 2-16　S9 系列电力变压器主要技术数据

额定容量 (kV·A)	连接组	额定电压(kV)		损耗(W)		阻抗 电压 (%)	空载 电流 (%)	质量 (kg)
		高压	低压	空载	负载			
30				130	600		2.1	340
50				170	870		2.0	460
63				200	1040		1.9	510
80				240	1250		1.8	600
100				290	1500		1.6	650
125				340	1800		1.5	790
160				400	2200	4	1.4	930
200		6.0±5%,		480	2600		1.3	1050
250	Y,yn0	6.3±5%,	0.4	560	3050		1.2	1250
315		10±5%		670	3650		1.1	1430
400				800	4300		1.0	1650
500				960	5100		1.0	1900
630				1200	6200		0.9	2830
800				1400	7500		0.8	3220
1000				1700	10300	4.5	0.7	3950
1250				1950	12000		0.6	4650
1600				2400	14500		0.6	5210

表 2-17　SH-M 型非晶合金铁心电力变压器主要技术数据

额定容量 (kV·A)	连接组	高压 电压 (kV)	高压分 接范围 (%)	低压 电压 (kV)	损耗(W)		阻抗电 压(%)	空载电 流(%)
					空载	负载		
50					34	870		1.5
80			±2×2.5		50	1250		1.2
100	D,yn11	10	或 −3 ─────×2.5 −1	0.4	60	1500	4	1.1
160					80	2200		0.9

续表 2-17

额定容量 (kV·A)	连接组	高压 电压 (kV)	高压分 接范围 (％)	低压 电压 (kV)	损耗(W)		阻抗电 压(％)	空载电 流(％)
					空载	负载		
200					100	2600		0.9
250					120	3050		0.8
315					140	3650	4	0.8
400					170	4300		0.7
500			±2×2.5 或 $-3\atop-1$×2.5		200	5100		0.6
630	D,yn11	10		0.4	240	6200		0.6
800					300	7600		0.5
1000					340	10300		0.5
1250					400	12000	4.5	0.5
1600					500	14500		0.5
2000					600	18000		0.5
2500					700	21500		0.5

第四节 变压器经济容量选择与实例

一、农村配电变压器经济容量选择与实例

根据《农村低压电力技术规程》规定,选择配电变压器容量时应考虑 5 年内电力增长计划。

1. 5 年内电力增长计划明确的场合

若 5 年内电力增长计划明确,变动不大,且当年负荷不低于变压器容量的 30％,则可按下式计算配电变压器容量:

$$S_e = \frac{K_s \sum P_H}{\cos\varphi_n}$$

式中 S_e——配电变压器在 5 年内所需容量(kV·A);

$\sum P_H$ ——5 年内的有功负荷(kW)；

K_s ——同期率，一般为 0.6～0.7；

$\cos\varphi$ ——功率因数，一般为 0.8～0.85；

η ——变压器效率，一般为 0.8～0.9。

当取 $K_s=0.7$，$\cos\varphi=0.8$，$\eta=0.8$ 时，则配电变压器的容量为

$$S_e=\frac{0.7\sum P_H}{0.8\times0.8}\approx1.1\sum P_H$$

2. 5 年内电力增长计划不明确的场合

若 5 年内电力增长计划不明确或是否实施的变动性很大，而当年的电力负荷比较明确时，则可按下式计算：

$$S_e=\frac{K_1K_2}{\cos\varphi\beta_m}P_H$$

式中　P_H ——当年的用电负荷(kW)；

K_1 ——负荷分散系数，取 1.1；

K_2 ——负荷增长系数，取 1.3～1.5；

β_m ——配电变压器经济负荷率，一般为 0.6～0.7；

其余符号意义同前。

当取 $K_1=1.1$，$K_2=1.4$，$\cos\varphi=0.8$，$\beta_m=0.65$ 时，则配电变压器的容量为

$$S_e=\frac{1.1\times1.4}{0.8\times0.65}\times P_H\approx3P_H$$

【实例 1】　某村庄目前有动力负荷 80kW，照明及家电等负荷 8kW，预计 5 年内新增 11kW 机泵 2 台及照明负荷等 5kW，现在使用的是一台 S9-80kV·A 变压器，试选择变压器容量。

解　设负荷周期使用率 $K_s=0.6$、$\cos\varphi=0.8$，变压器效率 $\eta=0.85$。

根据目前的用电负荷，实际用电容量约为

$$S = \frac{K_s \sum P_H}{\cos\varphi\eta} = \frac{0.6 \times (80+8)}{0.8 \times 0.85} = 77.6 (\text{kV} \cdot \text{A})$$

现用的 80kVA 变压器能满足要求。

5 年内所需变压器容量为

$$S' = \frac{K_s \sum P'_H}{\cos\varphi\eta} = \frac{0.6 \times (80+8+11\times2+5)}{0.8 \times 0.85} = 101.5 (\text{kV} \cdot \text{A})$$

可见,目前 80kVA 变压器容量已不够使用,如果淘汰这台 80kVA 变压器而新增一台 100kVA 变压器,投资太大,不经济。为此,新购一台 30kVA 的变压器专供 2 台 11kW 机泵使用。由于机泵属季节性用电,不用时可将 30kW 变压器退出运行,以节约用电。而将新增 5kW 照明等负荷接在原 80kVA 的变压器上。这时该变压器所承受负荷约为

$$S = \frac{0.6 \times (80+8+5)}{0.8 \times 0.85} = 82 (\text{kV} \cdot \text{A})$$

虽有所超负荷,但农村用变压器受季节影响较大,低谷用电在一年内有相当长时间,因此该变压器完全能胜任工作。

【实例 2】 某村庄现有照明负荷 33kW、动力负荷 10kW,由一台 S7-50/10 型变压器供电,明年准备新上一个小型服装加工厂,用电负荷约为 30kW,以后五年内不准备上项目。试选择变压器。

解 (1)变压器容量的计算。因该村电力发展目标明确,总负荷为

$$\sum P_H = 33 + 10 + 30 = 73 (\text{kW})$$

令 $K_s = 0.7$、$\cos\varphi = 0.8$、$\eta = 0.8$,则变压器容量为

$$S_e = 1.1 \sum P_H = 1.1 \times 73 = 80.3 (\text{kW})$$

因此,初步选择变压器容量为 100kV · A。

(2)几种变压器运行费用比较。

S7-50/10 型、S9-50/10 型及 SH-100/10 型变压器运行费用等

比较如下：设农村照明电价为 0.7 元/kW·h，变压器年运行小时数 τ 为 8760h，正常负荷下工作小时数 τ 为 2200h，该厂是以 $\cos\varphi$ ＝0.85 为基准考核的企业，设平均功率因数为 0.9（补偿后）。

S7-50/10 型：价格 8770 元，年电能损耗费 2614 元。

S9-50/10 型：价格 10850 元，年电能损耗费 2077 元。

SH-100/10 型：价格 25100 元，年电能损耗费 2257 元。

变压器年电能损耗费按下式计算：

$$C=[(P_0+K_GQ_0)T+(\beta^2P_d+K_G\beta^2Q_d)\tau]\delta$$

式中　C——变压器年电能损耗费（元/年）；

　　　δ——电价（元/kW·h）；

　　　K_G——无功电价等效当量，见表 2-18；

　　　其他符号同前。

表 2-18　无功电价等效当量 K_G 表
(1)$\cos\varphi$＝0.9 为基准的企业

月 $\cos\varphi$	0.5～ 0.55	0.55～ 0.6	0.6～ 0.65	0.65～ 0.7	0.7～ 0.75	0.75～ 0.8	0.8～ 0.85
K_G	0.464	0.541	0.621	0.668	0.179	0.191	0.191
月 $\cos\varphi$	0.85～0.9	0.9～0.92	0.92～ 0.94	0.94～ 0.96	0.96～ 0.98	0.98～1	
K_G	0.183	0.34	0.032	0.042	0.023	0.037	

(2)$\cos\varphi$＝0.85 为基准的企业

月 $\cos\varphi$	0.5～ 0.55	0.55～ 0.6	0.6～ 0.65	0.65～ 0.7	0.7～ 0.75	0.75～ 0.8	0.8～ 0.85
K_G	0.464	0.541	0.621	0.668	0.179	0.191	0.191
月 $\cos\varphi$	0.85～ 0.86	0.86～ 0.88	0.88～ 0.9	0.9～ 0.92	0.92～ 0.94	0.94～ 0.96	0.96～ 0.98	0.98～1
K_G	0.191	0.09	0.09	0.085	0.032	0.042	0.023	0.037

现以 S9-50/10 型变压器为例计算如下：

由表 2-16 查得：$P_0＝0.17kW$，$P_d＝0.87kW$，$U_d\%＝4$，

$I_o\% = 2$,则 $Q_0 = I_0\% S_e \times 10^{-2} = 2 \times 50 \times 10^{-2} = 1(\text{kvar})$,$Q_d = U_d\% S_e \times 10^{-2} = 4 \times 50 \times 10^{-2} = 2(\text{kvar})$,负荷率 $\beta = 30/50 = 0.6$。

由表 2-18 查得,$K_G = 0.09$。

$$C = [(P_o + K_G Q_o)T + (\beta^2 P_d + K_G \beta^2 Q_d)\tau]\delta$$
$$= [(0.17 + 0.09 \times 1) \times 8760 + (0.6^2 \times 0.87 + 0.09 \times 0.6^2 \times 2) \times 2200] \times 0.7 = 2177(\text{元/年})$$

(3)几种方案的比较。

由于原有一台 50kVA 变压器,可供选择的方案有以下两个:

方案一:原有 S7-50/10 型变压器不动,再增加一台 S9-50/10 变压器并联运行。此方案当两变压器有一台故障或检修时,不会造成全村停电,供电可靠性较好。

方法二:把原有 S7-50/10 型变压器换掉,而用一台 S9 或 SH 型 100kVA 变压器代之。

方案比较:若方案二采用 SH-100/10 型变压器。方案一比方案二少投资 25100-10850=14250(元),但方案一比方案二要多增加一套高、低压配电装置及附属设施,增加费用约 7000 元,这样两方案一次性投资相差为 142500-7000=7250(元)。但方案二的运行费用低,一台 S7-50/10 和一台 S9-50/10 变压器年损耗费总共为 2614+2177=4791(元),而一台 SH-100/10 型变压器年损耗费为 2258 元,两者差额为 2533 元,回收差额年限为 7250/2533=2.98(年)。也就是说,方案二比方案一虽一次性投资大,但不足 3 年就可回收投资差额部分。以后十几年即可得到可观的经济回报。

以上计算还尚未计及所换掉的 S7-50/10 型变压器的剩余价值。

说明:变压器价格仅供参考。

二、电力排灌站变压器经济容量选择与实例

电力排灌站变压器容量的选择有以下几种方法。

1. 方法一

小型电力排灌站的变压器一般为单台,容量为 320kVA 及以下,电压为 10/0.4kV。

变压器容量可按下式选择:

$$S = \sum \left(\frac{K_1 P_1}{\eta \cos\varphi} \right) + K_2 P_2$$

式中　　　　S——变压器容量(kVA);

　　　　　　P_1——电动机的额定功率(kW);

　　　　　　η——电动机的效率;

　　　　$\cos\varphi$——电动机的功率因数;

$\sum \left(\dfrac{K_1 P_1}{\eta \cos\varphi} \right)$——同时投入运行的电动机功率总和;

　　　　　K_1——电动机负荷率,$K_1 = \dfrac{K_3 P_3}{P_1}$;

　　　　　P_3——水泵的轴功率(kW);

　　　　　K_3——换算系数,当 $P_3/P_1 = 0.8 \sim 1$ 时,K_3 可取 1;当 $P_3/P_1 = 0.7 \sim 0.8$ 时,K_3 取 1.05;当 $P_3/P_1 = 0.6 \sim 0.7$ 时,K_3 取 1.1;当 $P_3/P_1 = 0.5 \sim 0.6$ 时,K_3 取 1.2;

　　　　　P_2——照明用电总功率(kW);

　　　　　K_2——照明用电同时系数,一般取 $0.8 \sim 0.9$。

2. 方法二

变压器容量也可按以下简化公式选择:

$$S = \sum P(1 + 25\%)$$

式中　　$\sum P$——电动机总容量(kW)。

式中考虑同时率为 1。若按此式所算得的变压器容量较小,使电动机不能直接起动时,应采用减压起动方式。

3. 方法三

一般电动机和变压器的配合可参见表 2-19。

表 2-19　电动机和变压器容量配合参考表

电动机(kW)	变压器(kV·A)
10～15	20
20～24	30
30～40	50、63
50～80	75、80
70～90	100、125
100	125、180

【实例】　某排灌站有 2 台 30kW 和 6 台 15kW 水泵,电动机的效率及功率因数分别为 $\eta=0.9$、$\cos\varphi=0.85$ 和 $\eta=0.88$、$\cos\varphi=0.81$;照明用电总共 1.5kW,试选择该排灌站的变压器容量。

解　(1)方法一。根据水泵的扬程 H 和流量 Q,可计算出水泵的轴功率(具体计算请见第八章第二节)。

现设 30kW 水泵的轴功率 $P_3=23kW$,15kW 水泵的轴功率 $P_3=13kW$。

对于 30kW 水泵,$P_3/P_1=23/30=0.77$,故换算系数 $K_3=1.05$,电动机负荷率 $K_1=K_3P_3/P_1=1.05\times23/30=0.805$。

对于 15kW 水泵,$P_3/P_1=13/15=0.87$,$K_3=1$,电动机负荷率 $K_1=K_3P_3/P_1=1\times13/15=0.867$。

取照明用电同时系数 $K_2=0.8$。

变压器容量为

$$S=\sum\left(\frac{K_1P_1}{\eta\cos\varphi}\right)+K_2P_2$$

$$=\frac{0.805\times2\times30}{0.9\times0.85}+\frac{0.867\times6\times15}{0.88\times0.81}+0.8\times1.5$$

$$=63.14+109.5+1.2=173.84(kV\cdot A)$$

因此可以选用 180kV·A 的变压器。

(2)方法二。变压器容量为

$$S = \sum P(1 + 25\%) = 1.25 \sum P$$
$$= 1.25 \times (2 \times 30 + 6 \times 15) = 187.5(\text{kV} \cdot \text{A})$$

可选用 180kVA 的变压器。

(3)方法三。水泵电动机总功率 $\sum P = 2 \times 30 + 6 \times 15 = 150$ (kW)，如果考虑水泵同时使用率 $K = 0.7$，则实际电动机功率为 $0.7 \times 150 = 105$(kW)，由表 2-19 查得，可选用 180kVA 的变压器。

实际上，180kVA 变压器的额定二次电流为

$$I_e = \frac{S_e}{\sqrt{3} U_e} = \frac{180}{\sqrt{3} \times 0.38} = 273(\text{A})$$

而 30kW 水泵电动机额定电流为 $I_1 = 59.5\text{A}$，15kW 水泵电动机额定电流为 $I_2 = 31.6\text{A}$。所有电动机满负荷电流为 $I = 2I_1 + 6I_2 = 2 \times 59.5 + 6 \times 31.6 = 300$(A)。事实上一般水泵不会满负荷运行，所以总电流不可能达到 300A，何况排灌站多为季节性负荷，因此 180kV · A 的变压器容量完全可以承担。

第五节　节能型变压器节电效益比较

一、S9 系列变压器与 S7 系列变压器的比较

我国在 1980 年以后推出 S7 系列变压器，按 1973 年配电变压器标准属于节能型，但同 20 世纪 80 年代中期全国统一设计的 S9 系列变压器相比，S7 系列变压器则属于高耗损型。

1. 主要经济指标的比较

(1)空载损耗 P_0。S9 系列比 S7 系列降低约 8%；

(2)负载损耗 P_d。S9 系列比 S7 系列降低约 25%；

(3)价格及节电回收年限。虽然 S9 系列比 S7 系列平均高 20% 左右，但 S9 初投资多付的资金 3～5 年左右可以回收(视负荷率和变压器容量)。

按变压器 20 年使用年限计算，S9 各种规格的总拥有费用均

低于 S7。为了节约电能,推广新技术、新产品,国家已明令 1998 年底淘汰 S7 和 SL7 系列产品。S9 系列变压器是目前农网改造的通用产品。

2. S9 系列变压器的技术参数

见表 2-20。

表 2-20　S9 系列变压器的空载损耗和负载损耗

容量	空载损耗		负载损耗	
（kV·A）	有功（W）	无功（var）	有功（W）	无功（var）
100	290	1600	1500	4000
125	340	1870	1800	5000
160	400	2240	2200	6400
200	480	2600	2600	8000
250	560	3000	3050	1000
315	670	3465	3650	12600

3. S9 系列变压器投资年费用、维护费用

见表 2-21。

表 2-21　S9 系列变压器投资年费用、维护费用

容量	单价	投资年费用	维护费
（kV·A）	（元）	（元/年）	（元/年）
100	16150	2216	242
125	18250	2504	274
160	20800	2854	312
200	24000	3293	360
250	28490	3909	427
315	33560	4605	503

二、新 S9 系列变压器与 S11 系列及非晶合金铁心变压器的比较

目前常用的低损耗 10kV 配电变压器有新 S9 系列、S11 系列及非晶合金系列等。新 S9 系列低损耗变压器是在 S9 型变压器的

基础上改进而来的。在改进过程中，通过采用新组件、新工艺并完善部分结构，来提高产品的电气强度、机械强度及散热能力，以提高变压器的节能效益。低损耗配电变压器优越性重要体现在以下几个方面：

1. 新 S9 系列

新 S9 系列变压器的空载损耗、空载电流和噪声都较低，产品质量可靠、价格便宜。新 S9 系列与老 S9 系列变压器技术指标对比见表 2-22。

表 2-22　新 S9 系列与老 S9 系列 30～1600kVA 配电变压器技术指标对比表

| 型　号 | 性能参数 | | | | 新 S9 | | | | | | |
容量 （kV·A）	空载 损耗 （W）	负载 损耗 （W）	空载 电流 （%）	阻抗 电压 （%）	硅钢片 质量 （kg）	铜导线 质量 （kg）	油质 量（kg）	油箱及 附件质 量（kg）	器身 质量 （kg）	总质 量 （kg）	主要材 料成本 （元）
30	130	600	2.1	4	80.5	42.4	70	75	140	280	2893.5
50	170	870	2.0	4	111.7	64.2	80	90	205	375	4060.1
63	200	1040	1.9	4	127.9	76.4	90	100	235	430	4704.7
80	250	1250	1.8	4	161.3	82.1	100	110	280	490	5389.9
100	290	1500	1.6	4	180.3	100.7	110	125	325	560	6289.9
125	340	1800	1.5	4	220	106.5	125	150	375	650	7130
160	400	2200	1.4	4	270	118.8	40	170	450	760	8284
200	480	2600	1.3	4	317	138.7	165	195	525	875	9692
250	560	3050	1.2	4	378.8	162.6	190	225	625	1040	11427.4
315	670	3650	1.1	4	457	191.6	220	260	745	1225	13569
400	800	4300	1.0	4	550.3	234.6	275	285	905	1465	16421.9
500	960	5150	1.0	4	639	272.2	305	360	1050	1715	19096
630	1200	6200	0.9	4.5	748.5	364.3	395	435	1280	2110	23939.5
800	1400	7500	0.8	4.5	909.1	403.3	455	550	1510	2575	27842.3
1000	1700	10300	0.7	4.5	1021	436.3	525	665	1675	2860	30982
1250	1950	12000	0.6	4.5	1200.1	500.2	585	795	1955	3330	35917.3
1600	2400	14500	0.6	4.5	1479.2	600.6	670	915	2390	3970	43342.6

续表 2-22

型 号	老 S9							新 S9 比老 S9 指标下降百分数		
容量 (kV·A)	硅钢 片质 量(kg)	铜导 线质 量(kg)	油质 量 (kg)	油箱及 附件质 量(kg)	器身 质量 (kg)	总质 量 (kg)	主要材 料成本 (元)	器身 质量 (%)	总质 量 (%)	主要材 料成本 (%)
30	91.5	52.6	90	85	165	340	3472.5	15.15	17.65	16.67
50	139	85.2	100	95	260	455	5148	21.15	17.58	21.13
63	157	90.2	115	110	280	505	5652	16.07	14.85	16.76
80	193	102.2	130	120	340	590	6585	17.65	16.95	18.15
100	215	114	140	130	380	650	7305	14.47	13.85	13.90
125	245	135	175	175	440	790	8635	14.77	17.72	17.43
160	298.8	159	195	205	530	930	10244.43	15.09	18.27	19.14
200	351	173.7	215	225	605	1045	11524	13.22	16.27	15.90
250	426	207.6	255	260	730	1245	13821	14.38	16.47	17.32
315	502.5	242	280	295	855	1430	16077.5	12.87	14.34	15.60
400	591	287	320	315	1010	1645	18838	10.40	10.94	12.83
500	684	320.6	360	375	1155	1890	21435	9.09	9.26	10.91
630	999	496	605	500	1720	2825	32392	25.58	25.31	26.09
800	1136	572.8	680	570	1965	3215	37062	23.16	19.91	24.88
1000	1313	582	870	895	2180	3845	41564	23.17	27.50	25.46
1250	1554	720.3	980	1055	2615	4650	49876	25.24	28.39	27.99
1600	1793	835.2	1115	1130	2960	5205	56628	19.26	23.73	23.46

注：1. 老 S9 系列与新 S9 系列变压器连接组均为 Y，yn0。

2. 老 S9 系列与新 S9 系列变压器高压分接：-5%～+5%。

2. S11 系列与新 S9 系列比较

根据原国家经留委电力［2002］112 号文通知，S11 系列卷铁心变压器具有绕制工艺简单、质量轻、体积小、空载损耗比新 S9 系列降低 25%～30%、维护方便、运行费用省、节能效果明显等优点,比较适合我国农村电网的负荷特性和技术要求。

3. S11-M·R 系列与新 S9 系列比较

S11-M·R 系列三相卷铁心全密封配电变压器采用了特殊的卷铁心材料,其空载损耗降低 30%,空载电流降低 50%～80%,噪声降低 6～10dB。经计算 S11-M·R 系列变压器年综合损耗电量比新 S9 系列降低 13%～17%,具有良好的节能效果。同时,因产品价格相对较低,其增量投资效益指标(与新 S9 系列相比)优势十分明显,静态投资回收期为 5～8 年,动态内部收益率为 12%～24%,具有较好的投资效益。该产品的 315kVA 及以下小容量变压器具有质量可靠、增量投资效益明显等特点。S11-M·R 型变压器与新 S9 系列变压器投资效益分析见表 2-23。

表 2-23 新 S9 系列与 S11-M·R 系列变压器增量投资收益分析

变压器容量(kV·A)	建设资金增量(元)			节电收益(元)	投资回收期(年)	内部收益率(%)
	新 S9 设备费	S11-M·R 设备费	增量投资			
50	7180	8500	1320	219	6.03	19.20
80	9690	11600	1910	285	6.71	16.60
100	10730	13250	2520	394	6.39	17.70
200	16690	20610	3920	657	5.97	19.45
315	21340	26360	5020	964	5.21	23.32

4. SBH-M 系列与新 S9 系列比较

SBH11-M 系列合金铁心密封式配电变压器,铁心采用非晶合金带材卷制而成,具有超低损耗特性,其空载损耗比同容量的新 S9 系列产品平均降低 75%,是目前 10kV 配电变压器节能效果最佳产品。经分析,SBH11-H 系列变压器年综合损耗电量比新 S9 系列的降低 40%～42%,其节能效果极佳。但产品价格较高,增量投资效益指标(与新 S9 系列相比)不明显,如静态投资回收期为 8～24 年,动态内部收益率为 0～13%,但对于 315kVA 及以上的大容量配电变压器,仍具有节电性能好、投资回收期合理、产品质量可靠的优点。SB11-M 型变压器与新 S9 系列变压器投资效益分析见表 2-24,空载损耗比较见表 2-25。

表 2-24　新 S9 系列与 SBH11-M 系列变压器增量投资收益分析

变压器容量(kV·A)	建设资金增量(元)			节电收益(元)	投资回收期(年)	内部收益率(%)
	新 S9 设备费	SBH11-M 设备费	增量投资			
50	7180	17860	10680	596	17.93	1.19
80	9690	23450	13760	832	16.53	2.10
100	10730	25360	14630	1007	14.52	3.65
200	16690	37150	20460	1664	12.29	5.84
315	21340	46490	25150	2321	10.83	7.67

表 2-25　SBH-11 系列和新 S9 系列变压器空载损耗比较

额定容量(kV·A)	30	50	80	100	125	160	200	250
P_0(非量)(W)	32	42	62	72	85	100	120	140
P_0(新 S9)(W)	130	170	250	290	340	400	480	560
额定容量(kV·A)	315	400	500	630	800	1000	1250	1600
P_0(非量)(W)	167	200	240	300	350	425	487	600
P_0(新 S9)(W)	670	800	960	1200	1400	1700	1950	2400

在表 2-23 和表 2-24 的节电收益一栏所涉及的 10kV 配电变压器损耗电量计算作如下假设:

①变压器年运行时间为 8760h;

②可变损耗电量计算采用最大负荷损耗小时法,设最大负荷利用小时 $T_{max}=3500h$,功率因数 $\cos\varphi=0.80$,最大负荷损耗小时 $\tau=2450h$;

③变压器的最大负荷为 $S_{max}=0.8S_e$。

以 800kVA 变压器为例,SBH11 型变压器与新 S9 系列变压器相比,空载损耗减少为 $\Delta P_0=1.05kW$,而两者的负载损耗是一样的,即 $\Delta P_d=0$,据此计算出一台产品每年可减少的电能损耗为

$$\Delta A=(\Delta P_0+\beta^2\Delta P_d)T=(1.05+0.6^2\times0)\times8760$$
$$=9198(kWh)$$

三、SN9 系列、SH10 系列和 DZ10 系列变压器与 S9 系列变压器的比较

经调查,大多数农村电网中的变压器长期处于轻载或空载状态(据统计,全国农网配电变压器平均负荷率不到 30%),在负荷率较低的农网中使用 S9 系列变压器不能充分发挥其应有的节能效果。为此,针对农村电网负荷率低的特点,开发出适合农村电网低负荷率场合使用的 SN9 系列、SH10 系列三相变压器和 DZ10 系列单相柱上变压器。

1. SN9 系列非晶合金变压器

其空载损耗较 S9 系列变压器降低了约 20%～25%,负载损耗较 S9 系列增加了约 10%,使损耗比(负载损耗/空载损耗)提高到 7 左右。其他性能参数保持了 S9 系列变压器的性能参数。使用 SN9 系列变压器在 50% 以下负荷率的条件下,较 S9 系列变压器都节能,且负荷率越低节能效果越明显。SN9 系列变压器成本与 S9 系列变压器相当。

2. SH10 系列非晶合金变压器

它采用三相五柱式两行矩形排列铁心,具有低噪声、低损耗、励磁电流小的特点,成本比 S9 系列高的不太多,也非常适合在农村低负荷率电网中使用,具有显著的节电效果。

3. DZ10 系列单相柱上配电变压器

针对某些农村电网用户分散、用电量小的特点,采用单相柱上配电变压器单相两线或三线供电,以代替三相变压器供电,可以节能。

DZ10 系列单相柱上配电变压器产品的额定容量有 5、10、15、20、25、30kA 和 50kV·A 七种;高压侧电压为 10、10.5、11±5%kV,低压侧分为单绕组结构 0.22、0.23kV,双绕组结构为 0.22/0.44、0.23/0.46kV。DZ10 系列变压器是按 S10 标准设计和生产的,从变压器自身损耗上比 S9 系列三相变压器更先进,其性能如

表 2-26 所示。

表 2-26　DZ10 系列柱上配电变压器参数

容量 (kV・A)	空载损耗 (W)	负载损耗 (W)	空载电流 (%)	阻抗电压 (%)
5	42	145	5.3	4
10	55	255	2.5	4
20	85	425	2.3	4
30	100	570	1.7	4

采用 DZ10 系列单相变压器的好处如下:

(1)在相同容量下空载损耗下降显著。例如一台容量为 10kVA 的 DZ10 型单相变压器,其空载损耗为 48W,而相同容量下 S9 系列三相变压器的空载损耗为 80W,两者相差 32W,按年运行 8000h 计,DZ10 系列比 S9 系列少损失电量 256kW・h。

(2)采用单相变压器供电,高压线路可按两线架设、低压线路可按两线或三线架高,而采用三相变压器供电,高压线路须按三线架设、低压线路按四线架设。从工程费用来看,采用单相变压器供电高压线路建设可节省 1/5 工程造价,低压线路建设可节省 1/4 工程造价。

(3)从台区建设费用来看,建一个 H 型配电台区需经费 6000 元左右,而单相配电变压器采用单杆悬挂式需要经费不足 2000 元。因此,台区费用可节省 2/3 资金。

四、S9-T 型调容量变压器与 S9 系列变压器的比较

调容量变压器适用于农村电网。农村电网的负荷性质是线路上,面广、负荷率低。农业生产用电的特点是:农业生产中大多有打场、抗旱、排涝等情况,所以季节性比较明显。农网在负荷低谷时负荷率很低,甚至接近空载;用电高峰季节,则负荷率显著提高。为此,采用调容量变压器,在负荷低谷时期用小容量,在用电高峰季节,改用大容量,从而有效地节约电能。

1. 调容量变压器的基本原理

调容量变压器采用两种连接组方式:大容量时为 D,yn11,小容量时为 Y,yn0。如果由大容量调为小容量,高压绕组连接方式由 △ 接线改变为 Y 接线,相电压就相应地为大容量时的 $1/\sqrt{3}$,低压侧输出电压也会以同样倍数降低。为稳定输出电压,绕组采用特殊的连接绕制方法,高压绕组在大小容量时匝数保持不变,仅改变其连接方式;而低压绕组不改变其连接方式,将其总匝数分为 73% 和 27% 两部分,并把 73% 部分设计为两股并联绕制,每股导线的截面积约为 27% 部分导线总截面积的一半。在大容量时,并联的 73% 部分与另外的 27% 的线匝串联起来(视为 100%)运行;在小容量时,并联的 73% 部分转为串联,再与另外的 27% 的线匝串联起来(视为 173%)运行,这样低压绕组的匝数就增为原来(大容量时)的 1.73(约为 $\sqrt{3}$)倍,使低压侧电压同倍数增加,抵消了高压绕组由 △ 接线改变为 Y 接线时,相电压降为 $1/\sqrt{3}$ 倍的因素,使输出电压保持稳定不变。

2. 调容量变压器的节能特性

(1)空载损耗。变压器(铁心柱与铁轭截面相同时)的空载损耗可按下式计算

$$P_0 = K_{P0} P_C G_{Fe}$$

式中　　P_0——空载损耗(W);

　　　K_{P0}——空载损耗附加系数;

　　　P_C——硅钢片单位损耗(W/kg);

　　　G_{Fe}——铁心的总质量(kg)。

对于 K_{P0} 及 G_{Fe} 在大小容量时是不变的,而 $P_C \propto B_C^2$(B 为磁通密度),在变压器调为小容量时,B_C 降为大容量时的 $1/\sqrt{3}$ 倍,所以 P_C 降为原来(大容量时)的 1/3,从而使空载损耗 P_0 大幅度降低。

(2)负载损耗。在设计调容量变压器时,绕组导线的截面是按

大容量时选取的,在调为小容量后,由于相电流大为降低,使导线的电流密度大大变小。

负载损耗(即三相铜绕组的损耗)可按下式计算

$$P_d = 7.2j^2G$$

式中　P_d——绕组电阻损耗(W);

　　　j——导线的电流密度(A/mm^2);

　　　G——导线的质量(kg)。

可见,电阻损耗大大降低(即使有一部分效果被导线相对较重抵消),从而负载损耗就降低了。

3. S9-T 系列调容量变压器与 S9 系列变压器损耗对比

见表 2-27。

表 2-27　S9-T 系列与 S9 系列变压器损耗对比

使用容量 (kV·A)	损　耗	S9-T 系列 (实测值)	S9 系列 (标准值)
100 (D,yn11)	空载损耗 P_0(W)	276	290
	负载损耗 P_d(W)	1615	1620
30 (Y,yn0)	空载损耗 P_0(W)	80	130
	负载损耗 P_d(W)	433	600

第六节　变压器更新改造决策分析与实例

一、回收年限法的分析计算与实例

1. 一般原则

变压器是否需要更新,决定于投资回收年限,一般原则是:

(1)当回收年限小于 5 年时,变压器应考虑更新;

(2)当回收年限大于 10 年时,不应当考虑更新;

(3)当回收年限为 5~10 年时,应综合考虑,并以临近大修时更新为宜。

2. 具体计算

(1)旧变压器使用年限已到期,即没有剩值,其回收年限可按下式计算:

$$T_b = \frac{C_n - C_j - C_c}{G}$$

式中　T_b——回收年限(年);

　　　C_n——新变压器的购价(元);

　　　C_j——旧变压器残存价值,可取原购价的 10%;

　　　C_c——减少补偿电容器的投资(元);

　　　G——年节约电费(元/年)。

(2)变压器已到使用年限,且旧变压器需大修,其回收年限可按下式计算:

$$T_b = \frac{C_n - C_{JD} - C_J - C_c}{G}$$

式中　G_{JD}——旧变压器大修费(元);

其他符号同前。

(3)旧变压器不到使用期限,即还有剩值,其回收年限可按下式计算:

$$T_b = \frac{C_n - C_{bJ} - C_{JD} - C_J - C_c}{G}$$

式中　C_{bJ}——旧变压器的剩值(元),

　　　　　　$C_{bJ} = C_b - C_b C_n \% T_a \times 10^{-2}$

　　　C_b——旧变压器的投资(元);

　　　$C_n\%$——折旧率;

　　　T_a——运行年限(年);

其他符号同前。

【实例】　有一台 S7-1600/10 变压器,现已运行 18 年,折旧率 $C_n\%$ 为 50%(变压器设计经济使用寿命为 20 年),现部分绕组已损坏,需要换,并进行大修,大修费 C_{JD} 为该变压器投资费的 40%,该变压器正常负荷率 β 为 70%,年运行小时数 τ 为 7200h。试问:变压器是更新合理,还是大修合理?

解　现将新旧变压器的数据等列于表 2-28 中。

表 2-28　新旧变压器参数比较

变压器 (kV・A)	P_0 (kW)	P_d (kW)	$I_0\%$	Q_0 (kvar)	$U_d\%$	Q_d (kvar)	价格(元)
旧 SJ-1600	2.65	16.5	1.1	17.6	4.5	72	21000
新 S9-1600	2.4	14.5	0.6	9.6	4.5	72	27000

注：变压器价格仅作参考。

在计算时，旧变压器参数仍取出厂值。

变压器更新后有功功率和无功功率节约为

$$\Delta\Delta P = P_{0B} - P_{0A} + \beta^2(P_{dB} - P_{dA})$$
$$= 2.65 - 2.4 + 0.7^2 \times (16.5 - 14.5) = 1.23(\text{kW})$$

$$\Delta\Delta Q = Q_{0B} - Q_{0A} + \beta(Q_{dB} - Q_{dA})$$
$$= 17.6 - 9.6 + 0.7^2 \times (72 - 72) = 8(\text{kvar})$$

年有功电量和无功电量的节约为

$$\Delta\Delta A_P = 1.23 \times 7200 = 8856(\text{kW} \cdot \text{h})$$

$$\Delta\Delta A_Q = 8 \times 7200 = 57600(\text{kvar} \cdot \text{h})$$

设每(kvar)电容器的投资为 $C_{cd} = 80$ 元/kvar，则变压器更新后减少电容器的总投资为

$$C_c = \Delta\Delta Q C_{cd} = 8 \times 80 = 640(\text{元})$$

变压器的剩值为

$$C_{bJ} = C_b - C_b C_n \% T_a \times 10^{-2}$$
$$= 21000 - 21000 \times 5 \times 18 \times 10^{-2} = 2100(\text{元})$$

设电价为 $\delta = 0.5$ 元/kW・h，无功电价等效当量 $K_G = 0.2$（参见表 2-18），则年节约电费为

$$G = (\Delta\Delta A_P + K_G \Delta\Delta A_Q)\delta$$
$$= (8856 + 0.2 \times 57600) \times 0.5 = 10188(\text{元/年})$$

旧变压器大修费为

$$C_{JD} = 0.4 \times 21000 = 8400(\text{元})$$

回收年限为

$$T_b = \frac{C_n - C_{bJ} - C_{JD} - C_J - C_c}{G}$$

$$= \frac{27000 - 2100 - 8400 - 0.1 \times 21000 - 640}{10188}$$

$$= 1.35(\text{年}) < 5 \text{ 年}$$

因此,更新变压器合理。

根据国家有关规定,S7 系列变压器属于淘汰产品。

二、合理投资利率法

设节电改造工程的投资为 $C(\text{元})$,年利率为 i_0。采取节电工程后的第一年开始每年收益为 $L(\text{元/年})$,工程使用寿命年限为 n,则可根据现值系数 C/L(数值上正好等于投资回收年限),查表 2-29 或按下式求得工程投资利率 i:

$$\frac{C}{L} = \frac{(1+i)^n - 1}{(1+i)^n i}$$

当查得 $i > i_0$ 时,则节电工程是可行的,否则不可取。

表 2-29 资本回收系数 L/C 和现值系数 C/L

资本回收期限 n(年)	资本回收系数 $\dfrac{i(1+i)^n}{(1+i)^n-1}$	现值系数 $\dfrac{(1+i)^n-1}{i(1+i)^n}$	资本回收系数 $\dfrac{i(1+i)^n}{(1+i)^n-1}$	现值系数 $\dfrac{(1+i)^n-1}{i(1+i)^n}$
	利率 $i=0.5\%$		利率 $i=1\%$	
1	1.00500	0.995	1.01000	0.990
2	0.50375	1.985	0.50751	1.970
3	0.33667	2.970	0.34002	2.941
4	0.25313	3.950	0.25628	3.902
5	0.20301	4.926	0.20604	4.853
6	0.16960	5.896	0.17255	5.795
7	0.14573	6.862	0.14863	6.728
8	0.12783	7.823	0.13069	7.652
9	0.11391	8.779	0.11674	8.566
10	0.10277	9.730	0.10558	9.471

续表 2-29

资本回收期限 n(年)	资本回收系数 $\dfrac{i(1+i)^n}{(1+i)^n-1}$	现值系数 $\dfrac{(1+i)^n-1}{i(1+i)^n}$	资本回收系数 $\dfrac{i(1+i)^n}{(1+i)^n-1}$	现值系数 $\dfrac{(1+i)^n-1}{i(1+i)^n}$
	利率 $i=2\%$		利率 $i=3\%$	
1	1.02000	0.930	1.03000	0.971
2	0.51505	1.942	0.52261	1.913
3	0.34675	2.884	0.35353	2.829
4	0.26262	3.808	0.26903	3.717
5	0.21216	4.713	0.21835	4.580
6	0.17835	5.601	0.18460	5.417
7	0.15451	6.472	0.16051	6.230
8	0.13651	7.325	0.14246	7.020
9	0.12252	8.162	0.12843	7.786
10	0.11133	8.983	0.11723	8.530
	利率 $i=4\%$		利率 $i=5\%$	
1	1.04000	0.962	1.05000	0.952
2	0.53020	1.886	0.53780	1.859
3	0.36035	2.775	0.36721	2.723
4	0.27549	3.630	0.28201	3.546
5	0.22463	4.452	0.23097	4.329
6	0.19076	5.242	0.19702	5.075
7	0.16661	6.002	0.17282	5.786
8	0.14853	6.733	0.15472	6.463
9	0.13449	7.435	0.14069	7.108
10	0.12329	8.111	0.12950	7.722
	利率 $i=6\%$		利率 $i=8\%$	
1	1.06000	0.943	1.08000	0.926
2	0.54544	1.833	0.56077	1.783
3	0.37411	2.673	0.38803	2.577
4	0.28859	3.465	0.30192	3.312
5	0.23740	4.212	0.25046	3.993
6	0.20336	4.917	0.21632	4.623
7	0.17914	5.582	0.19207	5.206
8	0.16104	6.210	0.17401	5.747
9	0.14702	6.802	0.16008	6.247
10	0.13587	7.360	0.14903	6.710

续表 2-29

资本回收 期限 n(年)	资本回收系数 $\dfrac{i(1+i)^n}{(1+i)^n-1}$	现值系数 $\dfrac{(1+i)^n-1}{i(1+i)^n}$	资本回收系数 $\dfrac{i(1+i)^n}{(1+i)^n-1}$	现值系数 $\dfrac{(1+i)^n-1}{i(1+i)^n}$
	利率 $i=10\%$		利率 $i=12\%$	
1	1.10000	0.909	1.12000	0.893
2	0.57619	1.736	0.59170	1.690
3	0.40211	2.487	0.41635	2.402
4	0.31547	3.170	0.32923	3.037
5	0.26380	3.791	0.27741	3.605
6	0.22961	4.355	0.24323	4.111
7	0.20541	4.868	0.21912	4.564
8	0.18744	5.335	0.20130	4.968
9	0.17364	5.759	0.18768	5.328
10	0.16275	6.144	0.17698	5.650
	利率 $i=15\%$		利率 $i=20\%$	
1	1.15000	0.870	1.2000	0.833
2	0.61512	1.626	0.65455	1.528
3	0.43798	2.283	0.47473	2.106
4	0.35027	2.855	0.38629	2.589
5	0.29832	3.352	0.33438	2.991
6	0.26424	3.784	0.30071	3.326
7	0.24036	4.160	0.27742	3.605
8	0.22285	4.487	0.26061	3.837
9	0.20957	4.772	0.24808	4.031
10	0.19925	5.019	0.23852	4.192
	利率 $i=25\%$		利率 $i=30\%$	
1	1.25000	0.800	1.30000	0.769
2	0.69444	1.440	0.73478	1.361
3	0.51230	1.952	0.55063	1.816
4	0.42344	2.362	0.46163	2.166
5	0.37185	2.689	0.41058	2.436
6	0.33882	2.951	0.37839	2.643
7	0.31634	3.161	0.35687	2.802
8	0.30040	3.329	0.34192	2.925
9	0.28876	3.463	0.33124	3.019
10	0.28007	3.571	0.32346	3.092

续表 2-29

资本回收期限 n(年)	资本回收系数 $\dfrac{i(1+i)^n}{(1+i)^n-1}$	现值系数 $\dfrac{(1+i)^n-1}{i(1+i)^n}$	资本回收系数 $\dfrac{i(1+i)^n}{(1+i)^n-1}$	现值系数 $\dfrac{(1+i)^n-1}{i(1+i)^n}$
	利率 $i=40\%$		利率 $i=50\%$	
1	1.40000	0.714	1.50000	0.667
2	0.31667	1.224	0.90000	1.111
3	0.62936	1.589	0.71053	1.407
4	0.54077	1.849	0.62308	1.605
5	0.49136	2.035	0.57583	1.737
6	0.46126	2.168	0.54812	1.824
7	0.44192	2.263	0.53108	1.883
8	0.42907	2.331	0.52030	1.922
9	0.42034	2.379	0.51335	1.948
10	0.41432	2.414	0.50882	1.965

【实例】　一台 S7 型 10kV、630kV・A 变压器,最大负荷 580kV・A,平均负荷为 500kV・A,年运行时间 6000h,自投入运行已 18 年,继续运行则需彻底大修。试确定是大修还是用 S9 低损耗变压器予以更换合算? 设投资平均利率为 i_0 为 12%;无功当量 K 为 0.1;电价 δ 为 0.7 元/kW・h。

解:已知 S7-630/10 型变压器的空载损耗 $P_0=1.3$kW,空载电流 $I_0\%=1.8$,负载损耗(短路损耗)$P_d=8.1$kW,阻抗电压 $U_d\%=4.5$。

S9-630/10 型变压器的 $P_0=1.2$kW,$I_0\%=0.9$,$P_d=6.2$kW,$U_d\%=4.5$。

S7 变压器:

综合空载损耗　$P_{oz}=P_0+KI_0\%P_e\times10^{-2}$

$$=1.3+0.1\times1.8\times630\times10^{-2}$$

$$=2.434(\text{kW})$$

综合负载损耗　$P_{dz}=P_d+KU_d\%P_e\times10^{-2}$

$$=8.1+0.1\times4.5\times630\times10^{-2}$$
$$=10.935(\text{kW})$$

综合损耗　$\Delta P_z=P_{oz}+\beta^2 P_{dz}=2.434+\left(\dfrac{500}{630}\right)^2\times10.935$

$$=9.322(\text{kW})$$

S9 变压器：

$$P'_{oz}=1.2+0.1\times0.9\times630\times10^{-2}=1.767(\text{kW})$$

$$P'_{dz}=6.2+0.1\times4.5\times630\times10^{-2}=9.036(\text{kW})$$

$$\Delta P'_z=1.767+\left(\dfrac{500}{630}\right)^2\times9.036=7.459(\text{kW})$$

因此,若用 S9 代替 S7,则年节约电费为

$$\Delta A=(\Delta P_z-\Delta P'_z)T\delta$$

$$=(9.322-7.459)\times6000\times0.7=0.7824(\text{万元})$$

现将大修或更换两种方案的投资和年运行费用列于表 2-30 中。

表 2-30　大修与更换工程比较

方　案	空载损耗(kW)	负载损耗(kW)	年电能损耗(万 kW·h)	年运行费用(减少部分即收益)(万元)	购置费(万元)	大修费(万元)	残值(万元)	投资(增加部分即投资)(万元)
更换为 S9 型 630kVA 的变压器	1.2	6.2	44754	−0.7824	6.84			2.82
S7 型 630kV·A 旧变压器	1.3	8.1	55932			2.8	1.2	

由表 2-29 可知,投资为 $C=2.82$ 万元,年收益为 $L=0.7824$ 万元,故现值系数为

$$C/L=2.82/0.7824=3.6$$

根据现值系数 $C/L=3.6$,变压器使用寿命 $n=20$ 年,可由式

$$\frac{C}{L} = \frac{(1+i)^n - 1}{(1+i)^n i} = \frac{(1+i)^{20} - 1}{(1+i)^{20} i} = 3.6 \text{ 算得工程投资利率为}$$

$i = 20\% > 12\% = i_o$(年利率)

因此,更换变压器方案是经济的。

实际上,S7 属高耗损型产品,应该淘汰。

以上比较是介绍一种计算方法。

第七节 并联变压器投切台数与实例

一、同型号、同参数并联变压器投切台数与实例

变压器负荷率过低或过高都不经济。在设置几台变压器供电的情况下,可以通过控制变压器参与运行的数量。提高变电站的运行效能。即当负荷小时减少并联台数,负荷大时投入并联台数。

1. 变压器并联运行条件

(1)各变压器具有同样的一次侧额定电压和二次侧额定电压,即各变压器的变比 k 相等(允许差别≤0.5%)。

(2)连接方式相同。

(3)各变压器阻抗电压百分数 $U_d\%$ 相等(允许差别≤±10%)。

(4)变压器容量比不应超过 3:1。

(5)各变压器相序一致。

2. 计算公式

变压器并联运行投入台数是依据变压器总损耗(包括固定损耗和可变损耗)相等的原则来确定的。

当 1 台变压器运行与 2 台变压器运行的损耗相等时的负荷率为

$$\beta_n = \sqrt{2\frac{P_0 + KQ_0}{P_d + KQ_d}}$$

当 2 台变压器运行与 3 台变压器运行的损耗相等时的负荷

率为

$$\beta_n = \sqrt{3 \times 2 \frac{P_0 + KQ_0}{P_d + KQ_d}}$$

当 n 台变压器运行与 $n+1$ 台变压器运行的损耗相等时的负荷率为

$$\beta_n = \sqrt{n(n-1) \frac{P_0 + KQ_0}{P_d + KQ_d}}$$

式中 n——已运行的变压器台数;

P_0、P_d——一台变压器的空载损耗和短路损耗(kW),可由变压器手册查得;

Q_0、Q_d——一台变压器的空载无功损耗和负荷无功损耗(kvar),可由变压器手册查得;

K——无功经济当量(kW/kvar),对于由区域线路供电的 6~10/0.4kV 的降压变压器,K 取 0.15(最大负荷时)或 0.1(最小负荷时)。可参见表 2-13。

因此,若已有 1 台变压器在运行时,当实际负荷率 β 为

$$\beta \leqslant \beta_n = \sqrt{2 \frac{P_0 + KQ_0}{P_d + KQ_d}} \text{ 时},1 台运行$$

$$\beta \geqslant \beta_n = \sqrt{2 \frac{P_0 + KQ_0}{P_d + KQ_d}} \text{ 时},2 台运行$$

若已有 2 台变压器在运行时,当实际负荷率 β 为

$$\beta \leqslant \beta_n = \sqrt{6 \frac{P_0 + KQ_0}{P_d + KQ_d}} \text{ 时},2 台运行$$

$$\beta \geqslant \beta_n = \sqrt{6 \frac{P_0 + KQ_0}{P_d + KQ_d}} \text{ 时},3 台运行$$

若已有 n 台变压器在运行时,当实际负荷率 β 为

$$\beta \leqslant \beta_n = \sqrt{n(n-1) \frac{P_0 + KQ_0}{P_d + KQ_d}} \text{ 时},n 台运行$$

$$\beta \geqslant \beta_n = \sqrt{n(n-1) \frac{P_0 + KQ_0}{P_d + KQ_d}} \text{ 时},n+1 台运行$$

【**实例**】   某乡镇企业变电所有 3 台 S9-630/10 型变压器并联运行,试确定不同负荷下投入并联运行的变压器台数。

解   查产品样本(见表 2-16),S9-630/10 型变压器的技术数据为

$$P_0 = 1.2kW, P_d = 6.2kW, I_0\% = 0.9, U_d\% = 4.5$$

该变压器的空载无功损耗为

$$Q_0 = I_0\% S_e \times 10^{-2} = 0.9 \times 630 \times 10^{-2} = 5.67(kvar)$$

负载无功损耗为

$$Q_d = U_d\% S_e \times 10^{-2} = 4.5 \times 630 \times 10^{-2} = 28.35(kvar)$$

设变电所进线处的无功经济当量 $K = 0.12$,则

$$\frac{P_0 + KQ_0}{P_d + KQ_d} = \frac{1.2 + 0.12 \times 5.67}{6.2 + 0.12 \times 28.35} = \frac{1.88}{9.6} = 0.1958$$

(1)当 1 台变压器损耗与 2 台变压器损耗相等时的负荷率为

$$\beta_n = \sqrt{2 \times 0.1958} = 0.626$$

相应的负荷为 $S_j = \beta_n S_e = 0.626 \times 630 = 394.4(kV \cdot A)$

即若实际负荷不大于 394.4kV·A 时,1 台变压器运行;若实际负荷不小于 394.4kV·A 时,2 台变压器运行。当实际负荷为 394.4kVA时,可以 1 台或 2 台运行。

(2)当 2 台变压器损耗与 3 台变压器损耗相等时的负荷率为

$$\beta_n = \sqrt{6 \times 0.1958} = 1.08$$

相应的负荷为 $S_j = \beta_n \cdot 2S_e = 1.08 \times 2 \times 630 = 1360.8(kV \cdot A)$

即当实际负荷不小于 394.4kVA 至不大于 1360.8kV·A 时,2 台变压器运行;当实际负荷不小于 1360.8kV·A 时,3 台变压器运行。

二、并联变压器自动投切控制器的制作

采用变压器自动投切控制器,能大大减轻变电所值班人员并联变压器的投切操作工作量,而且操作准确、及时,有利于变压器经济运行。

两台并联运行变压器的自动投切控制器电路如图 2-2 所示。

首先计算出两台变压器的经济运行点,再根据经济运行点处的容量换算成对应的负荷电流 I_j。当负荷电流小于 I_j 时,退出一台变压器;当负荷电流大于 I_j 时,两台变压器并联运行。

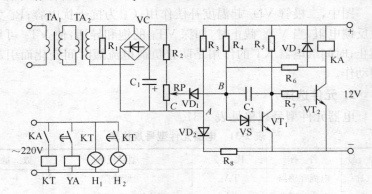

图 2-2 两台并联变压器自动投切控制器电路

1. 工作原理

电流互感器 TA_1 装设于低压母线,用于两台变压器并联运行,可测到两台变压器共同的负荷电流。由电流互感器 TA_1、TA_2 及整流桥 VC、电容 C_1、电阻 R_2 和电位器 RP 组成测量电路。由电流互感器 TA_1 次级输出的电流信号,经电流互感器 TA_2 在负荷电阻 R_1 上形成电压信号。然后经整流桥 VC 整流,电容 C_1 滤波,分压器 R_2、RP 分压,从 RP 滑臂送出。要求当电流互感器 TA_1 次级输出的电流为 5A 时,C_1 上的电压约为 10V。

当电流信号未达到设定值时,输入信号电压 $U_{AC} < U_{AB}$,U_{CB} 为正,二极管 VD_1 截止,将信号电路与放大电路隔离;三极管 VT_1 基极处于高电位,VT_1 导通,而 VT_2 截止,继电器 KA 不吸合,这时为一台变压器运行。当电流信号达到设定值时,$U_{AC} > U_{AB}$,U_{CB} 为负,VD_1 导通,VT_1 基极电位下降,VT_1 截止,而 VT_2 导通,KA 吸合,其常开触点闭合,时间继电器 KT 线圈通电。经过一段延时后,KT延时闭合常开触点闭合,接通断路器的合闸线圈 YA,断路器合闸,另一台变压器投入并联运行。同时,绿色指示灯 H_2 点亮,表示并联运行。

图中,二极管 VD_2 起温度补偿作用;C_2 为抗干扰电容;R_5 为正反馈电阻,当 VT_2 截止时,加深 VT_1 的饱和导通,使 VT_2 可靠截止;时间继电器 KT 的作用是防止负荷电流短时间变化而引起误动作。

2. 元件选择

电器元件型号规格见表 2-31。

表 2-31　电器元件型号规格表

序　号	名　　称	代　号	型号规格	数　量
1	电流互感器	TA_1	见计算	1
2	电流互感器	TA_2	LQR-0.5　5/0.5A	1
3	整流桥	VC	QL1 A/50V	1
4	三极管	VT_1	3DG8 $\beta \geqslant 50$	1
5	三极管	VT_2	3DG130 $\beta \geqslant 50$	1
6	稳压管	VS	2CW55 $V_z = 6.2 \sim 7.5V$	1
7	二极管	$VD_1 \sim VD_3$	1N4001	3
8	继电器	KA	JRX-13F DC12V	1
9	时间继电器	KT	JS7-2A 220V	1
10	合闸线圈	YA	断路器自带 AC220V	1
11	被釉电阻	R_1	ZG11-200Ω 25W	1
12	金属膜电阻	R_2	RJ-200Ω 1/2W	1
13	金属膜电阻	R_3	RJ-3.9kΩ 1/2W	1
14	金属膜电阻	R_4	RJ-3kΩ 1/2W	1
15	金属膜电阻	R_5	RJ-120Ω 1/2W	1
16	金属膜电阻	R_6	RJ-10kΩ 1/2W	1
17	金属膜电阻	R_7	RJ-100Ω 1/2W	1
18	金属膜电阻	R_8	RJ-1.8kΩ 1/2W	1
19	电解电容器	C_1	CD11 10μF 15V	1
20	电容器	C_2	CBB22 0.047μF 63V	1

序　号	名　称	代　号	型号规格	数　量
21	指示灯	H_1	AD11-25/40 220V(红)	1
22	指示灯	H_2	AD11-25/40 220V(绿)	—

3. 计算与调试

（1）电流互感器 TA_1 的选择。电流互感器 TA_1 的二次电流选为 5A，而一次电流由两台变压器二次额定电流之和决定。设两台变压器容量均为 630kVA，二次电压为 400V，则二次额定电流为 $I_{2e}=\dfrac{S_e}{\sqrt{3}U_e}=\dfrac{630}{\sqrt{3}\times0.4}=909$（A），两台共计 1818A，可选用 LMZ_1-0.66，2000/5A 的电流互感器。

（2）调试。首先调试比较电路（由电阻 R_3、R_4、R_8 和二极管 VD_1、VD_2 等组成）和控制执行电路（由稳压管 VS、三极管 VT_1、VT_2 及继电器 KA、时间继电器 KT 和断路器合闸线圈 YA 等组成）；暂将二极管 VD_1 负极断开，让它接在直流稳压电源的负极，图中 A 端接在直流稳压电源的正极。接通 12V 直流电源，调节直流稳压电源的电压，当 $U_{AC}<U_{AB}$（用万用表监测）时，继电器 KA 释放；而当 $U_{AC}>U_{AB}$ 时，KA 应吸合。如果没有上述现象，则应检查线路接线及电子元件是否良好。上述试验正常后，再接通时间继电器 KT 和断路器合闸线圈 YA 的交流 220V 电源进行试验。延时时间根据具体情况调整，一般可整定为数分钟至十余分钟。

然后进行现场整定：先计算出两台变压器的经济运行点，设电流为 I_j。设 1 号变压器为常用，2 号变压器为备用。当负荷电流为 I_j 时，调节电位器 RP，使继电器 KA 刚可靠吸合，2 号变压器的断路器的合闸线圈 YA 吸合，2 号变压器投入并联运行。

须指出，投切点也不一定设在 I_j 点处，如果在 I_j 点附近负荷经常变化，就应避开此点。否则，自动切换装置动作过于频繁（虽有延时运作），即变压器投切操作过于频繁，对操作机构及变压器

（电流、电压冲击）都不利。

第八节　改善变压器运行条件的措施与实例

一、调整变压器三相负荷的措施与实例

变压器运行规程规定，运行中的变压器的中性线电流不得大于变压器低压侧额定电流的 25％。调整三相负荷，使其基本平衡，不但能减小输电线路的线损（具体实例见第一章第二节四项），而且还能减少变压器损耗，使变压器容量得到充分的发挥。

1. Y，y 连接的变压器负荷不对称附加铜耗的计算

变压器在三相负荷不对称的状态下运行，与负荷对称的状态下运行相比，铜耗增加。所增加的损耗，称附加铜耗。

当忽略三相间的功率因数差异时，其附加铜耗可按下式计算：

$$\Delta P_{fj}=\frac{(I_u-I_v)^2+(I_v-I_w)^2+(I_w-I_u)^2}{3}R_{21}\times 10^{-3}$$

式中　ΔP_{fj}——附加铜耗（kW）；

　　　R_{21}——折算到二次侧的变压器等效电阻（Ω），见表 1-1～表 1-3；

　I_u、I_v、I_w——变压器二次侧 u、v、w 相的电流（A）。

2. Y，yn0 连接的变压器负荷不对称附加铜耗的计算

Y，yn0 连接的变压器在负荷不对称状态下运行时，由于变压器二次侧相电流有零序分量，而一次侧相电流没有零序分量，变压器一次侧各相电流有效值与二次侧各相电流有效值不成比例。对于这种情况，需分别计算（或测定）变压器一次和二次侧的各相电流，然后代入下式近似计算变压器的附加铜耗。

$$\Delta P_{fj}\approx\frac{(I_U-I_V)^2+(I_V-I_W)^2+(I_W-I_U)^2}{3}R_1\times 10^{-3}$$

$$+\frac{(I_u-I_v)^2+(I_v-I_w)^2+(I_w-I_u)^2}{3}R_2\times10^{-3}$$

式中 R_1、R_2——变压器一次和二次绕组的电阻(Ω);

I_U、I_V、I_w——变压器一次侧 U、V、W 相的电流(A);

I_u、I_v、I_w——变压器二次侧 u、v、w 相的电流(A)。

3. Y,d 连接的变压器负荷不对称附加铜耗的计算

这种场合,变压器附加铜耗可按下式计算:

$$\Delta P_{fj}=\frac{(I_U-I_V)^2+(I_V-I_W)^2+(I_W-I_U)^2}{3}R_{12}\times10^{-3}$$

式中 R_{12}——折算到一次侧的变压器等效电阻(Ω),见表 2-10~
表 2-12;

其他符号同前。

4. D,yn0 与 D,y 连接的变压器负荷不对称附加铜耗的计算

在这两种连接方式的变压器中,一次绕组与二次绕组各相电流是成正比的。故变压器的附加铜耗可按下式计算:

$$\Delta P_{fj}=\frac{(I_u-I_v)^2+(I_v-I_w)^2+(I_w-I_u)^2}{3}R_{21}\times10^{-3}$$

式中 R_{21}——折算到二次侧的变压器等效电阻(Ω);

其他符号同前。

5. 变压器负荷不对称附加铜耗的通用计算公式

我们可以把变压器的负载损耗(铜耗)看成三台单相变压器的铜耗之和。

在任意负荷下变压器运行的功率损耗为:

$$\Delta P_Z=P_0+\frac{1}{3}P_d(\beta_U^2+\beta_V^2+\beta_W^2)$$

式中 ΔP_Z——变压器的功率损耗(kW);

P_0——变压器空载损耗(kW);

P_d——变压器短路损耗(kW);

β_U、β_V、β_W——变压器 U、V、W 相的负荷率,$\beta_U=\dfrac{I_U}{I_e}$、$\beta_V=\dfrac{I_V}{I_e}$、

$$\beta_{\mathrm{W}} = \frac{I_{\mathrm{W}}}{I_{\mathrm{e}}};$$

I_{U}、I_{V}、I_{W}——变压器一次侧 U、V、W 相的电流（A）；

I_{e}——变压器一次额定电流（A）。

若将三相负荷调整均匀，则负荷率为：

$$\beta = \frac{\beta_{\mathrm{U}} + \beta_{\mathrm{V}} + \beta_{\mathrm{W}}}{3}$$

此时变压器的功率损耗为：

$$\Delta P = P_0 + \beta^2 P_{\mathrm{d}} = P_0 + \frac{(\beta_{\mathrm{U}} + \beta_{\mathrm{V}} + \beta_{\mathrm{W}})^2}{9} P_{\mathrm{d}}$$

变压器负荷不对称附加铜耗为：

$$\Delta P_{\mathrm{fj}} = \Delta P_{\mathrm{Z}} - \Delta P$$

$$= \frac{P_{\mathrm{d}}}{3} \left[(\beta_{\mathrm{U}}^2 + \beta_{\mathrm{V}}^2 + \beta_{\mathrm{W}}^2) - \frac{1}{3}(\beta_{\mathrm{U}} + \beta_{\mathrm{V}} + \beta_{\mathrm{W}})^2 \right]$$

注：上式不适用 Y,yn0 连接的变压器。

【实例】 某乡镇企业使用一台 S9-1600kVA 变压器，10/0.4kV，Y,yn0 连接。实测变压器二次电流分别为 I_{u} 为 2100A，I_{v} 为 1500A，I_{w} 为 800A，各相功率因数相同。经调整，三相负荷基本相同，试计算整改后较整改前年节约电费多少？设变压器年运行小时数 τ 为 6900h，电价 δ 为 0.7 元/kW·h。

解 分别用两种方法计算。

由表 2-16 查得，该变压器的技术数据：$P_0 = 2.4$kW，$P_{\mathrm{d}} = 14.5$kW，$U_{\mathrm{d}}\% = 4.5$。又由表 2-12 查得，变压器的等效电阻为 $R_{21} = 0.00091\Omega$。

（1）方法一。

①变压器的附加铜耗为

$$\Delta P_{\mathrm{fj}} = \frac{(I_{\mathrm{u}} - I_{\mathrm{v}})^2 + (I_{\mathrm{v}} - I_{\mathrm{w}})^2 + (I_{\mathrm{w}} - I_{\mathrm{u}})^2}{3} R_{21} \times 10^{-3}$$

$$= \frac{(2100 - 1500)^2 + (1500 - 800)^2 + (800 - 2100)^2}{3} \times 0.00091 \times 10^{-3}$$

$$= 0.77 (\mathrm{kW})$$

②三相负荷调整均匀后,变压器的二次侧各相电流为

$$I_d = \frac{I_u + I_v + I_w}{3} = \frac{2100 + 1500 + 800}{3} = 1467(\text{A})$$

该变压器的基本铜耗为

$$\Delta P_j = 3I_d^2 R_{21} \times 10^{-3} = 3 \times 1467^2 \times 0.00091 \times 10^{-3} = 5.88(\text{kW})$$

③变压器负荷不对称附加铜耗与基本铜耗之比为

$$K = \Delta P_{fj}/\Delta P_j = 0.77/5.88 = 0.13,即\ 13\%。$$

④三相负荷调整后年节约电能及电费为

$$\Delta A = \Delta P_{fj}\tau = 0.77 \times 6900 = 5313(\text{kWh})$$

$$F = \Delta A\delta = 5313 \times 0.7 = 3719(元)$$

(2)方法二。

①变压器在负荷不对称状态运行的有功损耗为

$$\Delta P_Z = P_0 + \frac{1}{3}P_d(\beta_v^2 + \beta_v^2 + \beta_w^2)$$

$$= 2.4 + \frac{1}{3} \times 14.5 \times \left[\left(\frac{2100}{2309}\right)^2 + \left(\frac{1500}{2309}\right)^2 + \left(\frac{800}{2309}\right)^2\right]$$

$$= 9.02(\text{kW})$$

式中,2309 为变压器二次额定电流(A)。

②三相负荷调整后,变压器在对称负荷下运行的有功损耗为

$$\Delta P = P_0 + \beta^2 P_d$$

$$= 2.4 + \left(\frac{1467}{2309}\right)^2 \times 14.5 = 8.25(\text{kW})$$

③变压器在不对称负荷状态下运行的附加铜耗为

$$\Delta P_{fj} = \Delta P_Z - \Delta P = 9.02 - 8.25 = 0.77(\text{kW})$$

可见,以上两种计算方法的结果是一致的。

二、降低变压器运行温度的措施与实例

变压器的运行温度不仅影响变压器的使用寿命,还影响变压器的有功损耗,因此要严格管理。

1. 变压器允许温升及计算

变压器绝缘的使用寿命与长期运行温度有关,温度高,绝缘老

化快,使用寿命短;反之,使用寿命就长。变压器寿命与运行温度的关系可用下面的经验公式表示

$$\tau = 20 \times 2^{\frac{98}{6}} \times 2^{-\frac{t}{6}}$$

式中　τ ——变压器寿命(年);

　　　　t ——绝缘运行温度(℃),不得超过 140℃。

由上式可见,当变压器长期运行在 98℃ 时,使用寿命为 20 年,正好与设计经济使用寿命相同;运行在 104℃ 时为 10 年;运行在 92℃ 时为 40 年。为了保证变压器的使用不低于 20 年,必须对绕组的工作温度加以限制。我国规定,油浸变压器在额定条件下长期运行时,绕组的温升应不超过 65℃。这是因为,变压器绕组一般都是 A 级绝缘。其允许温度为 105℃。当环境温度为 40℃ 时,绕组的最高允许温升为 105−40＝65(℃)。由于变压器油温比绕组低 10℃,故变压器油的允许温升为 55℃。然而根据经验可知,油温平均温度每升高 10℃,油的劣化速度就增加 1.5～2 倍。因此应适当限制油温。一般要求上层油面温升不超过 45℃。即在实际运行时将上层油温限制在 85℃ 以下,要比将变压器油的允许温度在规定在 95℃,对油的运行有利得多。

综上所述,考虑变压器绝缘寿命和油劣化的因素,油浸变压器运行中上层油允许温升为 55℃,最高油温不得超过 95℃。为了避免变压器油老化过快,上层油温不宜经常超过 85℃。

油浸变压器的温升限值见表 2-3,顶层油温一般规定值见表3-2。

2. 降低变压器温度节约电能的计算公式

变压器绕组的电阻随着温度的升高而增大。变压器的负载损耗 P_d 是指额定负荷条件下、温度 75℃ 时的功率损耗。如果温度不是 75℃,而是 t℃ 时,则有功功率损耗为

铜绕组:$P_{dt} = \dfrac{234.5+t}{234.5+75} P_d = \dfrac{234.5+t}{309.5} P_d$

铝绕组：$P_{dt}=\dfrac{225+t}{225+75}P_d=\dfrac{225+t}{300}P_d$

式中 P_{dt}——变压器运行温度为 $t℃$ 时的有功功率损耗（kW）；

$\quad\quad P_d$——变压器负载损耗（kW）。

由以上两式可知，当变压器温度每降低 $1℃$ 时，功率损耗下降 0.32%（铜绕组）和 0.33%（铝绕组）。所以降低变压器温度可以节电。

对于同一台变压器，若负荷相同、冷却条件相同，则变压器运行温度应是相同的。可见变压器运行温度直接取决于环境温度，降低环境温度可以节电。

降低变压器环境温度以节约有功功率可按下式计算

铜绕组：$\quad\quad\quad \Delta P=\beta^2\left(\dfrac{t_1-t_2}{309.5}\right)P_d$

铝绕组：$\quad\quad\quad \Delta P=\beta^2\left(\dfrac{t_1-t_2}{300}\right)P_d$

式中 ΔP——节约的有功功率（kW）；

$\quad\quad \beta$——负荷率；

$\quad\quad t_1$、t_2——降温前和降温后变压器的环境温度（℃）；

$\quad\quad P_d$——同前。

【实例1】 某乡镇企业由二台 S9-1000kV·A 变压器供电，一台安装在通风良好的室外，一台安装在室内。由于建筑条件的限制，室内一台通风条件较差。二台变压器所带负荷相同，负荷率 β 均为 0.8。在夏季三个月测得室外一台变压器的平均油温（观察油温计）为 $60℃$，室内一台变压器的平均油温为 $78℃$。试求：

①二台变压器的有功损耗各为多少？

②现用二台 100W 排风机给室内一台变压器散热，在相同的负荷下，测得变压器平均油温降至 $58℃$，问采用这种方法降温是否节电？设 3 个月变压器运行时间 τ 为 1500h，风机实际运行时间 t 为 1000h。

解　由表 2-16 查得 S9-1000kV·A 变压器的负载损耗 $P_d =$ 10.3kW。另外,变压器绕组温度要比上层油温高 10℃左右。

① 二台变压器有功损耗计算。

室外变压器

$$P_{dt} = \frac{234.5 + t}{309.5} P_d = \frac{234.5 + (60 + 10)}{309.5} \times 10.3 = 10.13(kW)$$

室内变压器

$$P_{dt} = \frac{234.5 + (78 + 10)}{309.5} \times 10.3 = 10.73(kW)$$

两者相差 $\Delta P_{dt} = 10.73 - 10.13 = 0.6(kW)$

② 采用风机冷却时的有功损耗计算。

$$P'_{dt} = \frac{234.5 + (58 + 10)}{309.3} \times 10.3 = 10.07(kW)$$

二台风机总功率为 $P_f = 2 \times 100 = 200(W)$

设电价 δ 为 0.5 元/kWh,则使用风机后 3 个月节约电费为

$$F = [(P_{dt} - P'_{dt})\tau - P_f t]\delta$$
$$= [(10.73 - 10.07) \times 1500 - 0.2 \times 1000] \times 0.5$$
$$= 395(元)$$

由于风机价格不贵,维护费用不多,每半年左右保养一次,使用寿命也很长。即使损坏了,更换一台也花不了多少钱,因此采用该方法降低变压器运行温度以减少其有功损耗的效果是好的。

在冬季等气温较低时,不需要风机散热,可停用风机,也可以采用风机自控装置,当变压器温度超过设定温度时,起动风机;当变压器低于设定温度时,风机停止运行。

【实例 2】　一台 S9-1600kV·A 变压器安装在室外,测得夏季三个月环境平均温度为 27℃,冬季三个月平均温度为 −5℃,设变压器在夏季和冬季的负荷率 β 均为 0.8,试求冬季比夏季的节电量。

解　由表 2-16 查得 S9-1600kV·A 变压器的负载损耗 $P_d =$

14.5kW。节约有功功率为

$$\Delta P = \beta^2 \left(\frac{t_1 - t_2}{309.5} \right) P_d = 0.8^2 \times \left[\frac{27 - (-5)}{309.5} \right] \times 14.5$$

$$= 0.96 (\text{kW})$$

三个月的节电量为

$$\Delta A = 3 \times 30 \times 24 \times 0.96 = 2074 (\text{kW} \cdot \text{h})$$

第三章　农网无功补偿节电技术与实例

第一节　农网建设与改造对无功补偿的要求及提高功率因数的措施

一、无功补偿的作用

无论是工矿企业用电还是农村用电,其负荷一般都属于感性负荷,自然功率因数较低。如工矿企业约为 0.7,而农村电网则更低,一般在 0.5~0.7 之间。为了改善功率因数,降低电网损耗,需采用无功补偿措施。无功补偿的主要作用是:

(1)能提高电网及负载的功率因数,提高设备利用率,降低设备所需容量,减少线路及设备的损耗,节约电能。

(2)能提高并稳定电网电压,改善供电电能质量。在长距离输电线路中安装合适的无功补偿装置可提高系统的稳定性及输电能力。

(3)在三相负荷不平衡的场合,可对三相视在功率起到平衡作用。

(4)能增加变压器、发电机、供电线路等的备用量,减少变压器内及供电线路的电压降,提高供电电压水平及设备利用率。

(5)能减少用户的契约电力及节约电费。

二、农网建设与改造对无功补偿的要求

国家电力公司制定了《农村电网建设与改造技术原则》,对无功补偿有如下要求:

(1)农网无功补偿,坚持"全面规划、合理布局、分级补偿、就地平衡"及"集中补偿与分散补偿相结合,以分散补偿为主;高压补

偿与低压补偿相结合,以低压补偿为主;调压与降损相结合,以降损为主"的原则。

(2)变电所宜采用密集型电容补偿,按无功规划进行补偿,无规划的可按主变压器容量的 10%～15%配置。

(3)100kVA 及以上的配电变压器宜采用自动跟踪补偿。

(4)积极推广无功补偿微机监测和自动投切装置。应采用性能可靠、技术先进的集合式、自愈式电容器。

(5)配电变压器的无功补偿,可按配电变压器容量的 10%～15%配置,线路无功补偿电容器不应与配电变压器同台架设。

三、采用无功补偿提高功率因数的措施

农网采用无功补偿提高功率因数的措施有:

1. 采用并联电容器补偿

乡镇企业及农村动力用电都属于感性负荷,功率因数较低,而电容则能提供无功功率(提高滞后的功率因数),能改善电网、变压器及设备的功率因数。采用并联电容器进行无功补偿,方法简单,效果显著,因此被广泛应用。并联电容器无功补偿方式有集中补偿(高压集中补偿、低压集中补偿)、分组补偿和就地补偿三种。

2. 水轮发电机组作调相运行

同步发电机组作电动机运行时,若该电动机处于"过激"状态,则能向电网送出无功功率。同步发电机的这种运行方式称为调相运行。

发电机组改作调相运行时,其起动投入、停机退出或进行调节的操作都十分方便。调相运行的形式有两种:

(1)水轮发电机组不分离。这种形式的运行、操作几乎与发电机组正常发电的操作程序相同。只是将导水叶关小(尽量少发有功),同时调整发电机励磁电流的大小,使调相机按电网需要向电网输送无功功率。

(2)水轮发电机组分离。对较长时间或专用于调相运行的水

轮发电机组,为了减少有功功率的消耗和减小水轮机的磨损,可将水轮机与发电机的联结脱离。这时可用异步起动或其他原动机来拖动发电机。异步起动就是将三相电源直接加到需要起动的调相机绕组上,借助异步转矩的作用来起动调相机并加速。但调相机在作异步起动的瞬间会对电网产生较大的冲击,使电网电压下降。为了减小对电网的冲击,可在调相机与电网之间串入电阻或电抗。也可采用自耦变压器等将电源电压降低后再起动。一般调相机的起动电压控制在调相机额定电压的 75% 左右为宜。调相机被拉入同步后,即可根据电网需要,调整励磁电流的大小,则调相机便向电网输送所需要的无功功率。

第二节   基本关系式及功率因数测算

一、功率因数、电容容抗、容量等计算

1. 功率因数

功率因数按下式计算

$$\cos\varphi = P/S$$

又有

$$\sin\varphi = Q/S$$

$$\mathrm{tg}\varphi = Q/P$$

式中　　S——视在功率(kVA);

　　　　P——有功功率(kW);

　　　　Q——无功功率(kvar)。

2. 千乏与法拉间的换算

(1)电容器容抗:

$$X_C = \frac{1}{\omega C} = \frac{1}{2\pi f C}$$

式中　　X_C——电容器容抗(Ω);

　　　　C——电容器电容量(F);

　　　　ω——角频率(rad/s),$\omega = 2\pi f$,f 为电网频率,我国工频

为 50Hz。

(2)电容器容量与法拉之间的关系是：

$$Q_c = U_e I_C \times 10^{-3} = U_e(U_e/X_C) \times 10^{-3}$$

$$= 2\pi f C U_e^2 \times 10^{-9}$$

$$C = 0.0885\varepsilon_r \frac{S}{b} \times 10^{-6}$$

$$I_C = \omega C U_e \times 0^{-6} = 2\pi f C U_3 \times 10^{-6}$$

式中　X_C——电容器容抗(Ω)；

　　　Q_c——电容器容量(kvar)；

　　　U_e——电容器额定电压(V)；

　　　I_C——流过电容器的电流(A)；

　　　C——电容器电容量(μF)；

　　　ε_r——介质的相对介电系数,油浸纸介 ε_r,当用矿物性绝
　　　　　缘油时为 3.5～4.5；当用合成绝缘油时为 5～7；

　　　S——电极的有效面积(cm^2)；

　　　b——介质厚度(cm)。

二、运行电压升高对移相电容器的影响

1. 运行电压升高对电容器补偿容量的影响

运行电压升高,会使补偿容量增加。当电容器实际运行电压
不等于额定电压时,补偿容量应按下式修正

$$Q'_e = Q_e \left(\frac{U}{U_e}\right)^2$$

式中　Q'_e——电容器在实际运行电压下的容量(kvar)；

　　　Q_e——电容器的额定容量,即铭牌上的标值(kvar)；

　　　U——电容器实际运行电压(V)；

　　　U_e——电容器的额定电压,即铭牌上的标值(V)。

由上式可见,无功功率 Q 与 U 的平方成正比,当电容器的运
行电压为额定电压的 99% 时,Q 降低了 19%；而当运行电压为额
定电压的 110% 时,Q 增加了 21%。因此,如果 10kV 电容器用于

6kV 系统中,补偿容量将大为降低,不能充分发挥该电容器的作用,这是不经济的。

2. 运行电压升高对电容器寿命的影响

运行电压升高,会使电容器的功率损耗和发热增加,容易损坏电容器及降低其寿命。电容器的电压升高 15%,其寿命就要缩短到运行于额定电压时的 32.7%～37.6%。因此,严格保持移相电容器运行电压在允许范围之内,是保证电容器安全运行的重要措施。

三、功率因数的测算

功率因数可以从所接电网的功率因数表中直接读出。由于工厂用电功率因数,随着用电负荷的变化和电压波动而经常变化,故通常采用按月统计考核的加权平均功率因数。即以一个月消耗的有功电量和无功电量来计算。加权平均功率因数计算公式如下

$$\cos\varphi = \frac{A_P}{\sqrt{A_P^2 + A_Q^2}} = \frac{1}{\sqrt{1 - \left(\dfrac{A_Q}{A_P}\right)^2}} = \frac{1}{\sqrt{1 - \tan^2\varphi}}$$

式中　A_P——有功电量(kWh);

　　　A_Q——无功电量(kvar·h)。

具体可分以下几种情况:

(1)将有有功电能表和无功电能表的线路(或企业)求功率因数的方法。

①先从电能表中记录当月(或季)的有功电量 A_P 和无功电量 A_Q;

②按下式计算出 $\tan\varphi$:

$$\tan\varphi = A_Q/A_P$$

③再查表 3-1,求出 $\cos\varphi$。

当计算出的 $\tan\varphi < 0.2$ 时,可按下式计算功率因数

$$\cos\varphi=1-\frac{1}{2}\tan^2\varphi$$

（2）没有装无功电能表的线路（或企业）求功率因数的方法。

表 3-1　tanφ 与 cosφ 对应表

$\tan\varphi$	3.22	2.65	2.30	2.17	2.01	1.91	1.82	1.74	1.62	1.55	1.47
$\cos\varphi$	0.30	0.35	0.40	0.42	0.44	0.46	0.48	0.50	0.52	0.54	0.56
$\tan\varphi$	1.39	1.34	1.26	1.19	1.14	1.08	1.02	0.96	0.90	0.84	0.79
$\cos\varphi$	0.58	0.60	0.62	0.64	0.66	0.68	0.70	0.72	0.74	0.76	0.78
$\tan\varphi$	0.75	0.68	0.64	0.58	0.53	0.48	0.42	0.36	0.29	0.2	0
$\cos\varphi$	0.80	0.82	0.84	0.86	0.88	0.90	0.92	0.94	0.96	0.98	1.0

①先按下式测算正常用电下的有功功率（多测几次，取其平均值）

$$P=\frac{nK_{TA}K_{TV}}{Kt}\times3600$$

式中　P——有功功率（kW）；

　　　n——所测电能表转数（r）；

　　　K——电能表常数[r/(kWh)]，见铭牌；

　　　t——所测用的时间（s）；

　K_{TA}——电流互感器倍率；

　K_{TV}——电压互感器倍率。

②再按下式求出功率因数

$$\cos\varphi=\frac{P}{UI}\times10^3\quad\text{（单相交流电）}$$

$$\cos\varphi=\frac{P}{\sqrt{3}UI}\times10^3\quad\text{（三相交流电）}$$

式中　U、I——测试期间电压和电流的平均值（三相交流电时为线电压和线电流）（V、A）。

（3）正在进行设计线路（或企业），其用电功率因数的计算方法。

①最大负荷时的功率因数计算。补偿前最大负荷时的功率因

数 $\cos\varphi_1$ 为

$$\cos\varphi_1 = \frac{P_{js}}{S_{js}} = \frac{P_{js}}{\sqrt{P_{js}^2 + Q_{js}^2}}$$

补偿后最大负荷时的功率因数 $\cos\varphi_2$ 为

$$\cos\varphi_2 = \frac{P_{js}}{S'_{js}} = \frac{P_{js}}{\sqrt{P_{js}^2 - (Q_{js} - Q_c)^2}}$$

式中　P_{js}——全厂的有功计算负荷(kW);

　　　Q_{js}——全厂的无功计算负荷(kvar);

　　　Q_c——全厂的无功补偿容量(kvar);

S_{js}、S'_{js}——全厂补偿前、后的视在计算功率(kVA)。

②总平均功率因数的计算。补偿前总平均功率因数(即自然总平均功率因数)为

$$\cos\varphi_{1pj} = \frac{P_{pj}}{S_{pj}} = \sqrt{\frac{1}{1 + \left(\dfrac{\beta Q_{js}}{\alpha P_{js}}\right)}}$$

补偿后总平均功率因数为

$$\cos\varphi_{2pj} = \frac{P_{pj}}{S'_{pj}} = \sqrt{\frac{1}{1 + \left(\dfrac{\beta Q_{js} - Q_c}{\alpha P_{js}}\right)^2}}$$

$$P_{pj} = \alpha P_{js}$$

$$Q_{pj} = \beta Q_{js}$$

式中　P_{pj}——全厂的有功平均计算负荷(kW);

　　　Q_{pj}——全厂的无功平均计算负荷(kvar);

　　　α、β——有功和无功的月平均负荷率;

S_{pj}、S'_{pj}——全厂补偿前、后的平均视在功率计算值(kvar);

　　　其他符合同前。

【实例1】　某乡镇企业 10kV 变配电所电源进给装有有功电能表和无功电能表。测得某月有功电量 A_p 为 26800kWh,无功电量 A_Q 为 14200kvarh,试求该企业该月的加权平均功率因数。

解
$$\tan\varphi = \frac{A_Q}{A_P} = \frac{14200}{26800} = 0.53$$

故该月加权平均功率因数为

$$\cos\varphi = \sqrt{\frac{1}{1+\tan^2\varphi}} = \sqrt{\frac{1}{1+0.53^2}} = 0.88$$

【实例2】　某乡镇企业变配电所电源进线电压互感器变比为10000/100V,电流互感器变比为75/5A。现有秒表测得有功电能表铝盘每转40圈,走时32s;无功电能表铝盘转每转10圈,走时20s。由电能表铭牌可知,有功电能表和无功电能表的常数分别为2500r/kW·h和2500r/kvar·h。试求测试时间段的功率因数。

解　有功功率为

$$P = \frac{3600n}{Kt}K_{TA}K_{TV}$$

$$= \frac{3600 \times 40}{2500 \times 32} \times 75/5 \times 10000/10$$

$$= 27000(\text{kW})$$

无功功率为

$$Q = \frac{3600 \times 10}{2500 \times 20} \times 75/5 \times 10000/10$$

$$= 10800(\text{kvar})$$

得测试时间段(即瞬时)功率因数为

$$\cos\varphi = \frac{P}{\sqrt{P^2+Q^2}} = \frac{27000}{\sqrt{27000^2 + 10800^2}} = 0.93$$

四、并联电容器运行的规定

为了保证无功补偿并联电容器安全可靠运行,做如下规定:

(1)电容器的额定电压。原则上应等于电网的额定电压。选用时,对于额定电压为0.22kV、0.38kV、3kV、6kV和10kV的电网,电容器的额定电压为0.23kV、0.4kV、3.15kV、6.3kV和10.5kV。

(2)运行温度。电容器按适应环境空气温度分为若干类别,其下限温度(为电容器投入运行的最低环境空气温度)有5℃、

－5℃、－25℃、－40℃和－50℃五种；上限温度（为电容器可以在其中连续运行的最高环境空气温度）由代号 A、B、C、D 表示，见表3-2。自愈式电容器的环境温度为－25℃～＋45℃。

表 3-2　GB 3983—83 中规定的上限温度

代　号	环境空气温度(℃)		
	最高	24h 平均最高	年平均最高
A	40	30	20
B	45	35	25
C	50	40	30
D	55	45	35

电容器运行时的冷却空气温度应不超过相应温度类别的最高环境空气温度加 5℃。

(3)海拔。电容器一般应在海拔不超过 1000m 的地区使用。对于海拔超过 1000m 的地区，由制造厂另外提供高原型电容器。

(4)过电压。电容器能在 1.1 倍额定电压下长期运行，并能在1.15 倍额定电压下每 24h 中运行 30min；在 1.2 倍额定电压下运行 5min；在 1.36 倍额定电压下运行 1min。但应尽量避免最高环境温度与瞬时过电压同时出现。自愈式电容器的允许过电压：不超过额定电压的 1.1 倍，24h 内不超过 8h。

以上过电压以不使过电流超过第(5)条规定之值为准。

当电容器组接成星形而中心点不接地时，相间的电容之差一般不应超过 5％，以防止在电容较小的一相上产生较高的过电压。

(5)过电流。电容器能在不超过其额定电流的 1.3 倍下长期运行。这种过电流是由过电压和高次谐波造成的。对于具有最大正偏差的电容器，这个过电流允许达到 1.43 倍额定电流。

(6)铁磁谐振。为了避免铁磁谐振，在投入空载变压器或电抗器前，可暂时切除电容器组。

(7)电容器组断开电源后，规定不论电容器的额定电压高低，在放电电路上经 30s 放电后，电容器两端的电压不应超过 65V。自动切换较频繁的电容器装置，在投入时电容器端头上的残余电压应不高于额定电压的 10%，以免电容器受到过高的过电压。

（8）为限制电容器的合闸涌流，应串入电抗器。串入电抗器可使电容器的合闸涌流限制在电容器额定电流的 20 倍左右。限制 5 次及以上谐波，可选用 $(0.05\sim0.06)X_C$（X_C 为电容器组每相的容抗）；对限制 3 次及以上谐波可选用 $(0.12\sim0.13)X_C$。

（9）当 10kV 电网谐波电压总畸变率为 4.04%，电容器两端电压 $U_C=1.1U_e$，电容量 $C=1.1C_e$ 时，计算表明，其电压峰值为 $1.21\sqrt{2}\,U_e$，无功容量输出为 $1.36Q_0$，已超过标准规定。因此，10kV 电容器运行时，其电网的谐波电压畸变率不宜大于 4%，以避免超出电容器的允许条件。

（10）当 0.4kV 电网谐波电压总畸变率为 5.02%，电容器端电压 $U_C=1.1U_e$，$C=1.1C_e$ 时，计算表明，其过电流已为电容器在额定功率、额定正弦电压下电流的 1.31 倍，大于规定值。因此，在低压电容器运行时，其电网的谐波电压总畸变率不宜大于 5%，以保证其安全运行。

我国的《公用电网谐波标准》规定，10kV 为 4%，0.4kV 为 5%，故对于运行于公用电网中的电容器，安全基本上是有保障的。

五、常用并联电容器的技术数据

常用并联电容器的主要技术数据见表 3-3。

表 3-3　常用并联电容器的主要技术数据

型　号	额定电压（kV）	标称容量（kvar）	标称电容（μF）	相数	外形尺寸（mm）			质量（kg）
					长	宽	高	
BCMJ0.23-2.5-1/3		2.5	151	1/3	220	80	253	2
BCMJ0.23-5-3		5	302	3	220	80	253	2.3
BCMJ0.23-10-3	0.23	10	—	3	140	405	184	8.8
BCMJ0.23-15-3		15	—	3	140	405	276	13.2
BCMJ0.23-20-3		20	—	3	140	405	318	17.6
BCMJ0.23-25-3		25	—	3	140	405	460	22

续表 3-3

型　号	额定电压(kV)	标称容量(kvar)	标称电容(μF)	相数	外形尺寸(mm)			质量(kg)
					长	宽	高	
BCMJ0.4-4-3		4	80	3	140	46	405	2.2
BCMJ0.4-5-3		5	—	3	140	46	405	2.2
BCMJ0.4-8-3		8	160	3	140	92	405	4.5
BCMJ0.4-10-3		10	200	3	140	92	405	4.5
BCMJ0.4-12-1/3		12	238.8	1/3	220	80	253	2.3
BCMJ0.4-14-3		14	278.7	3	220	80	253	2.3
BCMJ0.4-15-1/3	0.4	15	—	1/3	138	140	405	6.6
BCMJ0.4-16-3		16	318.5	3	173	70	340	4.0
BCMJ0.4-20-3		20	390	3	140	184	405	9.0
BCMJ0.4-25-3		25	498	3	345	100	270	11.5
BCMJ0.4-30-3		3	—	3	140	230	405	14.2
BCMJ0.4-40-3		40	—	3	140	368	405	18.0
BCMJ0.4-45-3		45	—	3	110	380	410	20.5
BCMJ0.4-50-3		50	—	3	140	460	410	23
BKMJ0.23-15-1/3	0.23	15	300	1/3	346	152	310	12
BKMJ0.23-20-1/3		20	400	1/3	346	152	310	17
BKMJ0.4-6-1/3		6	120	1/3	152	96	245	2.2
BKMJ0.4-12-1/3		12	240	1/3	152	96	245	2.6
BKMJ0.4-15-1/3		15	300	1/3	152	96	245	2.75
BKMJ0.4-20-1/3	0.4	20	400	1/3	350	64	300	—
BKMJ0.4-25-1/3		25	500	1/3	346	152	310	11
BKMJ0.4-30-1/3		30	600	1/3	346	152	310	12
BKMJ0.4-40-1/3		40	800	1/3	350	64	300	17
BZMJ0.4-5-1/3		5	100	1/3	173	70	180	2.0
BZMJ0.4-7.5-1/3		7.5	150	1/3	173	70	180	2.3
BZMJ0.4-10-1/3		10	199	1/3	173	70	240	2.8
BZMJ0.4-12-1/3	0.4	12	239	1/3	173	70	260	3.1
BZMJ0.4-14-1/3		14	279	1/3	173	70	300	3.6
BZMJ0.4-16-1/3		16	318	1/3	173	70	300	3.8
BZMJ0.4-20-1/3		20	398	1/3	354	100	245	9.7

续表 3-3

型　号	额定电压(kV)	标称容量(kvar)	标称电容(μF)	相数	外形尺寸(mm) 长	宽	高	质量(kg)
BZMJ0.4-25-1/3		25	498	1/3	354	100	265	10.7
BZMJ0.4-30-1/3		30	597	1/3	354	100	295	12.2
BZMJ0.4-40-1/3	0.4	40	796	1/3	34	100	335	14.2
BZMJ0.4-50-1/3		50	995	1/3	354	100	375	—
BGMJ0.4-2.5-3		2.5	55	3	$\phi60\times215$			—
BGMJ0.4-3.3-3		3.3	66	3	$\phi60\times215$			—
BGMJ0.4-5-3		5	99	3	$\phi60\times290$			—
BGMJ0.4-10-3		10	198	3	232	65	265	—
BGMJ0.4-12-3	0.4	12	239	3	232	65	295	—
BGMJ0.4-15-3		15	298	3	322	65	265	—
BGMJ0.4-20-3		20	398	3	232	130	295	—
BGMJ0.4-25-3		25	498	3	232	130	325	—
BGMJ0.4-30-3		30	598	3	232	130	325	—
BWF0.4-14-1/3		14	279	1/3	340	115	420	18
BWF0.4-20-1/3	0.4	20	398	1/3	375	122	360	26
BWF0.4-25-1/3		25	497.6	1/3	380	115	420	25
BWF0.4-75-1/3		75	1500	1/3	422	163	722	60
BWF10.5-16-1		16	0.462	1	440	115	595	25
BWF10.5-25-1		25	0.722	1	440	115	595	25
BWF10.5-30-1		30	0.866	1	440	115	595	25
BWF10.5-40-1	10.5	40	1.155	1	440	115	595	25
BWF10.5-50-1		50	1.44	1	440	115	595	34
BWF10.5-100-1		100	2.89	1	440	165	880	60
BWF11/√3-16-1		16	1.26	1	440	115	595	25
BWF11/√3-25-1		25	1.97	1	440	115	595	25
BWF11/√3-30-1		30	2.37	1	440	115	595	25
BWF11/√3-40-1	11/√3	40	3.16	1	440	115	595	25
BWF11/√3-50-1		50	3.95	1	440	105	595	34
BWF11/√3-100-1		100	7.89	1	440	165	880	60

续表 3-3

型 号	额定电压 (kV)	标称容量 (kvar)	标称电容 (μF)	相数	外形尺寸(mm)			质量 (kg)
					长	宽	高	
BFF10.5-50-1W	10.5	50	1.44	1	372	122	570	24
BFF10.5-100-1W		100	2.89	1	443	163	680	45
BFF10.5-200-1W		200	5.78	1	443	163	1030	78
BFF10.5-334-1W		334	9.65	1	699	174	1030	128
BFF11/$\sqrt{3}$-50-1W	11/$\sqrt{3}$	50	3.95	1	372	122	570	24
BFF11/$\sqrt{3}$-100-1W		100	7.9	1	443	163	680	45
BFF11/$\sqrt{3}$-200-1W		200	15.79	1	443	163	1030	78
BFF11/$\sqrt{3}$-334-1W		334	26.37	1	699	174	1030	128
BAM10.5-100-1W	10.5	100	2.89	1	443	123	600	25
BAM10.5-200-1W		200	5.78	1	443	123	890	48
BAM10.5-334-1W		334	9.65	1	443	163	1030	72
BAM11/$\sqrt{3}$-100-1W	11/$\sqrt{3}$	100	7.90	1	443	123	600	25
BAM11/$\sqrt{3}$-200-1W		200	15.79	1	443	123	890	48
BAM11/$\sqrt{3}$-334-1W		334	26.37	1	443	163	1030	72
BGF10.5-50-1W	10.5	50	1.44	1	443	123	603	25
BGF10.5-100-1W		100	2.89	1	450	110	903	22
BGF11/$\sqrt{3}$-50-1W	11/$\sqrt{3}$	50	3.95	1	450	110	603	25
BGF11/$\sqrt{3}$-100-1W		100	7.89	1	450	110	903	44
BGF11/$\sqrt{3}$-200-1W		200	15.1	1	646	140	903	80
BBM11/$\sqrt{3}$-100-1W	11/$\sqrt{3}$	100	7.89	1	380	130	618	29.2
BBM11/$\sqrt{3}$-200-1W		200	15.8	1	343	130	778	37.8
BBM$_2$11/$\sqrt{3}$-100-1W		100	7.89	1	380	122	618	29.2
BBM$_2$11/$\sqrt{3}$-200-1W		200	15.8	1	380	122	848	37.8
BBM$_2$11/$\sqrt{3}$-334-1W		334	26.36	1	510	178	848	63

第三节 农网无功补偿方式的选择及补偿容量的确定

一、农网无功补偿方式的选择

农网无功补偿方式的选择应根据具体情况确定。

根据农村电网的特点,无功补偿应遵循的原则是:全面规划、合理布局、分级补偿、就地平衡;集中补偿与分散补偿相结合,以分散补偿为主;高压补偿与低压补偿相结合,以低压补偿为主;调压与降损相结合,以降损为主。

1. 变电所集中补偿

(1)无功补偿装置安装在 35kV 变电所的 10kV 母线上,以补偿 35kV 主变压器消耗的无功功率,以及 35kV 输电线路上的无功功率损耗。但由于农村电网的配电线路较长,这种方案对降低 10kV 配电线路的线损不起作用。

(2)无功补偿装置安装在配电变压器 380V 母线侧,容量为几十千乏至几百千乏不等,主要补偿配电变压器消耗的无功功率,减少 10kV 配电变压器和 10kV 配电线路的损耗。

集中补偿必须采用自动投切装置。

2. 杆上无功补偿(线路补偿)

这种补偿方式通常是在配电线路的主干线某处集中装设 10kV 电容器,以提高配电网功率因数,达到降损升压的目的。

3. 终端分散补偿(随机补偿)

对较大功率的电动机进行就地无功补偿,以补偿电动机的无功,减少电压损失,改善电压质量及起动能力。

几种无功补偿方式比较见表 3-4。

二、变电所集中无功补偿容量的确定与实例

在变电所高压母线或低压母线上接入移相电容(并联电容)

表 3-4　几种无功补偿方式的比较

补偿方式	变电所集中补偿	低压集中补偿	杆上无功补偿（线路补偿）	终端分散补偿（随机补偿）
补偿对象	变电所无功需求	配电变压器无功需求	10kV 线路无功需求	终端用户无功需求
降低线损有效范围	变电所主变压器及输电网	配电变压器及输配电网	10kV 线路及输电网	整个电网
改善电压效果	较好	较好	较好	最好
单位投资大小	较大	较大	较小	较大
设备利用率	较高	较高	最高	较低
维护方便程度	方便	方便	麻烦	尚方便

可改善供电负荷线路的功率因数。补偿量的大小决定于电力负荷的大小、补偿前负荷的功率因数以及补偿后提高的功率因数。

（1）计算法求补偿容量。

$$Q_c = P\left(\frac{\sqrt{1-\cos^2\varphi_1}}{\cos\varphi_1} - \frac{\sqrt{1-\cos^2\varphi_2}}{\cos\varphi_2}\right) \quad (\text{kvar})$$

式中　P——用电设备功率（kW）；

$\cos\varphi_1$——补偿前的功率因数，即自然功率因数，采用最大负荷月平均功率因数；

$\cos\varphi_2$——补偿后的功率因数，即目标功率因数。

（2）查表法求补偿容量。根据以上公式可得出每千瓦有功功率所需的补偿容量，见表 3-5。

表 3-5　1kW 有功功率所需补偿电容器的补偿容量（kvar）

$\cos\varphi_1$ \ $\cos\varphi_2$	0.80	0.82	0.84	0.86	0.88	0.90	0.92	0.94	0.96
0.40	1.54	1.60	1.65	1.70	1.75	1.81	1.87	1.94	2.00
0.42	1.41	1.40	1.52	1.57	1.62	1.68	1.74	1.80	1.87

续表 3-5

$\cos\varphi_2$ / $\cos\varphi_1$	0.80	0.82	0.84	0.86	0.88	0.90	0.92	0.94	0.96
0.44	1.29	1.34	1.39	1.45	1.50	1.55	1.61	1.68	1.75
0.46	1.18	1.23	1.29	1.34	1.39	1.45	1.50	1.57	1.64
0.48	1.08	1.13	1.18	1.23	1.29	1.34	1.40	1.46	1.54
0.50	0.98	1.04	1.09	1.14	1.19	1.25	1.31	1.37	1.44
0.52	0.89	0.94	1.00	1.05	1.10	1.16	1.21	1.28	1.35
0.54	0.81	0.86	0.91	0.97	1.02	1.07	1.13	1.20	1.27
0.56	0.73	0.78	0.83	0.89	0.94	0.99	1.05	1.12	1.19
0.58	0.66	0.71	0.76	0.81	0.87	0.92	0.98	1.04	1.12
0.60	0.58	0.64	0.69	0.74	0.79	0.85	0.91	0.97	1.04
0.62	0.52	0.57	0.62	0.67	0.73	0.78	0.84	0.90	0.98
0.64	0.45	0.50	0.56	0.61	0.66	0.72	0.77	0.84	0.91
0.66	0.39	0.44	0.49	0.55	0.60	0.65	0.71	0.78	0.85
0.68	0.33	0.38	0.43	0.48	0.54	0.59	0.65	0.71	0.79
0.70	0.27	0.32	0.38	0.43	0.48	0.54	0.59	0.66	0.73
0.72	0.21	0.27	0.32	0.37	0.42	0.48	0.54	0.60	0.67
0.74	0.16	0.21	0.26	0.31	0.37	0.42	0.48	0.54	0.62
0.76	0.10	0.16	0.21	0.26	0.31	0.37	0.43	0.49	0.56
0.78	0.05	0.11	0.16	0.21	0.26	0.32	0.38	0.44	0.51

【实例】　某乡镇企业昼夜平均有功功率 P 为 420kW，负荷的自然功率因数（可由功率因数表实测值加权平均）$\cos\varphi_1$ 为 0.65，欲提高到功率因数 $\cos\varphi_2$ 为 0.9，试求需要装设的补偿电容器的总容量，并选择电容器（电容器安装在变电所低压母线上）。

解　（1）计算法求补偿容量。

$$Q_c = P\left(\frac{\sqrt{1-\cos^2\varphi_1}}{\cos\varphi_1} - \frac{\sqrt{1-\cos^2\varphi_2}}{\cos\varphi_2}\right)$$

$$= 420 \times \left(\frac{\sqrt{1-0.65^2}}{0.65} - \frac{\sqrt{1-0.9^2}}{0.9}\right) = 287.7(\text{kvar})$$

（2）查表法求补偿容量。从表 3-5 中改进前的功率因数 $\cos\varphi_1$ 处（栏内无 0.65，取 0.64 与 0.66 之间）横向找到改进后功率因数 $\cos\varphi_2$ 为 0.9 相交处，用插入法查算得 1kW 有功功率所需补偿容

量为$(0.65+0.72)/2=0.685(\text{kvar})$,则所需补偿电容器的总容量为

$$Q_c=kP=0.685\times420=287.7(\text{kvar})$$

由表 3-3 查得,可选用 BZMJ0.4-25-1/3 型电容器。其额定电压为 0.4kV,标称容量为 25kvar,标称电容为 $498\mu\text{F}$,共 4 组,每组由 3 只电容器组成,电容器接成△形,接线如图 3-1 所示。

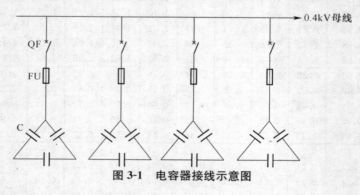

图 3-1　电容器接线示意图

总补偿电容器容量为

$$Q_c=3\times4\times25=300(\text{kvar})$$

(3)熔断器和断路器的选择。

电容器的额定电流为

$I_C=2\pi fCU_e\times10^{-6}$

$=2\pi\times50\times498\times400\times10^{-6}=62.5(\text{A})$

线电流为

$$I=\sqrt{3}\,I_C=\sqrt{3}\times62.5=108.3(\text{A})$$

熔断器熔体的额定电流一般取线电流的 1.5～2.5 倍,即

$$108.3\times(1.5\sim2.5)=162.4\sim270.8(\text{A})$$

因此可选用额定电流为 200A(熔芯)的熔断器。如 RL1-200/200A。

断路器额定电流一般可取线电流的 2～3 倍,即

$$108.3 \times (2 \sim 3) = 216.6 \sim 324.9 (A)$$

因此可选用 DZ20C-250 型或 DZ20C-400 型塑料外壳式低压断路器,额定电流可选 250A、315A 或 350A。

三、变电所低压集中无功补偿提高供电能力减少损耗的计算与实例

由于移相电容器供给了相位超前的无功电流,减少了流入负荷的滞后的无功电流,因此能减少变压器及线路等的负荷,降低变压器及线路的损耗,即增加了这些设备的容量。变压器供电能力的提高,相对而言,使原先欲增容的容量不必再增容,从而减少了变压器的契约容量,这对于用户来说,节约了很大的一笔开支。

1. 变电所安装无功补偿电容后,增加变压器的供电能力的计算

(1)公式一。

$$\Delta S_b = \left[\frac{Q_c}{S_e} \sin\varphi_1 - 1 + \sqrt{1 - \left(\frac{Q_c}{S_e}\right)^2 \cos^2\varphi_1} \right] S_e$$

式中　ΔS_b——功率因数提高后,变压器增加的供电能力(kV·A);

　　　S_e——变压器额定容量(kV·A);

　　　Q_c——无功补偿容量(kvar),能使功率因数提高到 $\cos\varphi_2$;

　　$\cos\varphi_1$——补偿前的功率因数。

(2)公式二。

$$\Delta S_b = \left(1 - \sqrt{\cos^2\varphi_1 + \left(\sin\varphi_1 - \frac{Q_c}{S_e}\right)^2} \right) S_e$$

2. 安装补偿电容后变压器铜耗减少的计算

功率因数提高,负荷电流会减少,变压器铜损也会相应减少。

设变压器负载损耗为 P_d,二次额定电流为 I_{2e},当电流为 I_1(功率因数改善前)时的铜损为

$$P_{d1} = P_d \left(\frac{I_1}{I_{2e}} \right)^2$$

当电流为 I_2（功率因数改善后）时的铜损为

$$P_{d2} = P_d \left(\frac{I_2}{I_{2e}} \right)^2$$

因此铜损减少量为

$$\Delta P_d = P_{d1} - P_{d2} = P_d \left(\frac{I_1^2 - I_2^2}{I_{2e}^2} \right)$$

式中各电流分别为

$$I_1 = \frac{P \times 10^3}{\sqrt{3} U \cos\varphi_1}, \; I_2 = \frac{P \times 10^3}{\sqrt{3} U \cos\varphi_2}, \; I_{2e} = \frac{S_e \times 10^3}{\sqrt{3} U}$$

将以上各式代入 ΔP_d 的计算公式，得

$$\Delta P_d = P_d \left[\frac{\left[\frac{P}{\sqrt{3} U} \right]^2 \left(\frac{1}{\cos^2 \varphi_1} - \frac{1}{\cos^2 \varphi_2} \right) \times 10^6}{\left(\frac{S_e}{\sqrt{3} U} \right)^2 \times 10^6} \right]$$

$$= P_d \left(\frac{P}{S_e \cos\varphi_1} \right)^2 \left(1 - \frac{\cos^2 \varphi_1}{\cos^2 \varphi_2} \right)$$

式中　ΔP_d——变压器铜耗减少量（kW）；

　　　S_e——变压器额定容量（kV·A），$S_e = \sqrt{3} U_{2e} I_{2e} \times 10^{-3}$，

　　　　　此处，$U_{2e} = U(V)$，即二次额定线电压；

　　　$\cos\varphi_2$——补偿后的功率因数；

　　　P——负荷功率（kW）。

（4）安装补偿电容后变压器本身电压降减少的计算。

用电压降减少百分数表示，可用下式近似计算

$$\Delta\Delta U_b \% \approx \frac{Q_c U_d \%}{S_e}$$

式中　$\Delta\Delta U_b \%$——变压器电压降减少的百分数；

　　　Q_c——无功补偿容量（kvar）；

　　　$U_d \%$——变压器阻抗电压百分数；

　　　S_e——变压器额定容量（kV·A）。

投入电容器后变压器电压降减少的数据参见表3-6。

表3-6 投入电容器后变压器电压降减少的数据

项 目	S_9 系列变压器容量(kVA)							
	315	400	500	630	800	1000	1250	1600
投入 100kvar 电容器后电压提高值(%)	1.27	1.00	0.8	0.71	0.56	0.45	0.36	0.28
电压提高 1%需投入电容器容量(kvar)	79	100	125	140	178	222	278	357

【实例】 某乡镇企业 10kV 变电所,由三台 S9-1000kV·A 变压器并联运行,供电给功率 P_1 为 1800kW,自然功率因数 $\cos\varphi_1$ 为 0.75 的负荷,欲使功率因数提高到 $\cos\varphi_2=0.85$,试求:

(1)该变电所需要安装多大容量的补偿电容?

(2)安装补偿电容后,变电所能增加多少容量?

(3)变压器铜耗减少多少? 变压器电压升高多少?

(4)该变电所可能要增加 620kW、功率因数 $\cos\varphi$ 为 0.9 的负荷,三台变压器能否胜任?

(5)补偿及新增负荷前后的变压器负荷率。

解 (1)补偿电容容量为

$$Q_c = P_1\left(\frac{\sqrt{1-\cos^2\varphi_1}}{\cos\varphi_1} - \frac{\sqrt{1-\cos^2\varphi_2}}{\cos\varphi_2}\right)$$

$$= 1800 \times \left(\frac{\sqrt{1-0.75^2}}{0.75} - \frac{\sqrt{1-0.85^2}}{0.85}\right) = 471.6(\text{kvar})$$

可选用总容量为 471kvar 补偿电容(注意,此值要能被 3 除尽)。

(2)投入补偿电容后变电所增加的容量为

$$\Delta S_b = \left[\frac{Q_c}{S_e}\sin\varphi_1 - 1 + \sqrt{1-\left(\frac{Q_c}{S_e}\right)^2\cos^2\varphi_1}\right]S_e$$

$$= \left[\frac{471}{3000}\times0.66 - 1 + \sqrt{1-\left(\frac{471}{3000}\right)^2\times0.75^2}\right]\times3000$$

　　$=0.0967 \times 3000 = 290(kV \cdot A)$

　　(3)变压器铜耗减少和电压升高计算。

　　①变压器铜耗减少计算。由表 2-16 查得，S9-1000kV·A、10/0.4kV变压器的负载损耗 $P_d = 10.3kW$。将 $P = 1800kW$，$\cos\varphi_1 = 0.75$、$\cos\varphi_2 = 0.85$、$S_e = 1000kVA$ 代入下式，得三台变压器无功补偿后铜耗减少为

$$\Delta P_d = P_d \left(\frac{P}{S_e\cos\varphi_1}\right)^2 \left(1 - \frac{\cos^2\varphi_1}{\cos^2\varphi_2}\right)$$

$$= 3 \times 10.3 \times \left(\frac{1800}{3000 \times 0.75}\right)^2 \times \left(1 - \frac{0.75^2}{0.85^2}\right)$$

$$= 30.9 \times 0.64 \times 0.2215$$

$$= 4.38(kW)$$

　　②变压器电压升高计算。投入补偿电容后变压器电压降减少百分数

$$\Delta\Delta U_b\% \approx \frac{Q_c U_d\%}{S_e} = \frac{471 \times 4.5}{3000} = 0.7065$$

式中　$U_d\% = 4.5$ 为 S_9-1000kVA 变压器的阻抗电压百分数。

　　如果补偿前变电所低压母线电压为 $U_2 = 400V$，则补偿后母线电压为

$$U_2' = U_2 + \Delta\Delta U_b\% U_2 \times 10^{-2} = 1.007065U_2$$

$$= 1.007065 \times 400 = 402.8(V)$$

　　(4)新增负荷的计算。

　　原有负荷　$P_1 = 1800kW$

　　　　　　$Q_1 = P_1\tan\varphi_2 = 1800 \times 0.88 = 1584(kvar)$

　　设新增负荷为 $x(kW)$，则变电所的有功功率为

$$P_2 = P_1 + x = 1800 + x$$

　　由于新增负荷的功率因数 $\cos\varphi = 0.9$，$\tan\varphi = 0.48$，故新增负荷的无功功率为

$$Q_2 = x\tan\varphi = 0.48x$$

所以视在功率为

$$S_e^2 = P_2^2 + (Q_1 - Q_c + Q_2)^2$$

$$3000^2 = (1800 + x)^2 + (1587 - 471 + 0.48x)^2$$

经整理,得

$$x^2 + 3797.85x - 3670361 = 0$$

$x = 799\text{kW}$(另一个解为负值,不合题意,舍去)。即可新增最大容量($\cos\varphi = 0.9$)为

$$S = x/\cos\varphi' = 799/0.9 = 888(\text{kV} \cdot \text{A})$$

实际上三台变压器总共剩余容量也可按下式计算

$$S = S_e - S_1 + \Delta S_b = S_e - P_1/\cos\varphi_1 + \Delta S_b$$

$$= 3000 - 1800/0.75 + 290 = 890(\text{kV} \cdot \text{A})$$

两者计算结果一致(数字稍有出入为计算误差)。

由于最大可增加 $\cos\varphi' = 0.9$ 的有功负荷为 $x = 798\text{kW}$ 大于题中所要求的 620kW,因此三台变压器能够胜任。

(5)补偿及新增负荷前后变压器负荷率计算。

①补偿前变压器的负荷率为

$$\beta = \frac{S}{S_e} = \frac{P_1/\cos\varphi_1}{S_e} = \frac{1800/0.75}{3000} = 0.8$$

②补偿后变压器的负荷率为

$$\beta = \frac{S}{S_e} = \frac{2117.9}{3000} = 0.71$$

其中,补偿后的负荷视在功率为

$$S' = \sqrt{P_1^2 + (Q_1 - Q_c)^2} = \sqrt{1800^2 + (1587 - 471)^2}$$

$$= 2117.9(\text{kV} \cdot \text{A})$$

③新增负荷后变压器的负荷率为

$$\beta = \frac{S' + 620/0.9}{S_e} = \frac{2117.9 + 688.9}{3000} = 0.94$$

变压器负荷率与变压器经济运行有关。最佳负荷率除与变压器本身参数有关外,主要决定于年运行小时数 T、正常负荷下工作

小时数(生产班制)和无功经济当量 K 值。

　　对于企业来说,变压器负载率究竟多大为最节能、最经济(即综合经济效益最佳),要结合具体情况全面考虑计算决定。详见第三章第四节和第六节中有关内容。

第四节　电力线路无功补偿容量的确定与实例

一、提高功率因数降低线损的计算与实例

　　提高功率因数能减少线损。因为功率因数改善前的线路线电流为

$$I_1 = \frac{S_1}{\sqrt{3}U} \times 10^3 = \frac{P}{\sqrt{3}U\cos\varphi_1} \times 10^3 \, (\text{A})$$

　　改善后的线电流为:

$$I_2 = \frac{S_2}{\sqrt{3}U} \times 10^3 = \frac{P}{\sqrt{3}U\cos\varphi_2} \times 10^3 \, (\text{A})$$

所以线路损耗减少为

$$\Delta\Delta P_1 = \Delta P_1 - \Delta P_2 = 3R(I_1^2 - I_2^2) \times 10^{-3} \, (\text{kW})$$

　　将 I_1 和 I_2 的关系式代入上式得:

$$\Delta\Delta P_1 = \frac{RP^2}{U^2} \left(\frac{1}{\cos^2\varphi_1} - \frac{1}{\cos^2\varphi_2} \right) \times 10^6$$

$$= 3\Delta P_1 \left(1 - \frac{\cos^2\varphi_1}{\cos^2\varphi_2} \right) (\text{kW})$$

式中　ΔP_1、ΔP_2——功率因数提高前、后的线损(kW);

　　　　　　P——负荷功率(kW);

　　　　　　U——电网线电压(V);

　　　　　　R——每相导线的电阻(Ω);

　　$\cos\varphi_1$、$\cos\varphi_2$——补偿前、后的功率因数。

　　提高功率因数与降低线损的关系见表3-7。

表 3-7 提高功率因数与降低线损的关系

功率因数由右列数值提高到 0.95	0.6	0.65	0.7	0.75	0.8	0.85	0.9
线路有功损耗降低百分数	60%	53%	46%	38%	29%	20%	10%

【**实例**】 在三相配电线路末端有 200kW、功率因数为滞后 0.7 的对称负荷。如在负荷处并联移相电容器进行补偿,试问使线损为最小时所需的补偿容量是多少?并求出补偿前后的线损比及线损减少百分数。设补偿前后负荷端电压不变。

解 设负荷端电压为 U,线路电阻为 R,功率因数为 $\cos\varphi$,则线损为

$$\Delta P = 3I^2R = 3 \times \left(\frac{200 \times 10^3}{\sqrt{3}U\cos\varphi}\right) \times R \qquad [1]$$

(1)按题意,U、R 不变,要使线损最小,应将[1]式中的 $\cos\varphi$ 调整到 1,这时所需的补偿容量为

$$Q_C = P\tan\varphi = P \times \frac{\sin\varphi}{\cos\varphi} = 200 \times \frac{\sqrt{1-0.7^2}}{0.7} \approx 204(\text{kvar})$$

(2)由[1]式可知,线损与 $\cos\varphi$ 的平方成正比,所以补偿前后的线损比为

$$\frac{\Delta P_{前}}{\Delta P_{后}} = \frac{3\left(\dfrac{200 \times 10^3}{\sqrt{3}U \times 0.7}\right)^2 R}{3\left(\dfrac{200 \times 10^3}{\sqrt{3}U \times 1}\right)^2 R} \approx \frac{1}{0.7^2} \approx 2.04$$

线损减少的百分数为

$$\Delta\Delta P\% = \frac{线损减少量}{补偿前的线损} = 1 - \left(\frac{\cos\varphi_1}{\cos\varphi_2}\right)^2$$

$$= 1 - \left(\frac{0.7}{1}\right)^2 = 51\%$$

二、提高功率因数减小线路电压损失的计算与实例

提高功率因数时线路压降减小量可由下式计算:

$$\Delta\Delta U_x = \Delta U_1 - \Delta U_2 = [I_1\cos\varphi_1(R + X\tan\varphi_1)]$$

$$-[I_2\cos\varphi_2(R+X\tan\varphi_2)]$$

由于负荷功率在功率因数改善前后没有变化,所以 $I_1\cos\varphi_1=I_2\cos\varphi_2$,代入上式得:

$$\Delta\Delta U_x = I_1\cos\varphi_1(R+X\tan\varphi_1)\left(1-\frac{R+X\tan\varphi_2}{R+X\tan\varphi_1}\right)$$
$$=\Delta U_1\left(1-\frac{R+X\tan\varphi_2}{R+X\tan\varphi_1}\right)$$

式中　$\Delta\Delta U_x$——相电压压降减少量(V);

　　ΔU_1、ΔU_2——功率因数改善前后的线路相电压压降(V);

　　　　R、X——三相时为每相导线的电阻和电抗,单相二线制时

　　　　　　　　为来回两条导线的值(Ω);

其他符号同前。

若用电压降减小百分数表示,则可用下式近似计算:

$$\Delta\Delta U_1\% \approx \frac{\Delta Q_C X\times10^3}{U_e^2}\times100$$

式中　$\Delta\Delta U_1\%$——线路电压降减小的百分数;

　　　　ΔQ_C——移相电容器投入增加量(kvar),若原先未并联

　　　　　　　　补偿电容,则 ΔQ_C 即为改善后电容器的投入

　　　　　　　　容量 Q_C;

　　　　　U_e——线路额定电压(V)。

投入电容器后线路电压降减少的数据参见表 3-8。

表 3-8　投入电容器后线路电压降减少的数据

项　目	每千米架空线路电压(kV)			每千米电缆线路电压(kV)		
	0.38	6	10	0.38	6	10
投入 100kvar 电容器后电压提高值(%)	28	1.1	0.4	5.5	0.022	0.008
电压提高 1% 需投入电容器容量(kvar)	3.6	900	2500	18	4500	12500

【实例】　某三相配电线路如图 3-2 所示。已知母线 F 点的电压为 11kV，B 点负荷为 100A，末端 C 点的负荷为 150A，功率因数均为滞后 0.8，AB 长 2km，BC 长 4km，每条导线单位阻抗为（0.5＋j0.4）Ω/km。试求：

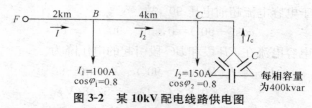

$I_1=100A$
$\cos\varphi_1=0.8$

$I_2=150A$
$\cos\varphi_2=0.8$

每相容量
为400kvar

图 3-2　某 10kV 配电线路供电图

（1）B 点和 C 点的电压为多少？

（2）在 C 点配置 BWF10.5-50-1 型 50kvar、1.44μF、额定电压为 10.5kV 补偿电容器共 24 只，每相 8 只，问 B 点和 C 点的电压为多少？

（3）配置补偿电容器前后线路的功率损耗为多少？

解　（1）求 B、C 点的电压。

由题意，$I_1=100A$、$I_2=150A$，$\cos\varphi_1=\cos\varphi_2=0.8$，$R_1=0.5\times2=1\Omega$，$X_1=0.4\times2=0.8\Omega$，$R_2=0.5\times4=2\Omega$，$X_2=0.4\times4=1.6\Omega$，$U_F=11000V$，则

B 点电压为

$$U_B=U_F-\sqrt{3}\,(I_1+I_2)(R_1\cos\varphi_1+X_1\sin\varphi_1)$$
$$=11000-\sqrt{3}\times(100+150)\times(1\times0.8+0.8\times0.6)$$
$$=10446（V）$$

C 点电压为

$$U_C=U_B-\sqrt{3}\,I_2(R_2\cos\varphi_2+X_2\sin\varphi_2)$$
$$=10446-\sqrt{3}\times150\times(2\times0.8+1.6\times0.6)=9781（V）$$

（2）求 C 点配置补偿电容后 B、C 点的电压。每相电容器的电容为

$$I_{c1} = \frac{Q_c}{U_e} = \frac{8 \times 50}{10.5} = 38.1(\text{A})$$

流入 C 点的电容电流为

$$I_c = \sqrt{3} I_{c1} = \sqrt{3} \times 38.1 = 66(\text{A})$$

由于电容电流超前电压 $90°$，故

$$\cos(-90°) = 0, \sin(-90°) = -1$$

该电容电流在 FB 段和 BC 段引起的电压降为

$$\Delta U_{FB} = I_c[R_1\cos(-90°) + X_1\sin(-90°)]$$
$$= 66 \times 0.8 \times (-1) = -52.8(\text{V})$$
$$\Delta U_{BC} = I_c[R_2\cos(-90°) + X_2\sin(-90°)]$$
$$= 66 \times 1.6 \times (-1) = -105.6(\text{A})$$

因此接入电容器后的 B 点和 C 点电压为

$$U_B = 10446 - (-52.8) = 10498.8(\text{V}) \approx 10.5(\text{kV})$$
$$U_C = 9781 - (-105.6) = 9886.6(\text{V}) \approx 9.89(\text{kV})$$

(3)配置电容器前后线损计算。

电容器接入前的线损为

$$\Delta P = 3(I_1 + I_2)^2 R_1 + 3I_2^2 R_2$$
$$= 3 \times (100 + 150)^2 \times 1 + 3 \times 150^2 \times 2 = 322.5(\text{kW})$$

电容器接入后 FB 和 BC 间的电流分别为

$$I' = \sqrt{[(I_1 + I_2)\cos\varphi_1]^2 + [(I_1 + I_2)\sin\varphi_1 - I_c^2]}$$
$$= \sqrt{(250 \times 0.8)^2 + (250 \times 0.6 - 66)^2} = \sqrt{47056}(\text{A})$$
$$I_2' = \sqrt{(I_2\cos\varphi_2)^2 + (I_2\sin\varphi_2 - I_c)^2}$$
$$= \sqrt{(150 \times 0.8)^2 + (150 \times 0.6 - 66)^2} = \sqrt{14976}(\text{A})$$

因此接入电容器后的线损为

$$\Delta P' = 3(I'^2 R_1 + I_2'^2 R_2)$$
$$= 3 \times [(\sqrt{47056})^2 \times 1 + (\sqrt{14976})^2 \times 2] = 231024(\text{W})$$
$$= 231(\text{kW})$$

可见，安装补偿电容器后，使线损减少了 $322.5 - 231 = 91.5(\text{kW})$

三、提高功率因数增加线路供电能力的计算与实例

安装补偿电容后增加线路供电能力的计算。如图 3-3 所示，在负荷的功率因数 $\cos\varphi_1$ 一定时，将供电功率由 P_1 增加到 P_2。这时视在功率也由 S_1 增加到 S_2，即增加了 $\Delta S = S_2 - S_1$。若配电线路的容量短缺为 ΔS，如果安装了 $Q_c = OF = ED$ 的补偿电容器，则合成视在功率为 $OD = S_1$，等于原来的视在功率，解决了容量不足的问题，并可增加 $\Delta P_1 = P_2 - P_1$ 的供电功率。即

$$\Delta P_1 = P_2 - P_1 = S_1(\cos\varphi_2 - \cos\varphi_1)$$

式中　ΔP_1——功率因数提高所增加线路的供电功率(kW)；

　　　S_1——功率因数提高前的视在功率(kVA)。

也可以用下面形式的公式计算

$$\Delta S_1 = \frac{XQ_c}{R\cos\varphi_1 + X\sin\varphi_1}$$

式中　ΔS_1——功率因数提高所增加线路的供电容量(kVA)；

　　　Q_c——无功补偿容量(kvar)；

　　　R、X——每相导线的电阻和电抗(Ω)。

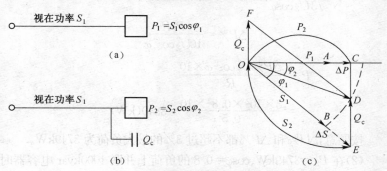

图 3-3　增加线路供电能力的说明图

【实例】　在三相三线制配电线路末端，接在滞后功率因数 0.8 的三相平衡负荷。设负荷端子电压 U_2 为 10kV 一定。又设每条导线的阻抗为 $(0.5 + j0.4)\Omega$。试求：

(1)在配电线的电压损失率 $\Delta U\%$ 和线损率 $\Delta P\%$ 都不超过 3% 的

条件下,负荷可得到的最大功率是多少?

(2)当与上述(1)的最大功率的负荷并联 1000kvar 补偿电容时,其电压损失率 $\Delta U'\%$ 和线损率 $\Delta P'\%$ 是多少?

(3)安装补偿电容后线路的供电能力增加多少?

解 (1)设电压损失率为 3% 时的负荷为 P_1(kW),电流为 I_1(A),则电压损失率为

$$\Delta U\% = \frac{P_1 R + Q_1 X}{10 U_2^2} = \frac{P_1 (R + X\tan\varphi)}{10 U_2^2}$$

所以

$$P_1 = \frac{\Delta U\% U_2^2 \times 10}{R + X\tan\varphi} = \frac{3 \times 10^2 \times 10}{0.5 + 0.4 \times \frac{0.6}{0.8}} = 3749(\text{kW})$$

又设线损率为 3% 时的负荷为 P_2(kW),电流为 I_2(A),则线损率为

$$\Delta P\% = \frac{3 I_2^2 R}{10 P_2}$$

由 $I_2 = \dfrac{P_2}{\sqrt{3} U_2 \cos\varphi}$ 代入上式,得

$$\Delta P\% = \frac{P_2 R}{10 U_2^2 \cos^2\varphi}$$

$$P_2 = \frac{\Delta P\% U_2^2 \cos^2\varphi \times 10}{R}$$

$$= \frac{3 \times 10^2 \times 0.8^2 \times 10}{0.5} = 3840(\text{kW})$$

按题意,$\Delta U\%$ 和 $\Delta P\%$ 都不超过 3% 的最大负荷为 3749kW。

(2)在 $P_2 = 3749$kW、$\cos\varphi = 0.8$ 的负荷上并联 1000kvar 电容器时的总无功功率为

$$Q = Q_1 - Q_C = P_1 \tan\varphi - Q_C$$

$$= 3749 \times \frac{0.6}{0.8} - 1000 = 1812(\text{kvar})$$

设总负荷功率因数为 $\cos\varphi'$、电流为 I',则电压损失率 $\Delta U'\%$ 为

$$\Delta U'\% = \frac{\sqrt{3}\,I'(R\cos\varphi' + X\sin\varphi')}{10U_2}$$

其中　　　　　　　　　$P_1 = \sqrt{3}\,U_2 I'\cos\varphi'$

所以　　　　$I'\cos\varphi' = P_1/\sqrt{3}\,U_2 = 3749/(\sqrt{3}\times 10) = 216.4(\mathrm{A})$

由 $Q = \sqrt{3}\,U_2 I'\sin\varphi'$，得

　　　　　$I'\sin\varphi' = Q/\sqrt{3}\,U_2 = 1812/(\sqrt{3}\times 10) = 104.6(\mathrm{A})$

将以上两式代入①式，得

$$\Delta U'\% = \frac{\sqrt{3}\times(216.4\times 0.5 + 104.6\times 0.4)}{10\times 10} = 2.6$$

另外，线损率 $\Delta P'\% = 3I'^2 R/10P_1$

其中　$P_1^2 + Q^2 = (\sqrt{3}\,U_2 I')^2$，得

$$I'^2 = \frac{P_1^2 + Q^2}{3U_2^2}$$

将上式代入②式，得

$$\Delta P'\% = \frac{(P_1^2 + Q^2)R}{10U_2^2 P_1} = \frac{(3749^2 + 1812^2)\times 0.5}{10\times 10^2\times 3749} = 2.3$$

(3)线路供电能力增加(即增加负荷设备容量)的计算。由以上计算可知，原负荷功率为 3749kW，功率因数 $\cos\varphi$ 为 0.8，投入补偿电容后的功率因数 $\cos\varphi'$ 为

$$\tan\varphi' = \frac{I'\sin\varphi'}{I'\cos\varphi'} = \frac{104.6}{216.4} = 0.48,\cos\varphi' = 0.9$$

原负荷容量 $S_1 = P/\cos\varphi = 3749/0.8 = 4686(\mathrm{kVA})$

因此线路供电能力增加为

$$\Delta P_1 = S_1(\cos\varphi_2 - \cos\varphi_1)$$
$$= 4686\times(0.9 - 0.8) = 46.8(\mathrm{kW})$$

四、农网配电线路无功补偿最佳位置及补偿容量的确定与实例

1. 配电线路无功补偿最佳位置的确定

配电线路负荷的分布一般都不规则，很难精确计算最佳安装地

点,但可简化成简单的几类线路,各种典型负荷分布线路的无功补偿安装最佳位置见表 3-9。最佳补偿点确定的基础是使补偿后总的有功损耗最小。

表 3-9　无功补偿最佳位置及补偿效果

负荷分布	组　数		补偿位置	补偿容量	补偿度(%)	线损下降(%)
集中	一		L	$Q_c = Q$	100	100
	一		$2/3L$	$2/3Q$	66.7	88.9
均匀	二	1	$2/5L$	$2/5Q$	80	96
		2	$4/5L$	$2/5Q$		
	三	1	$2/7L$	$2/7Q$	86	98
		2	$4/7L$	$2/7Q$		
		3	$6/7L$	$2/7Q$		
递增	一		$0.775L$	$0.8Q$	80	93
	二	1	$0.54L$	$0.368Q$	90.4	97.6
		2	$0.86L$	$0.518Q$		
递减	一		$0.4422L$	$0.628Q$	62.3	85.8
	二	1	$0.253L$	$0.42Q$	76.8	94.6
		2	$0.588L$	$0.348Q$		

线路分散补偿容量可按下式确定:

$$Q_c = (0.95 \sim 0.98) I_o\% \sum_1^n S_{ei} \times 10^{-2}$$

式中　Q_c——补偿容量(kvar);

$I_o\%$——取线路所有配电变压器空载电流百分数的加权平均值;

S_{ei}——单台变压器的容量(kVA)。

对于农网,每间隔 2~3km 设置一组 30kvar 电容器。电容器安装方式采用露天式杆上安装。

2. 安装在配电线路末端的无功补偿容量的计算

$$Q_c = Q_1 - Q_2 = P(\tan\varphi_1 - \tan\varphi_2)$$

$$= P\left(\frac{\sqrt{1-\cos^2\varphi_1}}{\cos\varphi_1} - \frac{\sqrt{1-\cos^2\varphi_2}}{\cos\varphi_2}\right)$$

式中　Q_c——无功补偿容量(kvar)；

Q_1、Q_2——配电线路在无功补偿前、后的无功功率(kvar)；Q_1 即末端用电负荷的无功功率；

$\cos\varphi_1$——配电线路在无功补偿前的功率因数，即末端用电负荷的功率因数；

$\cos\varphi_2$——配电线路在无功补偿后的功率因数。

【实例】　有一条三相配电线路，末端接有功率 P 为 200kW、功率因数 $\cos\varphi_1$ 为 0.75 的三相对称负荷。现在负荷点并联移相电容器进行补偿，试求：

(1)将功率因数提高到 $\cos\varphi_2 = 0.85$ 所需的补偿容量及补偿后线损减少量。

(2)欲使线损最小所需的补偿容量及补偿后线损减少量。

解　(1)将功率因数提高到 0.85 时的计算。

①所需补偿容量为

$$Q_c = P\left(\frac{\sqrt{1-\cos^2\varphi_1}}{\cos\varphi_1} - \frac{\sqrt{1-\cos^2\varphi_2}}{\cos\varphi_2}\right)$$

$$= 200 \times \left(\frac{\sqrt{1-0.75^2}}{0.75} - \frac{\sqrt{1-0.85^2}}{0.85}\right) = 52.4(\text{kvar})$$

可选用 3 台 BWF0.4-20-1/3 型电力电容器，每台标称容量为 20kvar，标称电容为 398μF，额定电压为 400V。

这时实际补偿容量为 $Q_c = 60$kvar，补偿后的功率因数可按下式计算：

$$\tan\varphi_2 = \tan\varphi_1 - \frac{Q_c}{P} = 0.88 - \frac{60}{200} = 0.58$$

$$\cos\varphi_2 = 0.86$$

②补偿后线损减少量计算。设负荷端电压为 U，线路电阻为 R，

功率因数为 $\cos\varphi$,则线损为

$$\Delta P = 3I^2R = 3 \times \left(\frac{P \times 10^3}{\sqrt{3}U\cos\varphi}\right)^2 R$$

由上式可知,当 U、R 不变时(实际上 U 在无功补偿前、后有所改变),线损与 $\cos\varphi$ 的平方成正比,所以补偿前后的线损比为

$$\frac{\Delta P_{前}}{\Delta P_{后}} = \frac{3\left(\frac{P \times 10^3}{\sqrt{3}U \times 0.75}\right)^2 R}{3\left(\frac{P \times 10^3}{\sqrt{3}U \times 0.86}\right)^2 R} = \frac{0.86^2}{0.75^2} = 1.31$$

线损减少率为

$$\Delta\Delta P\% = \frac{线损减少量}{补偿前的线损} = 1 - \left(\frac{\cos\varphi_1}{\cos\varphi_2}\right)^2$$

$$= 1 - \left(\frac{0.75}{0.86}\right)^2 = 24\%$$

(2)使线损最小的计算。

①要使线损最小,需将功率因数补偿到 $\cos\varphi_2 = 1$。这时补偿容量为

$$Q_c = P\tan\varphi_1 = 200 \times 0.88 = 176(\text{kvar})$$

因此可选用 6 只 BWF0.4-25-1/3 型电力电容器,每台标称容量为 25kvar,标称电容为 497.6μF,额定电压为 400V。

这时实际补偿容量为 $Q_c = 6 \times 25 = 150(\text{kvar})$

$$\tan\varphi_2 = \tan\varphi_1 = \frac{Q_c}{P} = 0.88 - \frac{150}{200} = 0.13$$

$$\cos\varphi_2 = 0.99$$

②补偿后线损减小率为

$$\Delta\Delta P\% = 1 - \left(\frac{\cos\varphi_1}{\cos\varphi_2}\right)^2$$

$$= 1 - \left(\frac{0.75}{0.99}\right)^2 = 42.6\%$$

第四章　农村小水电节电技术与实例

第一节　发电机的额定参数及安全运行条件

一、发电机的额定参数

同步发电机的额定参数由发电机的发热量、效率和机械强度等因素所决定，其中最主要的是发热和效率问题。如果发电机超过额定参数运行，则会使发电机温升过高，危及绝缘，缩短寿命，并使效率降低。所以，使用发电机时应遵循厂家规定的技术参数（铭牌数据）。在此额定参数下运行，发电机的寿命可达到预期年限。

同步发电机的额定参数有：

（1）额定电压（U_e）：是指发电机正常运行时制造厂规定的定子三相长期安全工作的最高线电压，单位是 V 或 kV。

（2）额定电压（I_e）：是指发电机定子绕组正常连续工作时的最大工作线电流，单位是 A 或 kA。

（3）额定容量（P_e）：是指发电机正常连续工作时的最大允许输出电功率，单位是 kW 或 MW。发电机的额定容量与额定电压和额定电流间的关系是：

$$P_e = \sqrt{3} U_e I_e \cos\varphi_e$$

（4）额定功率因数（$\cos\varphi_e$）：是指在额定功率下发电机定子相电压和电流之间的相角差的余弦值，用额定有功功率和额定视在功率的比值来表示。

（5）额定转速（n_e）：是指发电机转子正常运行时的转速，单位是 r/mm。在一定的磁极对数 p 和额定频率 f_e 下运行时，转子的

转速就是同步转速，即

$$n_e = \frac{60 f_e}{p}$$

（6）额定频率（f_e）：我国规定的额定工业频率为 50Hz。

（7）额定效率（η_e）：是指发电机在额定状态下运行时的效率。

（8）额定温升（T_e）：是指发电机连续正常运行时某部分的最高温度与额定入口风温的差值。额定温升的确定与发电机的绝缘等级以及测量方法有关。容量较大的发电机，定子采用 B 级浸渍绝缘，转子采用 B 级绝缘，在额定入口风温为 40℃时，发电机各部分的允许温度和温升见表 4-1。

表 4-1　发电机各主要部分的允许温度和温升限值

测量部位	测温方式	入口风温为 40℃时	
		允许温度（℃）	温升限值（℃）
定子铁心	埋入式检温计法	105	65
定子绕组	埋入式检温计法	105	65
转子绕组	电阻计算法	130	90

发电机的外壳温度要低于定子绕组温度，如果定子绕组温度达到 105℃，外壳温度可能只有 90℃。如果一只手指在外壳上能停放 10 余秒钟，说明问题不大；如果只能停留 1s 左右，则发电机很可能超温，必须减小出力，加强风冷。

二、运行参数变化对发电机的影响

发电机的运行参数变化将会对发电机的性能产生影响。主要参数变化的影响如下。

1. 入口冷却空气温度 t_0 的影响

当 $t_0 < t_e$（40℃）时，可相应提高发电机的出力。一般 t_0 较 t_e低 1℃时，允许定子电流升高额定电流的 0.5%，此时转子电流也允许有相应的增加。但 t_0 不能过低，否则会影响发电机端部绝缘。对于开启式通风冷却的发电机。t_0 不可低于 +5℃，否则应

采取措施提高入口风温。对于封闭式通风冷却的发电机，t_0 不可低于 $+20℃$。

当 $t_0 > t_c$ 时，则发电机的出力应相应降低，即定、转子电流应小于额定值，直至定、转子绕组和定子铁心温度不超过最高允许值。通常 t_0 不要超过 $50℃$，最多不超过 $55℃$。

2. 频率 f 的影响

频率 f 与发电机所带负荷有关，随负荷经常而又迅速地变化着，发电机频率 f 的波动是不可避免的（对独立电站而言）。

按规定，发电机的频率应符合以下要求：$50Hz \pm 0.5Hz$，即在 $49.5 \sim 50.5Hz$ 范围内。若低于 $49.5Hz$、持续时间超过 1h 或低于 $49Hz$、持续时间超过 30min，均作为系统事故。严禁低于 $48Hz$ 运行。

f 过高，即发电机转速 n 过大，离心力越大，容易损坏转子的某些部件，对安全运行不利。因此，为使转子材料和绝缘免受过大应力，f 最高不可超过 $52.5Hz$，即不超过额定频率的 5%。

f 过低，n 过小，会使转子风扇的转速下降，发电机容易过热；同时，n 过小，发电机的端电压会下降，为了使端电压不降低，必须增大励磁，从而会使转子温度升高。为避免转子过热，也只能降低负荷。因此，f 不能过低。低频解列一般整定为 $48.5Hz$，经延时解列。

f 变化大，对电动机、用户均不利。

3. 机端电压 U 的影响

U 过高，必然是励磁电流过大引起的，这会使转子温升升高；铁损增加（超过 $1.1U_c$ 时，铁心温升显著增大）；定子机座等出现局部过热；当 U 超过 $1.5U_c$ 时，定子绕组绝缘有击穿的危险；还会使无功发不足。

U 过低，发电机磁路可能处于不饱和状态，励磁电流稍有变化时，U 就会有较大的变动，使电压不稳，易失步；U 过低，还会使定子绕组温升增大（因为 U 降低，要使出力 P 不变，就要增大定子电流)。

U 过高或过低,对用户都不利。

因此国家规定:发电机端电压 U 为 $U_e×(1±5\%)$,而 $\cosφ$ 为额定值(0.8)时,发电机可带额定负荷长期运行。

4. 功率因数 $\cosφ$ 的影响

$\cosφ$ 在 0.8~1 之间变化,可以保持额定出力不变。一般情况下,$\cosφ$ 不应超过 0.95(滞后);有自动励磁装置时,允许短时间内在进相 0.95~1 下运行。

$\cosφ$ 过小,必然使出力 P 降低(因为 $P=\sqrt{3}UI\cosφ$)。若要维持端电压 U 不变,则必须增大励磁电流。此时若要保持 P 不变,必然使励磁电流超过额定值,这会使转子过热。若要维持励磁电流不变,则出力随 $\cosφ$ 降低而降低,这不利于经济运行。

三、发电机长期安全运行的条件

发电机长期安全运行的条件如下:

(1)按制造厂铭牌规定的技术参数运行,即按额定运行方式运行。

(2)当冷却介质的温度超过额定值[如发电机入口冷却空气温度大于 40℃ 或轴承冷却介质的温度超过 30℃(应在 15℃~30℃之间),轴承温度不应超过 70℃,温升最高不超过 40℃]时,如果定、转子绕组及定子铁芯的温度未超过允许值,可不降低发电机出力,但当这些温度超过其允许值时,则应减小定、转子电流,直到上述温度回到允许值为止。

(3)机端电压 U 为 $U_e×(1±5\%)$,而功率因数为额定功率因数(一般为 $\cosφ_e=0.8$)时,发电机可带额定负荷长期运行,即能保持额定出力。

(4)发电机连续运行的最高允许电压不得大于 $1.1U_e$,最低运行电压一般不低于 $0.9U_e$。

(5)当发电机端电压 U 降到 $0.95U_e$ 以下时,定子电流长期允

许值仍不得超过 $1.05I_e$。

（6）当功率因数 $\cos\varphi$ 与 $\cos\varphi_e$ 有出入时，发电机负荷应调整到定、转子电流不超过该冷却介质温度下所允许的数值。

另外，发电机三相允许不平衡电流值应遵循制造厂的规定。在无制造厂规定时，三相电流之差不得超过 $20\% I_e$，同时任一相电流不得大于额定电流 I_e。

第二节　发电机的调整与经济运行

一、单台发电机及并联发电机的调整

由于用户的有功负荷和无功负荷是在经常不断变化的，为了保持发电机输出电压稳定和经济运行，运行人员需要对电压、频率进行调整。

1. 单台发电机的调整

如果电压低了，说明无功发得少了。这时就要调整励磁电流，增大转子电流，多发些无功。如果频率低了，说明有功发得少了。这时就要增大导水叶的开度，使发电机增加出力，多发些有功，以达到新的平衡状态。

由于调电压或调频率时，两者会互相影响，所以在运行中，电压和频率往往同时都要调整。但对于农村用电来说，对电压的要求比对频率的要求更为严格，因此以调电压为主，即先调整励磁电流来保持电压，紧接着开大水门来恢复频率。这样调整既迅速又较稳定。

在电压及频率的调整过程中，同时也要监视发电机的定子电流和转子电流（直流），使它们都不超过额定值。

2. 几台发电机并联运行的调整

一个水电站有几台发电机并联运行时，其运行方式应只用一台发电机来承担调压和调频的任务，其他机组都带固定负荷运行。因此，运行调整和一台发电机单独供电时的情况是一样的。

3. 与电网并联的发电机的调整

发电机并网后应及时调节有功功率和无功功率,即调节导水叶和励磁。

调整有功功率时,应一边按动"增负荷"(或手动开大导水叶开度),一边监视有功表、无功表和功率因数表的指示。调节要缓慢,不要让 $\cos\varphi$ 进相,应使 $\cos\varphi$ 尽量保持在规定的范围内,不要滞后0.95以上,否则发电机易失稳。为此,在开大导水叶的同时,要及时调节励磁电流(增大),以保证无功功率基本不变(或功率因数 $\cos\varphi$ 在规定范围内)。

调节励磁电流,不仅调节了无功功率,还是提高发电机静态稳定性的一种措施。调节励磁时动作要缓慢,不要过猛。

调整并网发电机应注意以下事项:

(1)发电机若由冷态并入电网带上负荷时,为了使发电机温升不致突然升高,延长定转子绕组的绝缘寿命,一般应逐渐增加负荷。运行中应十分注意监视发电机冷却空气进出口的温度及各部位的温升情况。

(2)小水电站的水轮发电机,铭牌上的额定功率因数通常均为滞后0.8,励磁电流的调节应以此为参考。

(3)农村电网为了弥补高峰负荷时无功功率的不足,分散安装一些补偿电容,这些电容大多不能自动投入或切除。在负荷低谷时,若未及时切除补偿电容,会使局部电网出现过电压,从而导致有些发电机进相运行。进相运行会对发电机的稳定性和端部发热带来不利的影响,因此只有具有自动电压调节器时才可允许功率因数短时在0.95~1的进相范围内运行。当电网出现过电压时,应及时切除过补偿电容,使电网内的发电机在滞后功率因数下运行,一般不应大于滞后0.95。

二、发电机励磁装置调差电路的调整

1. 调差电路的工作原理

现以小水电站广泛使用的 JZLF-11F 型晶闸管励磁装置(电

路图见图 4-2)为例,其无功调差电路及矢量图如图 4-1 所示。

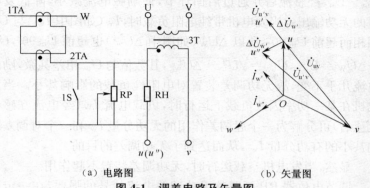

(a) 电路图　　　　　　　(b) 矢量图

图 4-1　调差电路及矢量图

励磁调节器的作用是,在发电机单机运行时维持机端电压相对稳定,在发电机并联运行时自动调节发电机所带的无功负荷(机端电压由电网决定)。由于电网中各如发电机的调压性能不一致,当电网电压变化时,电压调整率好的发电机的励磁电流变化大,无功负荷变化也大,无功负荷在各发电机之间的分配就不平衡。为此,需通过调差环节改变调差系数来改善这种情况。

无功调差过程就是把无功电流信号反馈到测量单元的交流侧(或直流侧),通过有关环节增大电压调整率好的发电机的正调差率,使它的无功电流变化较为迟钝。

对于机端直流并联运行的发电机,应采取正调差。无功调差电路如图 4-1(a)所示,它由接在发电机 W 相的电流互感器 1TA、变流器 2TA、电阻 RH 及电位器 RP 等组成。变流器 2TA 次级输出的电流 I_c 流过 RH 和 RP,在其两端形成电压降 ΔU_c,与测量变压器 3T 的次级电压 U_{ab} 串联,组成交流叠加无功调差电路信号,其矢量图如图 4-1(b)所示。

$\dot{U}_W$ 超前 $\dot{U}_{UV}90°$,$\dot{U}_{uv}$ 与 $\dot{U}_{UV}$ 同相,$\Delta\dot{U}_W$ 与 $\dot{I}_W$ 同相。当发电机带纯感性负载时,$\dot{I}_W$(如图中 $\dot{I}_{W'}$)滞后 $\dot{U}_W90°$而与 $\dot{U}_{uv}$ 同相,所

以 $\Delta\dot{U}_{\mathrm{W}}$(如图中 $\dot{U}_{\mathrm{W'}}$)与 $\dot{U}_{\mathrm{uv}}$ 同相,$\dot{U}_{\mathrm{uv}}+\Delta\dot{U}_{\mathrm{W'}}=\dot{U}_{\mathrm{u'v}}$,显然 $U_{\mathrm{u'v}}>U_{\mathrm{uv}}$。$\dot{U}_{\mathrm{u'v}}$ 经整流后并通过后面环节,使励磁电流减小,降低发电机的无功输出。当发电机带纯电阻负载时,$\dot{I}_{\mathrm{W}}$(如图中 $\dot{I}_{\mathrm{W'}}$)与 $\dot{U}_{\mathrm{W}}$ 同相而超前 $\dot{U}_{\mathrm{uv}}$ 90°,所以 $\Delta\dot{U}_{\mathrm{W}}$(如图中 $\Delta\dot{U}_{\mathrm{W''}}$)也超前 $\dot{U}_{\mathrm{uv}}$ 90°,$\dot{U}_{\mathrm{uv}}+\Delta\dot{U}_{\mathrm{W''}}=\dot{U}_{\mathrm{u'v}}$,$U_{\mathrm{u'v}}=\sqrt{U_{\mathrm{uv}}^2+\Delta U_{\mathrm{W''}}^2}$,其数值与 U_{uv} 相差甚微,励磁电流几乎不变,故无功调差装置对电阻性负载的影响甚小。当发电机在某一功率因数负载下运行时,负载电流 $\dot{I}_{\mathrm{W}}$(经电流互感器变流后)可分解为一个起调差作用的无功分量 $\dot{I}_{\mathrm{W'}}$ 和一个对调差影响甚小的有功分量 $\dot{I}_{\mathrm{W''}}$,从而达到了无功调差的目的。

显然,当发电机空载运行时,无功调差装置不起作用。

调节电位器 RP 可调整无功调差电流信号的强弱,在一定范围内改变发电机无功负载的大小。单机运行时,需将开关 1S 闭合。

2. 正调差的确定

独立电站中不管是两台或几台发电机并联运行,还是两机一变、几机一变发电机并网运行,都需将发电机定为正调差。若为负调差(或有的发电机为正调差,有的发电机为负调差或无调差),则会引起发电机无法并联,即使并联上了,也会发生励磁等大幅波动,无法稳定调节励磁甚至解列,并有可能损坏出口断路器主触点。因此,确定发电机正调差工作非常重要。

不管是独立电站还是与电网并联的发电机组,确定正调差都一台一台地进行,各台确定好后,再并联调节调差量。现以 JZLF-11F 型晶闸管励磁为例(见图 4-2)介绍如下:

(1)对于独立电站,将"自动/手动"开关 3S 打到"自动"位置,将"并联/单机转换"开关 1S 打到"并联"位置(即 1S 打开),将调差电位器 RP 调至某一位置(如电位器的 2/3 圈处)。开启发电机并带上感性负荷,调节励磁装置的调节(主令)电位器 1RP,使励磁电流增加(功率因数下降),同时观察发电机机端电压的变化。若

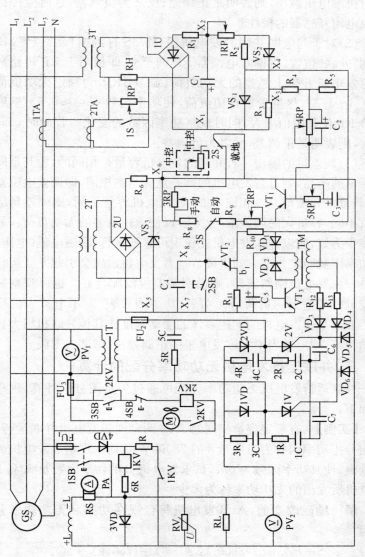

图 4-2　JZLF-11F 型晶闸管励磁装置线路

此时机端电压减小,则表明是正调差;反之为负调差,这时应停机更改电流互感器的极性。

(2)对于与电网并联的发电机组,将 3S 打到"自动"位置,1S 打到"并联"位置,将调差电位器 RP 调至 0(即相当于 RP 短路)。开启发电机并带上适当的无功负荷(调节 1RP,为额定无功负荷的 1/4~1/3),尽量少带有功负荷,使功率因数 cosφ≈0.6。然后调节 RP 使其阻值增大,同时观察功率因数的变化。若此时 cosφ 增大,则表明是正调差,反之为负调差。

(3)调差量的确定。若并列的发电机容量是相同的,尤其是同一厂家的产品,则每台发电机的调差量应基本相同,即调差电位器 RP 转动的角度应基本相同,如果各发电机容量不同,则调差量应有所不同,容量大的调差量应小些,以便承担较多的无功负荷。具体多少为好,应以并联发电机能稳定可靠地运行、励磁电流(电压)及功率因数稳定为准。如果调节一台发电机励磁会引起并联运行的另一台发电机剧烈波动,则说明调差量没配合好。也可观察并联发电机带上无功负荷后无功表、功率因数表、定子电流表的反映。如果某台发电机的上述表计的摆动幅度比其他并联机组大且摆动频繁,则应适当增大该发电机的正调差量,即调大 RP。

三、并联运行发电机无功功率分配的计算

并联运行发电机无功功率分配可通过矢量图分析计算,现举例如下:

【实例】 有额定容量相同的 A、B 两台同步发电机并联运行,平均分担功率因数为滞后 0.8 的 2800kW 负荷。现增加发电机 A 的励磁,使其功率因数为 0.7,试求发电机 B 的功率因数及 A 和 B 发电机所发出的无功功率各为多少?

解 励磁改变前,A、B 发电机每台视在功率和无功功率分别为

$$S=P/\cos\varphi=2800/(2\times0.8)=1750(\text{kV}\cdot\text{A})$$
$$Q=S\sin\varphi=1750\times0.6=1050(\text{kvar})$$

设 A 发电机在功率因数 $\cos\varphi_A$ 为 0.7 时的无功功率为 Q_A，B 发电机的无功功率为 Q_B，功率因数 $\cos\varphi_B$，则

$$Q_A = P\sin\varphi_A/\cos\varphi_A = (2800/2)\times0.714/0.7$$
$$= 1428(\text{kvar})$$

无功环流为

$$\Delta Q = Q_A - Q = 1428 - 1050 = 378(\text{kvar})$$

由矢量图 4-3 得 B 发电机的无功功率为

$$Q_B = Q - \Delta Q$$
$$= 1050 - 378 = 672(\text{kvar})$$

因此，B 发电机的功率因数为

$$\cos\varphi_B = \frac{P_B}{\sqrt{P_B^2 + Q_B^2}}$$

$$= \frac{1400}{\sqrt{1400^2 + 672^2}} = 0.9$$

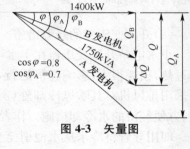

图 4-3　矢量图

四、丰水期和枯水期发电机的经济运行措施

不管在丰水期或枯水期，都应以综合经济效益最好（发多少有功电量和无功电量、发电机的使用寿命等）来进行发电。

1. 丰水期的经济运行措施

在丰水期，为了多发有功，发电机往往超载运行。由于小水电一年中水量变化很大（尤其是没有大型水库的电站，发电机在一些季节可能发不足，因此在丰水期超载发电是允许的）。但必须有度，还必须采取一定的降温措施才行。

（1）发电机运行注意事项

按规定，发电机允许过载运行时间见表 4-2。

但丰水期考虑到发电机一年之中发不足额定出力的运行时间，可以超过表 4-2 中的要求来发电。这时发电机的温升将超过允许值，必须加强通风散热（可采用鼓风机吹风冷却），同时注意发

电机的运行状态,定子、转子的温度尽可能不超过允许值或只适当超过一些。值班人员应加强发电机组的巡视检查及维护,随时做好降低出力的准备,以防发电机被烧毁。

表 4-2　发电机允许过载运行时间

超载倍数 I/I_e	1.05	1.1	1.12	1.15	1.25	1.5
允许运行时间/min	长期	60	30	15	5	2

（2）升压变压器的降温措施。

小水电站升压变压器在丰水期发电机超负荷发电会造成变压器过热,损耗很大,影响经济运行,甚至威胁变压器的安全。除了可采用排风机对其吹风冷却外（需耗电能）,还可采用一种行之有效、方便经济的水冷却措施。作者曾用此方法降温,取得良好的效果。即用导管将冷水从水池引至变压器,淋洒在变压器器身及散热管上,实施时必须注意以下几点:

①水管（不宜使用普通易变形、老化的软塑料管）应牢固地安装在变压器器身上,以免管子移位,将水喷淋到带电体或绝缘套管上引起短路事故。

②水管的直径和根数应视变压器过热具体情况确定,一般采用 φ25～5mm、1～2 根即可。

③水流必须平稳,否则水流速改变有可能将水喷淋到带电体或套管上。为此,先将溪河或水库中的水引入一水池内,水池设在阴凉处,水池周边有溢水孔,以保持水位恒定;导水管固定在水池上,管子深入水池固定位置不能移动,从而保证水流平稳不变。

2. 枯水期的经济运行措施

在枯水期,小水电站发不足有功功率,可以多发无功功率,若电力部门允许,功率因数可降至滞后 0.5 以下,甚至作调相运行。

所谓调相运行,就是发电机不向电网输送有功功率,而只是向电网输送无功功率。枯水期小水电站作调相运行是一种经济运行方式,调相运行,能输送无功功率,提高电网电压水平,减少电网线损,有利于节电。

小水电站作调相运行时应注意以下事项:

(1)导叶全关闭后,如果机组的吸出高度为负值(即尾水位要漫过水轮机转轮),运转中涡轮将受到较大的水阻力矩作用,发电机需从电网吸取较大的有功功率,同时机组的震动增大。例如,混流式水轮机消耗的功率达到机组额定功率的10%～30%;轴流式水轮机消耗的功率竟高达80%;机组震动幅值增加1.5～2倍。因此,只有水轮机的吸出高度为正值,发电机调相运行时从电网倒送有功功率才是比较经济的。

另外,发电机的调相运行也可采用导叶不全关闭的方式。导叶开度的大小只维持机组本身有功损耗时所需的水量即可,发电机有功功率表的读数为零。此时调相机组还处于"热备用容量"工况,随时根据电网有功需要而送出有功功率。

(2)应根据电网的需要调整励磁电流,向电网输送所需要的无功功率。

(3)水轮发电机组作调相运动时,应监视励磁电流不可超出发电机在额定工况下满负荷运行时的数值。如果这样做有困难,则应限制其定子电流。为安全起见,定子电流的限额可取为发电机额定电流的75%左右。

(4)水轮发电机组作调相运行时,其运行电压、冷却风温度等其他参数仍应按发电机运行时的规定进行监视和调节。

(5)必须设置低电压保护装置,以便当电网电压过低时,自动将作调相机运行的发电机从电网中解列退出。低电压保护装置的动作电压值,一般可整定为额定电压的40%。

(6)发电机长期作调相运行时,装有低压闭锁过电流保护的发电机,可以将过电流继电器接点短接,保留低电压保护。当电网电压过低时,把发电机从电网中解列,以免电网电压恢复后使发电机遭受电网电流的冲击而引起电网电压骤降。而当电网出现短路故障时,又能继续送出无功功率,加快电网电压的恢复。

五、限制发电机中性线电流的节电措施

1. 引起发电机中性线电流过大的原因

发电机与升压变压器的连接如图 4-4 所示。对于 100kW 以下的发电机,接地电阻要求不大于 10Ω;100kW 以上的发电机,则不大于 4Ω。通常小水电站的发电机与升压变压器之间的距离很近,接地极多设于升压变压器处。

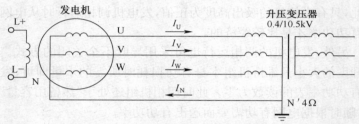

图 4-4　发电机与升压变压器之间的连接

经常发现有些电站发电机的中性线(NN′)电流很大,有的甚至达到或超过发电机定子电流,引起发电机和升压变压器发热严重,影响出力并危及发电机和变压器的安全。

引起中性线电流过大的原因有:

(1)如果是新机组,说明发电机铁心质量较差或装配不良,3次谐波及 9 次谐波分量很大(主要是 3 次谐波)。

(2)如果是运行多年的旧机组,则可能是机组质量不良或机组运行时间较长、条件变差造成机组磨损、老化等,使其性能逐渐发生变化所致。如果几台发电机的中性点是连接在一起的,该中性线中有可能出现很大的电流。

发电机三相绕组中的 3 次及 9 次谐波电流在矢量图中是同相的,中性线中的电流为三相绕组中 3 次及 9 次谐波电流的算术和,因此很大。

3 次及 9 次谐波电流对变压器的影响更大,谐波电流在变压

器内所产生的谐波磁通通过油箱壁、散热片构成回路,而它们由整块普通钢板制成,因而会产生较大的磁滞损耗和涡流损耗,从而引起变压器的损耗大大增加,温升增大,影响发电机和升压变压器的运行效率并危及它们的安全。

2. 限制发电机中性线电流过大的措施

为限制发电机中性线电流过大,可采用以下几种措施:

(1)断开发电机与升压变压器中性点之间的连线,这样就没有3次及9次谐波电流的环路,也就没有谐波电流了。

升压变压器采用三相三柱式,3次及9次谐波需经铁心外的油道、箱壁等部件构成回路,磁阻比正序磁通(经铁心闭合)大得多,因此断开 NN′ 连线不会出现谐波过电压,对变压器及发电机来说都是安全的。

该方法的缺点在于,发电机的中性点不接地,不利于防雷。为此,必须在发电机附近安装 FS-0.5 型阀型避雷器,一般安装在控制柜内。同时,可在发电机中性点安装一保护间隙或阀型避雷器接地。

(2)在发电机与升压变压器中性点的连线上串接一个限流电抗器(一般用饱和电抗器),以抑制 3 次及 9 次谐波电流。电抗器的电抗值不需很大[$1\sim2\Omega(f=50\mathrm{Hz})$时],可安装在控制柜内部的下方。这种方法在小水电站中也用得较多。这种方法也常用于抑制 3 次谐波励磁同步发电机的中性线过大电流。由于雷电流通过电感时会产生很高的电压($L\mathrm{d}i/\mathrm{d}t$),同样不利于防雷,最好在电抗器两端并联避雷器。

(3)对于两台 400/230V 三相四线制发电机,并联运行时中性线电流很大,单机运行时中性线电流不大的这种情况,可以采取以下措施:两机并联时,只让其中一台的中性线接至中性母性上,另一台的中性线不接。当中性线接至中性母线的那台机组停止运行时,另一台机组的中性线应立即补上至中性母线相连。这样,各机组中性点间不形成 3 次及 9 次谐波电流的环流。

该方法的缺点在于,中性线没与中性母线相连的发电机因中性点不接地,不利于防雷。

六、提高小水电运行电压的节电措施

提高小水电电网电压,降低线路电压降,可降低线路损耗,改善用户受电电压质量。提高小水电电网电压的方法有:

(1)提高发电机端电压。它可补偿随着负荷的增加而引起的电压降,一般可使电网内允许的电压降增加 5%～10%。通过改变励磁电流,可使发电机端电压在电网额定电压的 5%～10% 范围内变化。发电机允许在高于其额定电压 5%～10% 的条件下运行,所以不必担心会损坏发电机。这种逆调压方法对于孤立运行的小型发电机比较经济合算。

(2)合理选择变压器分接头。在小水电系统中由于径流电站多,调性性能差,大多是季节性电能,加上小水电本身调度管理工作比较薄弱,造成丰水期有的电站多发有功、少发无功,加上季节性电能用户的投入,负荷很大,致使电网电压降低。为了提高用户受电电压,必须加大电站升压变压器的变化,缩小用电变压器的变比,以满足用电设备对电压偏移的要求。到了枯水期,情况正好相反,有功输出功率不足,一部分电站作调相运行,如不及时调整升压变压器的分接头,将会抬高电网电压,甚至出现末端电压高于首端电压的现象。

(3)采用串联补偿电容器。由于小水电网络最大负荷时的功率因数较低,一般在 0.7 左右,因此利用串联电容补偿,对提高功率因数、降低线损效果显著。

(4)利用小水电的调相运行来增加无功补偿容量。可通过改变发电机励磁电流来使发电机过励,处于低功率因数下运行,发电机发出感性无功来弥补电网的无功缺额。这种调节方法比较灵活,优于静电电容器的补偿作用,尤其对地处负荷中心的电站进行调相运行作用更大,可有效地降低线损,提高电网的电压水平。详见本节五项。

第三节 小水电欠发无功功率节电改造与实例

一、小水电超压运行和欠发无功的原因及节电改造与实例

小水电站的升压变压器多数采用 10kV 级变压器定型产品，电压调节范围只有 $10kV\times(1\pm5\%)$，即 9.5kV、10kV 和 10.5kV 三档。采用这种变压器的小水电站，其供电质量有以下两种情况：

(1)若并网电站 10kV 输电线路较短，导线截面积足够大，选用上述普通电力变压器是可行的。

(2)若并网电站 10kV 输电线路较远，处于供电区末端的电站的 10kV 输电线路上的负荷一般不多，区域变电所为了确保供电末端的电压水平，往往在 10kV 侧以 10.5kV 挡投入运行，因而并网电站升压变压器端电压常常需高于 10.5kV 运行，即运行电压 $U=10.5+\Delta U$。其中，ΔU 为 10kV 线路上的电压降。ΔU 的大小由线路长度、导线截面积、负荷大小等因素决定，有时 ΔU 可达 1kV(10kV 农网线路允许电压降可按 10% 考虑)。此时，并网电站的升压变压器的端电压将升至 11.5kV。由于普通电力变压器分接头最高挡为 10.5kV 这时低压侧电压为 $400\times11.5/10.5\approx438(V)$。这样，发电机的运行电压接近极限允许电压(440V)。

实际上，许多小电站为了节省投资，基建时 10kV 输电线路选择的导线截面积一般较小，其电压降往往超过 10% 很多，有的高达 20%，所以发电机端电压常常超地 440V，如 460V，甚至 480V。

这样一来，由于机端电压 U 过高，发电机的铁损很大，致使无功功率发不足，造成无功罚款。同时会造成发电机地热，缩短发电机的使用寿命。

为解决无功罚款问题，有的电站采用电容补偿的方法来提高功率因数。这样虽弥补了无功罚款，但加装补偿电容后会使电网

电压升高,更不利于发电机运行。同时电容补偿需较大投资,平时还要维护,得不偿失。

最好的解决办法是,在设计电站输电线路时,选择合适的导线截面积,不要为节省初建投资而采用过细的导线,以免为今后电站的经济运行埋下隐患。如果线路过长,负荷又轻,应采用特殊电压级的升压变压器。

对于已采用普通电力变压器的电站,可设法增加升压变压器高压侧线组的匝数,使其与实际需要的电压基本一致。

对于正在筹建的末端电站,可向生产企业定制特殊电压级的升压变压器,电压调节范围为 $11kV \times (1 \pm 5\%)$,即高压侧有 11.55kV、11kV 和 10.45kV 三挡。

比如电网电压为 12.5kV,使用 11.55kV 挡,则低压侧电压为 $400 \times 12.5/11.55 \approx 433(V)$,即发电机电压可调至 433V,该电压在规程允许范围内。

【实例】　某小水电站有一台 800kW 低压发电机组。该电站处于电网末端。升压变压器为一台 1000kV·A、10/0.4kV 变压器,变压器分接头为 9.5、10 和 10.5kV 三挡,常处于 10.5kV 挡位。发电机采用 JZLF-11F 型单相半控桥式晶闸管励磁。在用电低谷季节,变压器低压侧电压为 450V,在用电高峰季节,为 400V。当低压侧电压在 450V 时,发电机并网运行后,如果将功率因数调至 0.8,则机端电压会升高至 458V,这严重威胁到发电机的安全。如果要使机端电压调到 450V(已超过发电机极限允许电压 440V),则功率因数仅为 0.6,使无功功率发不足。欠发无功罚款平均每月 1.2 万元。而且为了保护发电机正常运用,需用二台鼓风机对发电机进行驱热降温,否则发电机将过热无法运行。用户寻求解决办法。

解　这种情况在偏远的山区或农村末端小水电站经常可以遇到。该电站的发电机励磁装置性能良好,在发电机空载时机端电压可在 320~480V 之间调节。一种比较好的解决办法是改造升压变压器,即增加高压绕组匝数,提高调压分接头电压。

按国家规定:发电机端电压 U 为 $U_e \times (1 \pm 5\%)$,即 $360 \sim$ $420V$,而功率因数 $\cos\varphi$ 为额定值 0.8 时,发电机可带额定负荷长期运行。当 U 超过 $1.1U_e$,即 $440V$ 时,铁心温升显著增加,出现局部过热。若电压再高,则会危及发电机。

(1)绕组增加匝数的确定。查该升压变压器产品资料,其高压侧采用 ZB-0.45 $224 \times 10mm$ 丝包导线,改造前绕组如图 4-5(a)所示。改造后取消 9.5kV 和 10kV 两个分接头(接头包好绝缘,不引出),增加 11kV 和 11.5kV 两个分接头(出线可分别接在原 9.5kV 和 10kV 挡位,并重新标注为 11kV 和 11.5kV)。这样该变压器就有了 10kV、10.5kV 和 11.5kV 三个调压挡位,如图 4-5(b)所示。

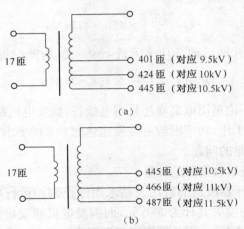

图 4-5　变压器绕组改造前后的情况(一相)

(a)改造前　(b)改造后

所增加绕组匝数的计算:

11kV 挡:$\dfrac{10.5}{445} = \dfrac{11}{x}$　$x = 466$(匝),即增加 21 匝

11.5kV 挡：$\dfrac{1}{466}=\dfrac{11.5}{x}$　$x=487$（匝），即再增加 21 匝

即在原有高压绕组外层用 ZB-0.45，2.24×10mm 的丝包导绕再绕制 42 匝。

变压器改造可在枯水期进行，以减少停发电的损失。

（2）检验改造后电站运行情况。将变压器调压开关置于 11.5kV。

①在用电高峰季节：

变压器低压侧电压为

$$U=\frac{10.5}{11.5}\times400=365(\text{V})$$

②在用电低谷季节：

变压器低压侧电压为

$$U=\frac{10.5}{11.5}\times450=411(\text{V})$$

发电机并网后调节功率因数 $\cos\varphi=0.8$，此时即使机端电压有所上升，也不会超过 $U=\dfrac{10.5}{11.5}\times458=418(\text{V})$

因此，不论是用电高峰还是用电低谷，该发电机都在长期允许运行电压下工作，功率因数可方便地达到 0.8 的要求，不会出现无功功率发不足的问题。

（3）投资回收期限的计算。

对原变压器改造的费用及枯水期停止调相运行（见第二节五项）所造成的损失共计为 3 万元，而因发电机能发足无功，每月可减少罚款 1.2 万元，因此投资因收期限为

$$T=\frac{3}{1.2}=2.5(\text{个月})$$

二、老式励磁发电机因欠发无功功率而采用手动调节励磁的节电改造实例

对于老式小型相复励、电抗分流式无刷励磁发电机因使用年

久,许多元器件失效,调整困难,往往会造成功率因数无法调整到滞后 0.8,无功发不足,导致电站被罚款,影响经济效益。

对于励磁电流较小的小型发电机,可采取改造成手动励磁调节的方式。这种改造方式投资小,见效快,可自己动手制作。

【**实例**】　有一台 800kW 无刷励磁发电机,额定励磁电压 U_{1e} 为 62.5V,额定励磁电流 I_{1e} 为 8.9A,试设计手动励磁调节器。

解　确定采用单相桥式整流电路,如图 4-6 所示。

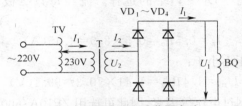

图 4-6　手动励磁调节器电路

图中,BQ 为发电机励磁绕组。由于采用二极管整流,不同于晶闸管整流,因而不存在续流问题,不需要续流二极管。

(1)计算。

①变压器 T 的选择。并网运行的小机组不必考虑强励,变压器二次侧电压和电流为

$$U_2 = 1.11 U_{1e} + ne = 1.11 \times 62.5 + 2 \times 0.5 \approx 70.3 \, (\text{V})$$

式中　n——每半波流过二极管的管数;

　　　e——二极管的电压降(V)。

$$I_2 = 1.11 I_{1e} = 1.11 \times 8.9 \approx 9.88 \, (\text{A})$$

变压器的容量应不小于:

$$S = U_2 I_2 = 70.3 \times 9.88 \approx 695 \, (\text{V} \cdot \text{A})$$

考虑一定的裕量及变压器长期工作的散热情况,可选用容量为 1000V·A、电压为 230/75V 的单相控制变压器。

②调压器 TV 的选择。流过调压器 TV 的最大电流即为变压器 T 的一次侧最大电流,即:

$$I_{\mathrm{lm}}=1.11kI_{\mathrm{le}}=1.11\times\frac{75}{230}\times8.9\approx3.22(\mathrm{A})$$

式中　k 为变压器 T 的变化。

调压器最大容量应不小于：

$$S=UI=230\times3.22\approx741(\mathrm{V\cdot A})$$

可选用容量为 1000VA、电压为 230/（0～250）V 的单相调压器。

③二极管 $VD_1\sim VD_4$ 的选择。流经每只二极管的最大电流为

$$I_{\mathrm{a}}=0.5I_{\mathrm{le}}=0.5\times8.9=4.45(\mathrm{A})$$

器件耐压不小于：

$$U_{\mathrm{m}}=1.41U_{\mathrm{z}}=1.41\times70.3=99.1(\mathrm{V})$$

考虑电网过电压等因素，因此可选用 ZP10A/600V 二极管。

（2）调试。

暂用 110V、40W 以上的白炽灯代替励磁绕组 BQ 进行调试。用万用表监测灯泡两端的直流电压。将调压器 TV 调到零位，接通电源，慢慢旋动手轮，灯泡由熄灭慢慢变亮，电压由 0V 升至 75V 以上。正常后，再接到发电机励磁绕组上进行现场调试。将励磁调节器的正、负输出端分别接到励磁绕组的正、负极，将调压器 TV 调到零位，将变压器 T 的初级接到 220V 系统电源上（最好经一开关）；开启导水叶，把水轮发电机组开到额定转速，然后缓慢地旋动调压器手轮，励磁电流和励磁电压也慢慢上升，发电机机端输出电压也随之升高（此 500V 交流电压表一般装在并网控制柜上），一直调到机端电压能达到 480V。接着马上将机端电压调到与电网电压相同，同时调节发电机转速，使其频率达到 50Hz。然后通过并网控制柜，以手动或自动并网法将机组并入电网。接着一边开大导水叶增加有功输出，一边调大励磁电流增加无功输出，直到发电机满负荷运行。这时励磁电流为 8.9A，励磁电压为 62.5V，功率因数为 0.8。然后再调节调压器 TV，若能使功率因

数能调至滞后 0.6 以下,说明励磁调节器设计合理。接着马上将功率因数调回到 0.8。使发电机满负荷运行数小时,注意观察调节器有无发热等异常情况。如果发热严重,则说明容量欠小。如果情况正常,即可投入长期运行。

三、老式励磁发电机因欠发无功功率而采用晶闸管自动励磁的节电改造实例

相复励和电抗分流发电机都是早期生产的发电机。这类发电机的励磁调节功能比较差,设备也笨重而复杂,附着电抗器、电容器、整流二极管、大功率变阻器等。由于多年应用,许多附属设备都已老化、生锈,电抗器的空气间隙也很难调节,变阻器也接触不良或损坏,因而故障很多,造成励磁电流调节困难,达不到额定励磁电流值,功率因数达不到滞后 0.8 的要求,有的甚至不能调节,使无功功率发得少,有功功率发不足,电站的经济效益受到严重影响。

有的电站为了避免电力部门对少发无功的罚款,只得在升压变压器高压侧加装一组无功补偿电容器。这样一来,不但增加了投资和维护的工作量,还可能使原来已偏高的电网电压再次升高,从而威胁发电机的运行。有的电站采用数台排风扇对着发电机、电抗器吹风以降温,否则发电机将过热而无法运行。有的电站改用笨重的三相调压器手动调节励磁。但由于许多小电站,尤其是末端电站,线路长且导线较细,电网电压波动大而频繁,值班人员需频繁调节励磁,工作量很大,且效果不理想。

为此,许多采用相复励或电抗分流的发电机励磁的电站,纷纷要求对励磁系统进行改造。作者改造过数十台这样的发电机,改造方法十分简单。

常见的老式励磁线路如图 4-7 所示。

新更换的自动励磁屏可采用 JZLF-11F 型或 JZLF-31 型晶闸管励磁装置。

JZLF-11 型晶闸管励磁装置线路如图 4-2 所示。

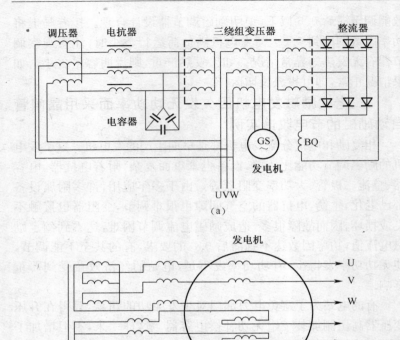

图 4-7　老式励磁电路

(a)相复励的线路　(b)电抗分流的线路

改造方法:首先拆除发电机所附有的电抗器、电容器、整流二极管、大功率变阻器等,然后拆下发电机接线端子上除三相定子三根出线外的所有接线,如图 4-8(a)所示。如果原升压变压器高压侧装有无功补偿电容器,也将它拆除。

然后用铜母排将三相定子绕组末端短接,并引出中性线 N 至发电机控制柜接地母排上。另外,重新放入励磁回路的两根线并引至新更换的自动励磁屏,线径根据额定励磁电流选择。改造后的接线如图 4-8(b)所示。

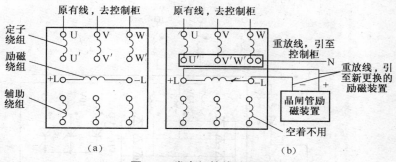

图 4-8　发电机接线端子图

(a)改造前(拆除接线后)　(b)改造后

经改造的发电机运行十分理想,功率因数可以任意调节,有功功率和无功功率都能发足,电站不会再因无功发不足而被罚款。有的发电机未改造前,当励磁电流达 80％额定值以上,就发生振荡,无法调高励磁电流。改造后,这种现象没有了(可通过调节自动励磁装置的消振元件消除振荡),发电机能满载运行。

另外,发电机过热现象消除了,大大改善了发电机的运行条件,值班人员的劳动强度大大减轻。

相复励或电抗分流发电机励磁经改造后,经济效益显著,一般 3～4 个月就能收回投资成本。

四、采用 CJ-12 型励磁调节器改造老式励磁系统的实例

发电机老式励磁系统由于使用年久,设备陈旧,性能差,故障多,往往不能使功率因数达到滞后 0.8 的要求,电站因欠发无功而罚款,因此迫切需要改造。采用 CJ-12 型励磁调节器改造老式励磁系统是一种简单、经济而有效的方法。

1. CJ-12 型励磁调节器简介

CJ-12 型励磁调节器是一种适用于容量为 250kW 以下小型

发电机的自动励磁装置,其线路如图 4-9 所示。

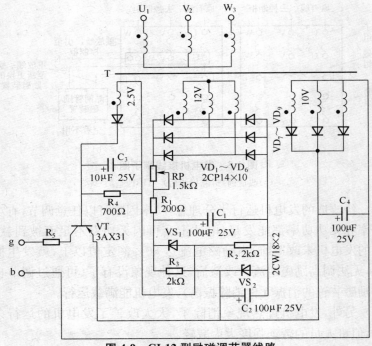

图 4-9　CJ-12 型励磁调节器线路

变压器 T 初级的 U、V、W 端子分接在发电机输出端的 U、V、W 三相;调节器的输出端 g、b 接在励磁回路的晶闸管的控制极和阴极上。当发电机的输出电压下降时,变压器次级电压经三相桥式整流(VD$_1$～VD$_6$)、电容 C$_1$ 滤波后的直流电压也正比例地减小,由稳压管 VS$_1$、VS$_2$ 和电阻 R$_2$、R$_3$ 组成的测量桥的输出电压 |U$_{MN}$| 增大,晶体管 VT 的基极偏压增大(更负),其内阻变小,使 g、b 端的输出电压 U$_{gb}$ 也增大,从而使接在励磁回路中的晶闸管的导通角前移,励磁电流增大,发电机输出电压又恢复到正常值。反之,当发电机的输出电压升高时,U$_{gb}$ 减小,晶闸管的导通角后移,励磁电流减小,发电机的输出电压下降,又恢复到正常电压值。

　　在正常电压下,晶体管 VT 处于设定的基极偏压下,故晶闸管具有一定的导通角,给励磁绕组正常励磁,维持发电机正常输出电压。调节电位器 RP,能改变测量桥的输入电压,因而能改变发电机的输出电压。

　　这种触发器的移相范围较大,能触发 200A 的晶闸管。

2. 改造方法与实例

　　(1)改造方法之一。

　　如果老式发电机的励磁机是良好的,可采用如图 4-10 所示的线路。它适用于 40~100kW 的小型发电机,励磁电压为 30V。

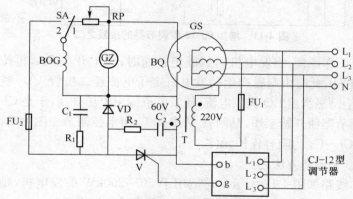

图 4-10　增加 CJ-12 型调节器的接线之一

　　工作原理:当发电机转速达到额定值时,将转换开关 SA 打到"1"位置,晶闸管 V 不工作,直流励磁发电机 GZ 在剩磁作用下很快建压,并向同步发电机 GS 的励磁绕组 BQ 提供励磁电流,GS端电压也很快建立。这时将 SA 迅速打到"2"位置,晶闸管 V 的回路被接通,励磁电源由变压器 T 供给,通过 CJ-12 型调节器,自动使发电机的输出电压稳定。图中 R_1、C_1 和 R_2、C_2 分别为 VD 和V 的阻容保护元件。

　　(2)改造方法之二。

　　线路如图 4-11 所示。它适用于 20~40kW 的发电机,励磁电压为 40～80V。该电路采用二相零式自励恒压方式。

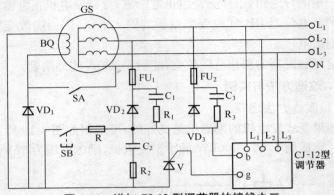

图 4-11　增加 CJ-12 型调节器的接线之二

工作原理:当发电机达到额定转速时,合上开关 SA,再按下按钮 SB,此时由剩磁产生的发电机定子电流经二极管 VD_2 整流后,给励磁绕组 BQ 提供电流,使发电机输出电压升高,于是 CJ-12型调节器便开始工作,晶闸管 V 参加 U 相半控调节。图中 R_1～R_3、C_1～C_3 为阻容保护元件。

(3)改造方法之三。

线路如图 4-12 所示。它适用于 50～200kW 的发电机,励磁电压为 80～120V。该电路采用二相式自动恒压方式。

工作原理:当发电机达到额定转速时,合上开关 SA,按下按钮 SB,励磁绕组 BQ 由 W 相电源经电阻 R_1、二极管 VD_2 至 V 相电源而得到励磁电流。待发电机输出电压升高时松开 SB,于是 CJ-12 型调节器开始工作,晶闸管 V(及二极管 VD_3)参与 U、W 相半控调节。

(4)发电机励磁绕组参数的估算。

为满足上述的推荐电压要求,必须对原有发电机励磁绕组的参数进行估算,其内容包括发电机空载励磁电压 U'_{l0} 和励磁电流 I'_{l0}、额定励磁电压 U'_{le} 和励磁电流 I'_{le}、励磁绕组的匝数 ω'、导线截

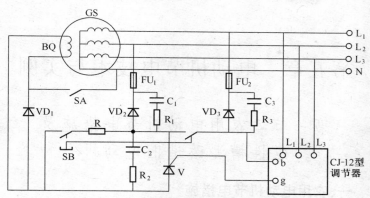

图 4-12　增加 CJ-12 型调节器的接线之三

面积 S' 和线径 d'。

　　要保证发电机能起动较大功率的电动机而使其电压保持恒定，必须使改绕后的 $U_{lm}/2 \geqslant U_{le}$。式中 U_{lm} 为发电机最大励磁电压，U_{le} 为计算额定电压（可按上述推荐电压选择）。若原绕组的额定励磁电压 $U'_{le} \leqslant U_{lm}/2$，就不必改绕；若 $U'_{le} > U_{le}/2$，则按 $U_{le} = U_{lm}/2$ 进行改绕。具体估算方法如下：

　　励磁绕组匝数　　　　　$\omega = \omega' U_{le}/U'_{le}$

　　励磁绕组导线截面积　$S = S' U'_{le}/U_{le}$

　　励磁绕组导线直径　　$d = d' \sqrt{U'_{le}/U_{le}}$

然后核算绕组在原绕组位置内是否放得下。

　　改绕后的要求：空载和额定磁动势间的关系保持不变，即：

$$\frac{I'_{lo}}{I'_{le}} = \frac{I_{lo}}{I_{le}}$$

由此可得：

$$\frac{U'_{lo}}{U'_{le}} = \frac{U_{lo}}{U_{le}}$$

第五章 电动机节电技术与实例

第一节 农用电动机节电措施及磁性槽泥改造旧电动机

一、农用电动机节电措施

农用电动机的节电措施有：

(1)合理选择电动机容量,避免"大马拉小车"现象。

空载运行的异步电动机,其功率因数只有 0.2 ~ 0.3,吸取的无功功率约为满载时的 60% ~ 70%,所以应合理选择电动机容量(功率),避免电动机长期轻载运行。

通常,电动机的额定功率是按最大负荷选定的,但实际上许多电动机的输出功率是周期性变化的。对于负荷率低于 50% 的电动机,应按经济运行原则(即电动机总损耗最小)来选择电动机的功率。所选电动机功率必须能带动可能出现的最大负荷,电动机的机械特性应和负载特性合理匹配,这样才能满足安全运行,并有良好的节能效果。对长期轻载运行的,要考虑更换容量较小的电动机。

(2)尽可能让电动机运行在经济运行区。

电动机的经济运行区,一般为负荷率 β 在 70% ~ 100% 范围内。在这一负荷率范围内运行,电动机的综合运行效率最高,也最节电。$\beta < 40\%$ 时,效率会大大下降($\eta < 60\%$),功率因数小于 0.5。

(3)电动机轻、重载采用 Y-△ 自动切换。

电动机在间歇、轻负载(如负荷小于额定功率的 40%)运行时,为了提高功率因数和降低损耗,可以将其定子绕组接线由△形改为 Y 形运行。此时绕组上的电压降至额定电压的 $1/\sqrt{3}$。这样做虽然电动机的功率仅为额定功率的 1/3,但轻载时电动机能带得动。而这时电动机的负荷率提高了,铁损降低了 2/3,其功率因数和定子电流都明显改善,节电效果显著。

(4)选用低损耗电动机。

过去广泛使用的 JO₂、JO₃ 系列电动机属淘汰产品。农用电动机宜选用 Y 系列电动机,因为在同容量情况下,Y 系列与 JO₂ 系列比较,效率约提高 0.40%,体积约减小 15%,重量约减轻 12%,转矩倍数约提高 30%;且 Y 系列电动机采用 B 级绝缘,温升裕度增大 10℃;它采用专用密封轴承,防护性能好,寿命长。

(5)采用高效传动方式。

采用高效传动方式,能提高电动机与被拖动机械的连接效率。

采用皮带连接时,三角皮带要比平皮带的效率高。各种连接方式及传动效率见表 5-1。

表 5-1　各种连接方式及传动效率

连接方式	传动效率	连接方式	传动效率
直接传动	100%	皮　带	90%～98%
联轴器	98%～99%	蜗　轮	85%～90%
齿　轮	94%～99%	电磁离合器(高速时)	80%～85%
链传动	95%～98%		

(6)努力维持电动机端电压在允许范围内(+10%～-5%)波动。

电动机端电压在+10%～-5%范围内运行,其输出功率可维持不变。如果端电压偏离额定值过大,对电动机运行不利,能耗增大。例如,当电压降低 10%时,起动转矩将降低 19%,满负荷电流增加 11%,满负荷效率下降 2%,电动机温度上升 6℃～7℃。不过负荷率在 75%时,效率几乎没有变化。电压降低,将造成电动机起动转矩和最大转矩减小,负荷电流增大,线路损耗增大,电动机温升增高。

(7)均衡供电线路的三相负荷,使三相电压保持平衡。

电压不对称会使电动机损耗增加。电压不对称的程度用不平衡度来表示,即:

$$电压不平衡度 \approx \frac{最大电压-平均电压}{平均电压} \times 100\%$$

三相电流不平衡度为电压不平衡度的 4～7 倍。如电压不平衡度为 3.5%,电流不平衡度为 20%～35%。据统计,3.5%的电压不平衡度会使电动机损耗增加约 20%。

(8)采用补偿电容改善异步电动机的功率因数。

异步电动机是感性负荷,一般情况下容量越小,负荷越轻,功率因数越低。另外,即使容量相同,极数越多,功率因数也越低。农村电动机的平均功率因数一般为 0.5～0.7。为了改善电动机的功率因数,可用移相电容器进行补偿。

电动机就地无功补偿的适用范围如下:

①一般当电动机的额定功率大于或等于 7.5kW 时,就有必要采用就地无功补偿。

②经常在空载或轻载下运行的电动机。

③远离电源间歇运行和连接运行的电动机。

④由于线路长、电压降大而造成起动困难的电动机。

(9)交流电动机调速节电。

交流电动机采用调速技术节能,可使电动机效率提高 5%～10%,特别是变负荷工况下的风机、水泵节能尤为显著,一般可节电 20%～30%。

(10)改善环境条件,加强通风,降低电动机运行温度。

电动机绕组的电阻是随温度升高而增大的,电动机运行温度越高,其有功功率损耗也越大。

(11)采用磁性槽泥改造旧电动机,降低电动机温升,提高效率。

二、采用磁性槽泥改造旧电动机的节电措施

磁性槽泥又称磁性胶,是一种用于旧电机(如 JO_2、JO_3 等)改造的新型节能材料。它具有良好的可塑性,将它抹压在电动机槽口上,固化后即成为电动机的磁性槽楔。一般使用该材料后能提高电动机效率 1.5% ~ 2.5%,温升平均可下降 6℃ ~ 10℃,而且能减小电动机的噪声和震动。投资 1 元多钱,可获得节电 0.6% ~ 1% 的收益。1kg 磁性槽泥可改造 50kW 容量电动机。磁性槽泥在上海长青电热设备厂有售。CC-3 型和 CC-4 型磁性槽泥节电效果显著,其中 CC-4 型为耐高温磁性槽泥。

采用磁性槽泥改造旧电动机时需注意以下事项:

(1)一定要按工艺规程要求施工。施工时切忌损伤绝缘,槽泥不允许落入绕组中。为此,可在电动机定子绕组两端部贴上粘胶纸加以保护。对于原对接的槽楔,接缝处应用绝缘物堵死,否则抹压槽泥后槽泥会通过缝隙渗入到绕组中,造成绝缘破坏而短路。槽泥抹压应平整、结实。

(2)正确调配和使用磁性槽泥。磁性槽泥的主要成分是树脂和高导磁铁粉。槽泥在与固化剂调和时,一般不允许添加溶剂,即使调和困难,也只能略微加一点儿,否则会严重影响黏结强度。抹压槽泥后,必须用干净抹布蘸少许无水乙醇,轻轻地将散落在定子内的槽泥揩掉,切不可用饱蘸溶剂的抹布来揩拭。

对槽泥有以下要求:槽泥应在 25℃ 条件下静待 8h 完成固化;槽泥的体积电阻系数应在规定范围内,否则会产生涡流,使电动机温升增大,甚至烧坏电动机。另外,还要求槽泥具有较好的热稳定性,在 180℃ 条件下槽泥能保证不断裂、不变形。

(3)利用磁性槽泥改造旧电动机、节能效果的大小还与电动机本身的参数(槽数、槽口大小、气隙等)有关。一般来说,同系列电动机中 4、6 极节电效果较好,2 极较差;铁心长、槽数多的电动机节电效果较好,反之则较差。磁性槽泥的相对磁导率越高,则节电

效果越好。

（4）对于 JO_3 系列铝线电动机，不能套用常规工艺方案施工，否则节电效果极差。正确的方法是，增加抹压槽泥的厚度（大于2mm）。这样做虽对起动转矩有所影响，但影响很小，只下降约6%。

（5）用磁性槽泥改造耗能电动机时，电动机的起动性能和过载性能会降低，不能满足对电动机要求很严格的场合。为此可采用增加电动机的气隙长度（把转子铁心直径适当车小 $0.04\sim0.16mm$）和在热态200℃时涂漆的方法加以补偿，确保电动机的起动性能基本稳定，效率进一步提高。

一般 JO_2、JO_3 电动机的功率不大于 30kW 时，转子铁心直径车削量为 0.04mm，$40\sim55kW$ 时为 0.06mm，75kW 时为 0.11mm，165kW 时为 0.16mm。

经车削的转子铁心受高温作用后，电动机空载损耗较大，这时可在热态200℃时，用1052硅有机清漆涂刷在铁心外圆表面和裂开的缝隙中，并保温半小时，则电动机的性能改善显著。

第二节　电动机的使用条件及工作特性

一、异步电动机工作条件的规定和要求

三相异步电动机工作条件的规定和要求如下：

（1）为了保证电动机的额定出力，电动机出线端电压不得高于额定电压的10%，不得低于额定电压的5%。

（2）当电动机出线端电压低于额定电压的5%时，为了保证额定出力，定子电流允许比额定电流增大5%。

（3）当电动机在额定出力下运行时，相间电压的不平衡率不得超过5%。

（4）当环境温度不同时，Y系列电动机额定电流的允许增减见表 5-2 和表 5-3。

表 5-2　当环境温度超过 40℃ 时电动机额定电流应降百分率

周围环境温度(℃)	额定电流降低(%)
40	0
45	5
50	10

表 5-3　当环境温度低于 40℃ 时电动机额定电流应增百分率

周围环境温度(℃)	额定电流增加(%)
35	5
35 以下	10

电动机的额定电流一般是在环境温度为 40℃ 的条件下确定出的。当环境温度高于 40℃ 时,电动机的散热性能就会显著下降,这时应使电动机在低于额定电流的条件下使用。环境温度每超过 1℃,电动机额定电流降低 1%。

当周围环境温度 t 低于 40℃ 时,电动机的额定电流允许增加 $(40-t)$%,但最多不应超过 8%～10%;

(5)正常使用负荷率低于 40% 的电动机应予以调整或更换。空载率大于 50% 的中小型电动机应加限制空载装置(所谓电动机的空载率,是指电动机空载运行的时间 t_0 与电动机带负荷运行的时间 t 之比,即 $\beta_0 = t_0/t \times 100$%)。

(6)电动机轴承新加润滑脂的容量不宜超过轴承内容积的 70%。

(7)电动机的绝缘电阻(75℃时)不得小于 0.5MΩ(低压电机)和 1MΩ/kV(高压电机)

(8)异步电动机的最高允许温度和温升,应根据电动机的绝缘等级和类型而定,电动机各部分最高允许温度和允许温升,见表 5-4。

JO_2 系列电动机为 A 级绝缘,Y 系列电动机为 B 级绝缘。当电动机周围环境温度超过规定温度时,出力要降低。电动机运行温度直接取决于环境温度,降低环境温度可以节电。

表 5-4　三相异步电动机的最高允许温度（周围环境温度为 +40℃）

电动机的部分		A级绝缘				E级绝缘				B级绝缘				F级绝缘				H级绝缘			
		最高允许温度(℃)		最大允许温升(℃)		最高允许温度(℃)		最大允许温升(℃)		最高允许温度(℃)		最大允许温升(℃)		最高允许温度(℃)		最大允许温升(℃)		最高允许温度(℃)		最大允许温升(℃)	
		温度计法	电阻法	温度计法	电阻法	温度计法	电阻法	温度计法	电阻法	温度计法	电阻法	温度计法	电阻法	温度计法	电阻法	温度计法	电阻法	温度计法	电阻法	温度计法	电阻法
定子绕组		95	100	55	60	105	115	65	75	110	120	70	80	125	140	85	100	145	165	105	125
转子绕组	绕线型	95	100	55	60	105	115	65	75	110	120	70	80	125	140	85	100	145	165	105	125
	鼠笼型	—	—	—	—	—	—	—	—	—	—	—	—	—	—	—	—	—	—	—	—
定子铁心		100	—	60	—	115	—	75	—	120	—	80	—	140	—	100	—	165	—	125	—
滑环		100	—	60	—	110	—	70	—	120	—	80	—	130	—	90	—	140	—	100	—
滑动轴承		80	—	40	—	80	—	40	—	80	—	40	—	80	—	40	—	80	—	40	—
滚动轴承		95	—	55	—	95	—	55	—	95	—	55	—	95	—	55	—	95	—	55	—

二、异步电动机的工作特性和负荷转矩

1. 异步电动机的工作特性

异步电动机的工作特性一般是指电动机在额定电压和额定频率下运行时,转子转 n、电磁转矩 M、功率因数 $\cos\varphi$、效率 η 和定子电流 I_1 等随输出功率 P_2 变化的关系。图5-1 是以标么值表示的普通异步电动机典型的工作特性曲线。

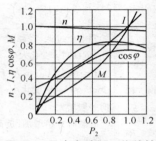

图 5-1　异步电动机工作特性

由图可见:

（1）异步电动机的转速基本上与负荷大小无关,在不超出满载范围内运行时,转速基本不变。

（2）轻负荷时,功率因数和效率很低,而当负荷增大到大于50％以上额定值时,功率因数和效率变化很少。

（3）电磁转矩 M 和定子电流 I_1 随负荷增大而增大。

2. 电源电压或频率变化对电动机工作性能的影响

当电动机的负荷转矩不变,而电源电压或频率低于额定值时,电动机的工作性能将发生变化,其变化情况见表 5-5。

表 5-5　工作性能的变化

性　能	频率额定,电压低于额定值	电压额定,频率低于额定值
转　矩	M_{max} 减小$(\propto U_1^2)$ M_q 减小$(\propto U_1^2)$	M_{max} 增大$\left(\propto\dfrac{1}{f^2}\right)$ M_q 也增大
功率因数	因 Φ_1 减小$(\propto U_1)$,故励磁电流 I_m 减小,$\cos\varphi$ 增大	因 $U_1 \approx E_1 \propto f\Phi_1 =$ 常值,即 Φ_1 增大$\left(\propto\dfrac{1}{f}\right)$,故 I_m 增大,$\cos\varphi$ 降低
电　流	因 $M \propto \Phi_1 I_2 \propto U_1 I_2 =$ 常值,故 I_2 增大$\left(\propto\dfrac{1}{U_1}\right)$;负荷较大时 I_1 一般增大	因 $M \propto \Phi_1 I_2 \propto \dfrac{I_2}{f} =$ 常值,故 I_2 减小$(\propto f)$;而 I_1 增大,故 I_1 视具体情况而定

续表 5-5

性　能	频率额定,电压低于额定值	电压额定,频率低于额定值
转差率	s 增大 $\left(\propto I_2^2 \propto \dfrac{1}{U_1^2}\right)$	s 降低 $\left(\propto \dfrac{I_2^2}{f} \propto f\right)$
转　速	当电压过低,轻载时 n 变化较小,重载时 n 变化大	n 降低 $(\propto f)$
损　耗	P_{Fe1} 减小;P_{cu2} 增大;P_f 近似不变;P_{cu1} 轻载时变化小;负荷较大时一般增大	P_{Fe1} 增大;P_{Cu2} 减小;P_f 减小;P_{Cu1} 视具体情况而定
效　率	轻载时 η 稍增加;负荷较大时 η 降低	因输出功率降低,故 η 一般略降低
温　升	τ 增加	τ 略增加

3. 负荷转矩

负荷转矩特性一般有恒功率、恒转矩、平方转矩、递减功率、负转矩等五种。对于各种负荷转矩,电动机的轴上输出功率与转速的关系,见表 5-6。尤其对于平方转矩特性的机械负荷(如通风机及泵类),电动机轴上输出功率与转速之比有如下关系:

表 5-6　负荷特性及电动机输出功率与转速的关系

负荷特性	负荷转矩、动机输出功率与转速的关系		负荷实例	转矩-转速特性
	转矩	功率		
恒功率	成反比 $M \propto \dfrac{1}{n}$	功率恒定 $P_2 = \dfrac{Mn}{9555} = C$	卷取机、轧机、机床主轴	
恒转矩	转矩恒定 $M = C$	$P_2 \propto n$	卷扬机、吊车、辊式运输机、印刷机、造纸机、压缩机、挤压机	

续表 5-6

负荷特性	负荷转矩、动机输出功率与转速的关系		负荷实例	转矩-转速特性
	转矩	功率		
平方转矩	成平方正比 $M \propto n^2$	成三次方正比 $P_2 \propto n^3$	流体负荷,如风机、泵类	
递减功率	M 随 n 的减少而增加	P_2 随 n 的减少而减少	各种机床的主轴电动机	
负转矩	负荷反向旋转的恒转矩为负转矩		吊车、卷扬机的重物 G 下吊	

转速为额定值的 80% 时,轴上输出功率为额定值的 51.2%。

转速为额定值的 50% 时,轴上输出功率为额定值的 12.5%。

负荷转矩可按下式计算:

$$M_f = \frac{9555 P_2}{n}$$

式中　M_f ——负荷转矩(N·m);

　　　P_2 ——电动机输出功率(即轴上输出功率)(kW);

　　　n ——电动机转速(r/min)。

第三节 异步电动机基本参数及计算

一、转差率和空载电流

1. 转差率

$$s = \frac{n_1 - n}{n_1}; \quad n_1 = \frac{60f}{p}$$

式中　s——转差率；

　　　n_1——同步转速（r/min）；

　　　n——转子转速（r/min）；

　　　f——电源频率（Hz）；

　　　p——电动机极对数。

异步电动机转速与磁极的关系，见表5-7。

表 5-7　异步电动机转速与磁极的关系

极对数 p	1	2	3	4
同步转速 n_1(r/min)	3000	1500	1000	750
转子转速 n(r/min)	2900 左右	1450 左右	960 左右	730 左右

2. 额定转差率

$$s_e = \frac{n_1 - n_e}{n_1}$$

式中　n_e——电动机额定转速（r/min）。

3. 临界转差率

$$s_{1j} = s_e(\lambda + \sqrt{\lambda^2 - 1}) \approx 2s_e\lambda$$

式中　λ——电动机过载系数，$\lambda = M_m/M_e$。异步电动机的过载系数一般在 1.8～2.5 之间，Y 系列电动机为 1.7～2.2；J_2 和 JO_2 系列为 1.8～2.2；JO_3 系列为 2.0～2.2；对于特殊用途的电动机，如起重、冶金用异步电动机（如 JZR 型），可达 3.3～3.4 或更大。

M_m——电动机最大转矩($N \cdot m$)。

M_e——电动机额定转矩($N \cdot m$)。

4. 空载电流

电动机空载电流,即额定电压和额定频率下的空载电流,可以测量,也可以按下列公式计算:

$$I_0 = I_e \cos\varphi_e (2.26 - \xi\cos\varphi_e)$$

式中　I_0——电动机空载电流(A);

　　　I_e——电动机额定电流(A);

　　$\cos\varphi_e$——电动机额定功率因数;

　　　ξ——校正系数,当 $\cos\varphi_e \leqslant 0.85$ 时,$\xi = 2.1$;当 $\cos\varphi_e > 0.85$ 时,$\xi = 2.15$。

或者　　$I_0 = I_e \left(\sin\varphi_e - \dfrac{\cos\varphi_e}{\lambda + \sqrt{\lambda^2 + 1}} \right) \approx I_e \left(\sin\varphi_e - \dfrac{\cos\varphi_e}{2\lambda} \right)$

式中符号同前。

空载电流还可用查表法求得,见表5-8。

表5-8　**JO₂ 系列和 Y(IP44) 系列电动机空载电流 I_0**

额定功率 (kW)	JO₂ 系列				额定功率 (kW)	JO₂ 系列			
	2 极	4 极	6 极	8 极		2 极	4 极	6 极	8 极
0.6	—	0.9	—	—	49	14	15.1	24	27.2
0.8	0.8	1.1	1.5	—	55	16.8	19	27.2	34.1
1.1	1.0	1.5	1.9	—	75	22.2	24.8	39.5	—
1.5	1.2	1.6	2.2	—	100	31	31.9		
2.2	1.7	2.4	3.2	4.2	额定功率 (kW)	Y(IP44) 系列			
3	2.3	2.7	3.3	4.4		2 极	4 极	6 极	8 极
4	2.7	3.5	4.0	4.6	0.55	—	1.02	—	—
5.5	3.5	4.3	4.9	5.8	0.75	0.82	1.3	1.6	—
7.5	4.6	4.5	6.1	8.8	1.1	1.06	1.49	1.93	—
10	6.1	5.9	10.1	10.5	1.5	1.5	1.8	2.71	—
13	6.5	8.6	11.6	12.5	2.2	1.9	2.5	3.4	3.71
17	7.1	12.2	9.8	15.2	3	2.6	3.5	3.8	4.45
22	7.8	12.1	12.8	21	4	2.9	4.4	4.9	6.2
30	9.2	11.7	14.8	22.5					

续表 5-8

额定功率	Y(IP44)系列				额定功率	Y(IP44)系列			
（kW）	2 极	4 极	6 极	8 极	（kW）	2 极	4 极	6 极	8 极
5.5	3.4	4.7	5.3	7.5	30	16.9	19.5	18.7	26
7.5	4.0	5.96	8.65	9.1	37	18.6	19	19.4	28.6
11	6.4	8.4	12.4	13	45	18.7	22	23.2	32.1
15	7.3	10.4	13.8	16.2	55	28.5	28.6	25.5	—
18.85	8.2	13.4	14.9	17.9	75	37.4	39.4	—	—
22	12	15.0	17.1	19.9	90	43.1	43.8	—	—

一般电动机在正常接法时，空载电流与额定电流之比有一定的关系：2 极电动机为 $20\%\sim30\%$；4 极电动机为 $30\%\sim45\%$；6 级电动机为 $35\%\sim50\%$；8 极电动机为 $35\%\sim60\%$。

若将三角形接法的电动机改接成星形，则空载电流将减少至原来的 $50\%\sim58\%$。

二、电动机输入功率、输出功率、无功功率、功率因数及效率的计算

1. 电动机输入功率和输出功率计算

输入功率　　　$P_1 = \sqrt{3}UI\cos\varphi \times 10^{-3}$

输入功率　　　$P_2 = \sqrt{3}UI\eta\cos\varphi \times 10^{-3}$

$$P_2 = \sqrt{\frac{I^2 - I_0^2}{I_e^2 - I_0^2}}\, P_e$$

式中　P_1、P_2——电动机输入功率和输出功率（kW）；

　　　　U——加在电动机接线端子上的线电压（V）；

　　　　I——负载电流（即定子电流）（A）；

　　　　η——电动机效率；

　　$\cos\varphi$——电动机功率因数；

　　　　P_e——电动机额定功率（kW）；

　　　　I_0——电动机空载电流（A）。

当 U、I、$\cos\varphi$ 取电动机的额定值时，则计算得到的功率分别为额定输入功率和额定输出功率。

2. 异步电动机无功功率计算

求得输入功率后,便可按下式计算无功功率为

$$Q = P_1 \tan\varphi$$

在额定电压下,电动机的功率因数为

$$\cos\varphi = \frac{P_1 \times 10^3}{\sqrt{3} U_e I_1}$$

对于一般异步电动机,当负荷率 $\beta \leqslant 0.4$ 时,有

$$Q \approx \sqrt{3} U_e I_0 \times 10^{-3}$$

当 $0.4 < \beta \leqslant 1$ 时,Q 与 β 存在线性关系,故无功功率可按下式计算:

$$Q = \left(\frac{P_e}{\eta_e} \tan\varphi_e - \sqrt{3} U_e I_0 \times 10^{-3} \right) \times \frac{\beta - 0.4}{0.6} + \sqrt{3} U_e I_0 \times 10^{-3}$$

式中　Q——无功功率(kvar);

　　　P_1——输入功率(kW);

　　　$\tan\varphi$——功率因数角的正切值;

　　　$\tan\varphi_e$——额定功率因数角的正切值;

　　　其他符号同前。

3. 电动机在任意负荷下效率的计算

公式一

$$\eta = \frac{P_2}{P_1} = \frac{P_2}{P_2 + \sum \Delta P} = \frac{1}{1 + \dfrac{\sum \Delta P}{\beta P_e}}$$

公式二

$$\eta = \frac{1}{1 + \dfrac{\left(\dfrac{1}{\eta_e} - 1 \right)}{1 + m} \left(\dfrac{m}{\beta} + \beta \right)}$$

式中　m——额定功率时的固定损耗和可变损耗之比

$$m = \frac{P_0}{\left(\dfrac{1}{\eta_e} - 1 \right) P_e - P_0} ;$$

　　$\sum \Delta P$——电动机总损耗，

$$\sum \Delta P = P_0 + \beta^2 \left[\left(\frac{1}{\eta_e} - 1 \right) P_e - P_0 \right];$$

　　P_0——电动机空载损耗。

　　异步电动机的空载损耗 P_0 可以测试，也可以查表。Y 系列电动机的空载损耗及最佳负荷率 β_{zj} 见表 5-9。

　　粗略估算时，Y 系更电动机的空载损耗为 $P_0 = (0.03 \sim 0.08)$ P_e（P_e 为电动机额定功率），2 极电动机取较大值，6、8 极电动机取较小值。空载损耗的波动幅度约为 $5\% \sim 20\%$。

　　须指出，对于相同型号的电动机新购电动机与经过绕组重绕大修后的电动机，它们的空载损耗有可能不同，一般后者要大于前言。因此，重绕后的电动机其空载损耗宜采用实际测试。

　　4. 电动机在任意负荷下功率因数的计算

$$\cos\varphi = \frac{P_2}{\sqrt{3} U_e I_1 \eta} \times 10^3 = \frac{\beta P_e}{\sqrt{3} U_e I_1 \eta} \times 10^3$$

式中　I_1——电动机实际输出功率 P_2 对应的定子电流（A），

$$I_1 = \sqrt{\beta^2 (I_e^2 - I_0^2) + I_0^2};$$

　　U_e——电动机额定电压（V）；

　　η——电动机效率。

　　Y(IP44)系列电动机在各种负荷下的效率，见表 5-9。

　　电动机的效率和功率因数随负荷变化的大致关系见表 5-10。

　　5. 电动机负荷率

$$\beta = \frac{P_2}{P_e} \times 100\%$$

式中　P_2——电动机实际负荷功率（kW）。

　　6. 电动机最佳负荷率

　　当电动机的固定损耗等于可变损耗时，电动机的效率最高，与比相应的负荷率（又称负载率），称为最佳负荷率 β_m。

表 5-9　Y(IP44) 系列各种负荷率 β 下的效率

同步转速(r/min)

功率(kW)	效率 η_N(%) 3000	1500	1000	750	3000 β=1.0	0.75	0.5	0.25	1500 β=1.0	0.75	0.5	0.25	1000 β=1.0	0.75	0.5	0.25	750 β=1.0	0.75	0.5	0.25
0.55	—	73	—	—	—	—	—	—	73	72.6	69.4	57.7	—	—	—	—	—	—	—	—
0.75	75	74.5	72.5	—	75	75.5	73.7	64.2	74.5	74.2	71.2	59.9	72.5	72	68.5	56.5	—	—	—	—
1.1	77	78	73.5	—	77	75.3	70.6	57.5	78	78.7	77.5	69.2	73.5	73.9	71.7	61.5	—	—	—	—
1.5	78	79	77.5	—	78	78.7	78.4	69.2	79	80.3	80	73.6	77.5	77.3	74.6	64.1	—	—	—	—
2.2	82	81	80.5	—	82	82.9	82.1	75.5	81	81.7	80.6	73.2	80.5	81	79.5	71.4	—	—	—	—
3	82	82.5	83	81	82	82.2	80.5	72.1	82.5	82.5	80.6	71.9	83	83.9	83.4	77.3	81	81	78.9	69.8
4	85.5	84.5	84	82	85.5	86.2	85.5	79.8	84.5	85.2	84.5	78.9	84	85	84.8	79.3	82	82.8	79.4	70
5.5	85.5	85.5	85.3	84	85.5	86.6	86.4	81.8	85.5	86.7	86.7	82.5	85.3	86.7	87.1	83.7	84	84.8	84.1	78
7.5	86.2	87	86	85	86.2	87.5	87.7	84	87	88.2	88.4	84.8	86	86.9	86.6	81.4	85	85.9	85.5	80
11	87.2	88	87	86	87.2	87.3	85.9	79.2	88	88.5	88.5	84.2	87	87.7	87.3	82.3	86	87	86.9	82.6
15	88.2	88.5	89.5	86.5	88.2	88.1	86.4	79.5	88.5	89.3	89.1	85.1	89.5	89.7	88.7	79.7	86.5	86.9	85.9	79.8
18.5	89	91	89.8	88	89	89.1	89	84.4	91	91.4	90.7	86.5	89.8	90.2	89.5	84.9	88	88.8	88.6	84.5
22	89	91.5	90.2	89.5	89	88.6	87	80	91.5	91.9	91.4	87.6	90.2	90.8	90.5	86.7	89.5	90.3	89.4	84.8
30	90	92.2	90.2	90.5	90	89.6	87.9	81	92.3	92.5	92	88.2	90.2	90.8	90.3	86.3	90.5	90.8	90	85.4
37	90.5	91.8	90.8	91	90.5	90.4	89	83.1	91.8	92.2	91.8	88.2	90.8	91.3	91	87.2	91	92.1	90.5	85.9
45	91.5	92.3	92	91.7	91.5	91.5	90.4	85.4	92.3	92.7	92.3	88.5	92	92.4	91.9	88.2	91.7	92.1	91.5	87.6
55	91.5	92.6	92	—	91.5	91.2	89.7	83.7	92.6	92.9	92.4	88.8	92	92.6	92.6	89.8	—	—	—	—
75	91.5	92.7	—	—	91.5	91.2	89.8	83.9	92.7	92.8	91.9	87.7	—	—	—	—	—	—	—	—
90	92	93.5	—	—	92	91.9	90.6	85.3	93.5	92.7	88.7	—	—	—	—	—	—	—	—	—

表 5-10　异步电动机的效率和功率因数及负荷的关系

负　荷	空　载	25%	50%	75%	100%
功率因数	0.20	0.50	0.77	0.85	0.89
效　率	0	0.78	0.85	0.88	0.875

电动机运行效率最高时,其相应的负荷率,称为最佳负荷率 β_{zj}。

(1)公式一(计算有功经济负荷率)。

电动机的可变损耗为

$$P_{kb} = \beta^2 \left[\left(\frac{1}{\eta_e} - 1 \right) P_e - P_0 \right]$$

当 $P_0 = P_{kb}$ 时,效率最高,所以

$$\beta_{zj} = \sqrt{\frac{P_0}{\left(\dfrac{1}{\eta_e} - 1 \right) P_e - P_0}}$$

(2)公式二(计算综合经济负荷率)。

既考虑有功损耗,又考虑无功损耗,并将无功损耗用无功经济当量 K 折算到有功损耗时的计算公式如下:

$$\beta_{zj} = \sqrt{\frac{P_0 + K\sqrt{3}U_e I_0 \times 10^{-3}}{\left(\dfrac{1}{\eta_e} - 1 \right) P_e - P_0 + \left(\dfrac{P_e}{\eta_e} \tan\varphi_e - \sqrt{3}U_e I_0 \times 10^{-3} \right) K}}$$

式中　K——无功经济当量,对于功率因数已集中补偿至 0.9 及以上的电动机,取 $K=0.01$;对于发电厂自用电的电动机,取 $K=0.05$;对于功率因数未作补偿的电动机取 $K=0.1$。

对于 Y(IP44)系列电动机,按上述公式算得的 β_{zj} 值,见表 5-11。

【实例】　有一台 Y160M-4 型 11kW 异步电动机,已知额定电流 I_e 为 22.6A,额定效率 η_e 为 0.88,额定功率因数 $\cos\varphi_e$ 为 0.84。试求该电动机的有功经济负荷率和综合经济负荷率。

表5-11　Y(IP44)系列异步电动机的最佳负荷率

额定功率 P_e (kW)	2级 P_0(W)	2级 I_0(A)	2级 $\beta_{\eta j}$ K=0.01	2级 $\beta_{\eta j}$ 0.1	4级 P_0(W)	4级 I_0(A)	4级 $\beta_{\eta j}$ K=0.01	4级 $\beta_{\eta j}$ 0.1	6级 P_0(W)	6级 I_0(A)	6级 $\beta_{\eta j}$ K=0.01	6级 $\beta_{\eta j}$ 0.1	8级 P_0(W)	8级 I_0(A)	8级 $\beta_{\eta j}$ K=0.01	8级 $\beta_{\eta j}$ 0.1
0.55	—	—	—	—	94	1.02	0.96	1.2	—	—	—	—	—	—	—	—
0.75	95	0.82	0.8	0.95	117	1.3	0.95	1.2	—	—	—	—	—	—	—	—
1.1	105	1.06	0.71	0.86	110	1.5	0.77	0.99	135	1.6	0.98	1.26	—	—	—	—
1.5	150	1.5	0.76	0.92	117	1.8	0.67	0.87	157	1.93	0.84	1.95	—	—	—	—
2.2	158	1.9	0.72	0.89	180	2.5	0.76	0.98	195	2.71	0.94	1.24	—	—	—	—
3	265	2.6	0.84	1.0	270	3.5	0.89	1.12	200	3.4	0.81	1.09	220	3.71	0.9	1.2
4	225	2.9	0.73	0.89	245	4.4	0.75	1.0	194	3.8	0.71	0.96	220	4.45	0.75	1.01
5.5	265	3.4	0.65	0.79	250	4.7	0.63	0.84	228	4.9	0.69	0.95	250	6.2	0.75	1.09
7.5	300	4.0	0.6	0.71	285	5.96	0.62	0.83	223	5.3	0.6	0.81	300	7.5	0.72	1.02
11	660	6.4	0.85	0.92	450	8.4	0.69	0.88	376	8.65	0.71	0.985	420	9.1	0.77	1.03
15	780	7.3	0.81	0.87	570	10.4	0.67	0.85	520	12.4	0.73	1.0	630	13	0.8	1.08
18.5	760	8.2	0.72	0.79	650	13.4	0.77	1.01	690	13.8	0.81	1.04	600	16.2	0.69	0.95
22	1280	12	0.96	1.04	692	15	0.72	0.93	680	14.9	0.73	0.95	740	17.9	0.76	0.97
30	1650	16.9	1.0	1.1	900	19.5	0.78	0.99	740	17.1	0.71	0.93	836	19.9	0.76	0.97
37	1660	18.6	0.87	0.97	1140	19	0.75	0.86	1050	18.7	0.71	0.81	1160	26	0.8	1.02
45	1780	18.7	0.87	0.95	1250	22	0.73	0.86	1200	19.4	0.71	0.82	1430	28.5	0.83	0.97
55	2530	28.5	1.0	1.08	1560	28.6	0.77	0.91	1350	23.3	0.75	0.87	1420	32.1	0.76	0.91
75	3380	37.4	0.98	1.05	2410	39.4	0.85	0.94	1340	25.5	0.65	0.76	—	—	—	—
90	3600	34.1	0.93	1.0	2650	43.8	0.88	0.99	—	—	—	—	—	—	—	—

解　由表 5-11 查得该电动机的空载电流 $I_0 = 8.4A$，空载损耗 $P_0 = 0.45kW$，并设无功经济当量 $K = 0.02$。

有功经济负荷率为

$$\beta_{zj} = \sqrt{\cfrac{0.45}{\left(\cfrac{1}{0.88} - 1\right) \times 11 - 0.45}} \times 100\%$$

$$= 66.1\%$$

$$\tan\varphi_e = \tan 32.86° = 0.646$$

$$\sqrt{3} U_e I_0 \times 10^{-3} = \sqrt{3} \times 380 \times 8.4 \times 10^{-3} = 5.53(kW)$$

综合经济负荷率为

$$\beta_{zj} = \sqrt{\cfrac{0.45 + 0.02 \times 5.53}{\left(\cfrac{1}{0.88} - 1\right) \times 11 - 0.45 + \left(\cfrac{11}{0.88} \times 0.65 - 5.53\right) \times 0.02}}$$

$$\times 100\%$$

$$= 71.8\%$$

由以上计算结果可知：上述两种经济负荷率对应的电动机负荷功率分别为

(1)效率最高时的负荷功率。

$$P_2 = 0.661 \times 11 = 7.27(kW)$$

(2)效率和功率因数都相对高时的负荷功率。

$$P_2 = 0.718 \times 11 = 7.9(kW)$$

三、Y 系列三相异步电动机的技术数据

Y 系列三相异步电动机的技术数据见表 5-12。

表 5-12　Y 系列电动机技术数据

| 型　号 | 额定功率(kW) | 满载时 | | | | 堵转电流额定电流 | 堵转转矩额定转矩 | 最大转矩额定转矩 | 外形尺寸(长×宽×高)(mm) |
		电流(A)	转速(r/min)	效率(%)	功率因数				
Y801-2	0.75	1.9	2825	73	0.84	7.0	2.2	2.2	285×235×170
Y802-2	1.1	2.6	2825	76	0.86	7.0	2.2	2.2	285×235×170
Y90S-2	1.5	3.4	2840	79	0.85	7.0	2.2	2.2	310×245×190
Y90L-2	2.2	4.7	2840	82	0.86	7.0	2.2	2.2	335×245×190

续表 5-12

型　号	额定功率(kW)	满载时				堵转电流额定电流	堵转转矩额定转矩	最大转矩额定转矩	外形尺寸(长×宽×高)(mm)
		电流(A)	转速(r/min)	效率(%)	功率因数				
Y100L-2	3.0	6.4	2880	82	0.87	7.0	2.2	2.2	380×285×245
Y112M-2	4.0	8.2	2890	85.5	0.87	7.0	2.2	2.2	400×305×265
Y132S1-2	5.5	11.1	2900	85.2	0.88	7.0	2.2	2.2	475×345×315
Y132S2-2	7.5	15	2900	86.2	0.86	7.0	2.0	2.2	475×345×315
Y160M1-2	11	21.8	2930	87.2	0.88	7.0	2.0	2.2	600×420×385
Y160M2-2	15	29.4	2930	88.2	0.88	7.0	2.0	2.2	600×420×385
Y160L-2	18.5	35.5	2930	89	0.89	7.0	2.0	2.2	645×420×385
Y180M-2	22	42.2	2940	89	0.89	7.0	2.0	2.2	670×465×430
Y200L1-2	30	56.9	2950	90	0.89	7.0	2.0	2.2	775×510×475
Y200L2-2	37	69.8	2950	90.5	0.89	7.0	2.0	2.2	775×510×475
Y225M-2	45	84	2970	91.5	0.89	7.0	2.0	2.2	815×570×530
Y250M-2	55	102.7	2970	91.4	0.89	7.0	2.0	2.2	930×635×575
Y160L-6	11	24.6	970	87	0.78	6.5	2.0	2.0	645×420×385
Y180L-6	15	31.6	970	89.5	0.81	6.5	1.8	2.0	710×465×430
Y200L1-6	18.5	37.7	970	89.8	0.83	6.5	1.8	2.0	775×510×475
Y200L2-6	22	44.6	970	90.2	0.83	6.5	1.8	2.0	775×510×475
Y225M-6	30	59.5	980	90.2	0.85	6.5	1.7	2.0	815×570×530
Y250M-6	37	72	980	90.8	0.86	6.5	1.8	2.0	930×635×575
Y280S-6	45	85.4	980	92	0.87	6.5	1.8	2.0	1000×690×640
Y280M-6	55	104.9	980	91.6	0.87	6.5	1.8	2.0	1050×690×640
Y315S-6	75	142	980	92.5	0.87	6.5	1.6	2.0	1190×780×760
Y315M1-6	90	167	980	93	0.88	6.5	1.6	2.0	1240×780×760
M315M2-6	110	204	980	93	0.88	6.5	1.6	2.0	1240×780×760
M315M3-6	132	244	980	93.5	0.88	6.5	1.6	2.0	1240×780×760
Y132S-8	2.2	5.8	710	81	0.71	5.5	2.0	2.0	475×345×315
Y132M-8	3	7.7	710	82	0.72	5.5	2.0	3.0	515×345×315
Y160M1-8	4	9.9	720	84	0.73	6.0	2.0	2.0	600×420×385
Y160M2-8	5.5	13.3	720	85	0.74	6.0	2.0	2.0	600×420×385
Y160L-8	7.5	17.7	720	86	0.75	5.5	2.0	2.0	645×420×385
Y180L-8	11	25.1	730	86.5	0.77	6.0	1.7	2.0	710×465×430
Y280L-8	15	34.1	730	88	0.76	6.0	1.8	2.0	775×510×475
T225S-8	18.5	41.3	730	89.5	0.76	6.0	1.7	2.0	820×570×530
Y225M-8	22	47.6	730	90	0.78	6.0	1.8	2.0	815×570×530

续表 5-12

| 型　号 | 额定功率 (kW) | 满载时 | | | | 堵转电流 额定电流 | 堵转转矩 额定转矩 | 最大转矩 额定转矩 | 外形尺寸 (长×宽×高) (mm) |
		电流 (A)	转速 (r/min)	效率 (%)	功率因数				
Y250M-8	30	33	730	90.5	0.80	8.0	1.8	2.0	930×635×575
Y280S-8	37	78.7	740	91	0.79	6.0	1.8	2.0	1000×690×640
Y280M-8	45	93.2	740	91.7	0.80	6.0	1.8	2.0	1050×690×640
Y315S-8	55	109	740	92.5	0.83	6.5	1.6	2.0	1190×780×760
Y315M1-8	75	148	740	92.5	0.83	6.5	1.6	2.0	1240×780×760
Y315M2-8	90	175	740	93	0.84	6.5	1.6	2.0	1240×780×760
Y315M3-8	110	214	740	93	0.84	6.5	1.6	2.0	1240×780×760
Y315S-10	45	98	585	91.5	0.76	6.5	1.4	2.0	1190×780×760
Y315M2-10	55	120	585	92	0.76	6.5	1.4	2.0	1240×780×760
Y315M3-10	75	160	585	92.5	0.77	6.5	1.4	2.0	1240×780×760
Y280S-2	75	140.1	2970	91.4	0.89	7.0	2.0	2.2	1000×690×640
Y280M-2	90	167	2970	92	0.89	7.0	2.0	2.2	1050×690×640
Y315S-2	110	204	2970	91	0.90	7.0	1.8	2.2	1190×780×760
Y315M1-2	132	245	2970	91	0.90	7.0	1.8	2.2	1240×780×760
Y315M2-2	160	295	2970	91.5	0.90	7.0	1.8	2.2	1240×780×760
Y801-4	0.55	1.6	1390	70.5	0.76	6.5	2.2	2.2	285×235×170
Y802-4	0.75	2.1	1390	72.5	0.76	6.5	2.2	2.2	285×235×170
Y90S-4	1.1	2.7	1400	79	0.78	6.5	2.2	2.2	310×245×190
Y90L-4	1.5	3.7	1400	79	0.79	6.5	2.2	2.2	335×245×190
Y100L1-4	2.2	5	1420	79	0.79	7.0	2.2	2.2	380×285×245
Y100L2-4	3.0	6.8	1420	82.5	0.81	7.0	2.2	2.2	380×285×245
Y112M-4	4.0	8.8	1440	84.5	0.82	7.0	2.2	2.2	400×305×265
Y132S-4	5.5	11.6	1140	85.5	0.84	7.0	2.2	2.2	475×345×315
Y132M-4	7.5	15.4	1440	87	0.85	7.0	2.2	2.2	515×345×315
Y160M-4	11.0	22.6	1460	88	0.84	7.0	2.2	2.2	600×420×385
Y160L-4	15.0	30.3	1460	88.5	0.85	7.0	2.2	2.2	645×420×385
Y180M-4	18.5	35.9	1470	91	0.86	7.0	2.0	2.2	670×465×430
Y180L-4	22	42.5	1470	91.5	0.86	7.0	2.0	2.2	710×465×430
Y200L-4	30	56.8	1470	92.2	0.87	7.0	2.0	2.2	775×510×475
Y225S-4	37	70.4	1480	91.8	0.87	7.0	1.9	2.2	820×570×530
Y225M-4	45	84.2	1480	92.3	0.88	7.0	1.9	2.2	815×570×530
Y250M-4	55	102.5	1480	92.6	0.88	7.0	2.0	2.2	930×635×575

续表 5-12

型 号	额定功率(kW)	满载时				堵转电流额定电流	堵转转矩额定转矩	最大转矩额定转矩	外形尺寸(长×宽×高)(mm)
		电流(A)	转速(r/min)	效率(%)	功率因数				
Y280S-4	75	139.7	1480	92.7	0.88	7.0	1.9	2.2	1000×690×640
Y280M-4	90	164.3	1480	93.5	0.89	7.0	1.9	2.2	1050×690×640
Y315S-4	110	202	1480	93	0.89	7.0	1.8	2.2	1190×780×760
Y315M1-4	132	242	1480	93	0.89	7.0	1.8	2.2	1240×780×760
Y315M2-4	160	294	1480	93	0.89	7.0	1.8	2.2	1240×780×760
Y90S-6	0.75	2.3	910	72.5	0.70	6.0	2.0	2.0	310×245×190
Y90L-6	1.1	3.2	910	73.5	0.72	6.0	2.0	2.0	335×245×190
Y100L-6	1.5	4	940	77.5	0.74	6.0	2.0	2.0	380×285×245
Y112M-6	2.2	5.6	940	80.5	0.74	6.0	2.0	2.0	400×305×265
Y132S-6	3.0	7.2	960	83	0.76	6.5	2.0	2.0	475×345×315
Y132M1-6	4.0	9.4	960	84	0.77	6.5	2.0	2.0	515×345×315
Y132M2-6	5.5	12.6	960	85.3	0.78	6.5	2.0	2.0	515×345×315
Y160M-6	7.5	17	970	86	0.78	6.5	2.0	2.0	600×420×385

第四节 电动机合理选择与实例

一、农用电动机型号的选择

农村用电动机包括农用机具用电动机、泵用电动机及乡镇企业用的各类电动机。

异步电动机的型号系列应根据使用环境和用途来选择。

异步电动机的型号系列可按表 5-13 选择。

表 5-13 Y 系列及其主要派生、专用系列电动机的型号和用途

序号	系列名称	型 号		外壳防护形式	冷却方式	安装方式	主要用途
		新系列	旧系列				
1	小型三相异步电动机（封闭式）	Y(IP44)	JO₂	IP44	ICO141	IMB3 IMB35 IMV1	一般用途型，适用于灰尘多、水土溅飞的场所

续表 5-13

序号	系列名称	型号		外壳防护形式	冷却方式	安装方式	主要用途
		新系列	旧系列				
2	小型三相异步电动机（防护式）	Y (IP23)	J_2	IP23	IC01	IMB3 IMB35	一般用途型，适用于周围环境较干净、防护要求低的场所
3	增安型三相异步电动机	YA	JAO_2	IP54	ICO141	IMB3	适用于 Q_2 类爆炸危险的场所
4	隔爆型三相异步电动机	YB	BJO_2	IP44 或 IP54	ICO141	IMB3	适用于煤矿等有爆炸危险的场所
5	户外型三相异步电动机	Y-W	JO_2-W	IP54 或 IP55	ICO141	IMB3 IMB35 IMV1	适用于户外环境恶劣及化工等有腐蚀介质的场所
6	防腐蚀型三相异步电动机	Y-F	JO_2-F	IP54 或 IP55	ICO141	IMB3 IMB35 IMV1	适用于户外环境恶劣及化工等有腐蚀介质的场所
7	起重冶金三相异步电动机	YZ	JZ_2	IP44（一般环境用）IP54（冶金环境用）	ICOO41 ICO141	H112~H132 IMB3 IMB35 H160~ IMV1	适用于冶金及各种起重设备
8	深井泵异步电动机	YLB	JLB_2 DM JTB	JP23 （H160~280）	ICO1 ICO141	IMV6	与深井泵配套，供灌溉或提水用
9	潜水三相异步电动机	YQS2	JOS YQS	IPX8	ICW-08 W41	IMY3	与潜水泵或河流泵配套，供灌溉或提水用

续表 5-13

序号	系列名称	型　号		外壳防护形式	冷却方式	安装方式	主要用途
		新系列	旧系列				
10	高转差率（滑差）异步电动机	YH	JHO₂	IP44	ICO141	IMB3 IMB35 IMV1	适用于惯性矩较大并有冲击性负荷的机械传动，如剪床、压力机、锻压机及小型起重机的传动
11	电磁调速异步电动机	YCT	JZT	电动机 IP44	ICO141	IMB3	适用于恒转矩和风机类型设备的无级调速
12	齿轮减速异步电动机	YCJ	JTC	IP44	ICO141	IMB3	适用于矿山、轧钢、造纸、化工等需要低速、大转矩的各种机械设备
13	变极多速异步电动机	YD	JDO₂	IP44	ICO141	IMB3 IMB35 IMV1	适用于机床、印染机械、印刷机等需要变速的设备

二、农用电动机功率和转速的选择

1. 电动机功率的选择

　　农用电动机的功率应根据被拖动的生产机械所需要的功率来决定。选得过大，费用高，且浪费电能；选得过小，带不动负荷，甚至将电动机烧毁。一般应按以下要求选择：

　　①对于采用直接传动的电动机，容量以 1～1.1 倍负荷功率为宜；对于采用皮带传动的电动机，容量以 1.05～1.15 倍负荷功率为宜。

②电犁电动机的负荷功率可按下式计算：

$$P = \frac{Fv}{\eta} \times 10^{-3}\,(\text{kW})$$

式中　F——电犁的最大牵引力(N)；

　　　v——电犁的速度(m/s)；

　　　η——从电动机转轴到农田机械轴间的总传送效率，可取 0.7～0.9。

③脱粒机电动机的负荷功率可按下式计算：

$$P = \frac{KLDZ}{102\eta}\,(\text{kW})$$

式中　K——经验系数，可取 0.134；

　　　L、D——脱粒机滚筒的长度和直径(cm)；

　　　Z——谷物稻杆数；

　　　η——总效率，可取 0.8。

2. 电动机转速的选择

电动机的转速应根据所拖动的生产机械的转速来选择。具体选择如下：

①采用联轴器直接传动，电动机的额定转速应等于生产机械的额定转速。

②采用皮带传动，电动机的额定转速不应与生产机械的额定转速相差太多，其变速比一般不宜大于 3。通常可选用 4 级(同步转速为 1500r/min)的电动机，这种转速比较容易适合一般农业机械或粮食加工机械的转速匹配。

③选择电动机转速时，应注意转速不宜选得过低。因为电动机的额定转速越低，则极数越多，体积越大，价格越高。当然，电动机的转速也不宜选得过高，否则会使传动装置过于复杂。

三、高效节能电动机节电效果分析

目前我国生产的高效节能异步电动机有 Y 系列、Y_2 系列和 YX 系列、Y_2-E 系列。Y 系列电动机与 JO_2 系列电动机相比，其转矩倍数平均高出 30% 左右,功率因数也较高,体积平均缩小 15%,质量平均减轻 12%。JO_2 全系列电动机加权平均效率 $\eta=$ 87.865%,而 Y 全系列电动机加权平均效率 $\eta=88.265\%$。Y 系列电动机采用 B 级绝缘(JO_2 系列电动机采用 A 级绝缘),实际运行中定子绕组的温升较小,并有 10℃ 以上的温升裕度,因此铜耗也较小。Y 系列电动机是使用最广泛的电动机。Y_2 系列电动机是我国于 20 世纪 90 年代中期设计的。Y_2-E 系列与普通 Y 系列电动机相比,虽费用有所增加,但效率高出 0.58%～1.7%。YX 系列电动机是 Y 系列电动机的派生产品,其总损耗平均较 Y 系列电动机下降 20%～30%,效率提高 3%,功率因数平均提高约 0.04。其附加绕组损耗约下降 20%,铁耗约下降 10%,杂散损耗约下降 30%,风摩损耗约下降 40%。该系列电动机在负荷率为 50%～100% 范围内,具有比较平坦的效率特性,有利于经济运行。该系列电动机起动转矩大、噪声小、振动小、温升低、寿命长,但价格比 Y 系列电动机约高 30%。对年运行时间大于 3000h、负荷率大于 45% 的负荷,选用 YX 系列电动机较节电。

Y_2-E 系列与 Y 系列电动机的节电效益比较见表 5-14。

表 5-14 Y_2-E 系列与 Y 系列电动机的节电效益比较

机 型	功率 (kW)	效率(%)		买 1 台 Y_2-E 电动机增加的费用(元)	年节约电费 (元)	投资回收期 (月)
		Y_2-E 系列电动机	Y 系列电动机			
132S-4	5.5	89.2	85.5	120.5	533.7	3
160M-1.2	11	90.5	87.2	131.3	920.0	2
160M-4	11	91.0	88.0	217.3	825.0	3.2
200L-4	30	93.2	92.2	567.7	698.2	10.5
250M-4	55	94.2	92.6	952.6	2017.7	5.7

我国节能电动机产品见表 5-15。

表 5-15　节能产品主要技术规格

序　号	节能产品名称	主要技术规格	相对应的老产品	
			型号规格	淘汰日期
1	三相异步电动机 Y 系列	共 11 个机座号,19 个功率等级,0.55～90kW,65 个规格	JO2、JO3 共 9 个机座号,18 个功率等级,0.6～100kW,67 个规格	JO3 自 1984 年 1 月 1 日,JO2 自 1985 年 1 月 1 日起,除少量维修用外,一律停止生产
2	冶金起重电动机 YZR、YZ 系列	共 11 个机座号,43 个规格	JZR2、JZ2、JZ、JZR、JZB、JZRB,共 12 个机座号,26 个规格	1986 年 1 月 1 日
3	分马力电动机 AO2、BO2、CO2、DO2 系列	共 8 个机座号,7 挡中心高,64 个规格	AO、BO、CO、DO、JW、JZ、JY、JZ、JLO、2JCL、JE、JLO、ZL - LOR、JLOX	1986 年 1 月 1 日～1986 年 1 月 1 日
4	隔爆型三相异步电动机 YB 系列	共 11 个机座号,65 个规格	JB3、BJO2	1985 年 1 月 1 日 / 1986 年 1 月 1 日
5	防护式绕线转子三相异步电动机 YR 系列(IP23)	共 37 个规格,功率 4～132kW,B 级绝缘	JR、JR2、JR3,共 59 个规格	1986 年 12 月 30 日
6	封闭式绕线转子三相异步电动机 Y 系列(IP44)	共 34 个规格,B 级绝缘	JRO2,共 26 个规格,功率 5.5～75kW	1986 年 12 月 30 日
7	H315 三相异步电动机 Y 系列(IP44)	H315S、H315M1、J315M2、J315M3	过去无此规格	—

续表 5-15

序　号	节能产品名称	主要技术规格	相对应的老产品	
			型号规格	淘汰日期
8	高效率三相异步电动机 YX 系列	共 43 个规格，功率 1.5 ～ 90kW，平均较 Y 系列效率高 3%，适用于年运行在 2000h 以上的工况	—	—
9	深井泵用三相异步电动机 YLB 系列	共 6 个机座号，20 个规格，功率 5.5 ～ 132kW，B 级绝缘	DM、JLB、JLB2、JD 系列	1987 年 12 月 1 日
10	变极多速三相异步电动机 YD 系列(IP44)	共 7 个机座号，65 个规格，功率 0.35 ～ 22kW，B 级绝缘，双速、三速、四速共 9 种速比	JDO2 系列，99 个规格 JO3 系列，32 个规格	1988 年 12 月 31 日
11	电磁调速电动机 YCT 系列	共 10 个机座号，19 个规格，功率 0.55～90kW，B 级绝缘，H315 及以下机座调速比 10∶1	JZT、JZT2、JZTT、JZTS 系列	
12	户外防腐电动机 Y‐W、Y‐WF 系列 化工防腐电动机 Y‐F 系列	IP54，共 83 个规格 IP54，共 83 个规格	JOW‐WF 系列 67 个规格 JO2‐F 系列 63 个规格	1988 年 12 月 31 日
13	电磁制动三相异步电动机 YEJ 系列	共 95 个机座号，53 个规格，功率 0.55～45kW	JOZ2 系列，12 个规格，功率 0.6～1.5kW，JZD8‐1129‐4	1988 年 12 月 31 日

续表 5-15

序　号	节能产品名称	主要技术规格	相对应的老产品	
			型号规格	淘汰日期
14	傍磁制动三相异步电动机 YEP 系列	共 18 个规格，功率 0.55 ～ 11kW	JPZ2 系列	1988 年 12 月 31 日
15	高转差三相异步电动机 YH 系列(IP44)	共 36 个规格，功率 0.75 ～ 18.5kW，S3 工作制	JHO2、JHO3 系列	1988 年 12 月 31 日
16	低振动、低噪声三相异步电动机 YZC 系列(IP44)	共 15 个规格，功率 0.55～18.5kW	KP90S-2/MO1，JJO2、JO2‑O、JJ、JJD 四种，精密机床用三相异步电动机	1988 年 12 月 31 日
17	木工用三相异步电动机 YM 系列	共 4 个机座号，9 个规格，功率 0.55～7.5kW	JM2、JM3、JDM2 系列	1988 年 12 月 31 日

四、按寿命期费用分析法选择最佳功率电动机与实例

当负荷已知时，按寿命期费用分析法选择最佳功率电动机，就是寻找整个寿命期综合费用最小的电动机。可选择几种方案进行比较。

电动机的综合费用包括投资费用和运行费用两部分。

(1)投资费的计算公式为

$$C_t = C_j + C_a$$

式中　C_t——投资费(元)；

　　　C_j——电动机价格(元)；

　　　C_a——电动机安装费及其他费用(元)，可根据电动机的安装要求和工作现场等条件估算出，通常取 $C_a = 0.2C_j$。

(2)年运行费。当不考虑折旧费、维修费时，年运行费可由下式计算：

$$C_y = (P_2 + \sum \Delta P) T\delta$$

$$= \left\{ P_2 + P_0 + \beta^2 \left[\left(\frac{1}{\eta_e} - 1 \right) P_e - P_0 \right] \right\} T\delta$$

式中　C_y——电动机在负荷功率 P_2 时的年耗电费(元/年)；

　　　P_2——电动机年平均负荷功率(kW)；

　$\sum \Delta P$——电动机总损耗(kW)；

　　　T——电动机年运行小时数；

　　　δ——电价(元/kW·h)；

　　　P_0——电动机空载损耗(kW)；

　　　β——电动机负荷率；

　　　P_e——电动机额定功率(kW)；

　　　η_e——电动机额定效率。

(3)电动机综合费用：

考虑投资和电费的利率,综合费用可按下式计算(若以 t 年为期)

$$\sum C = C_t (1+i)^t + C_y \frac{(1+i)^t - 1}{i}$$

根据上述公式,逐台比较预选电动机的综合费用 $\sum C$ 值的大小,就可以选出 $\sum C$ 值最小的电动机,即经济性最佳的电动机。

【实例】　某设备采用 4 极异步电动机的传动,实际要求电动机的输出功率 P_2 为 27kW,年运行小时数 T 为 4000h。试以 10 年为期,选择电动机的最佳功率。设电价 δ 为 0.5 元/kW·h,利率 i 为 0.03。

　　解　分别计算出 Y(IP44)系列和高效率电动机的最佳功率,并进行经济效益比较。

对于 Y 系列 4 极电动机,可供选择的规格有 30、37、45、55kW 和 75kW;对于高效率电动机,有 30、55kW 和 75kW。

先由产品目录查出对应各规格电动机的空载损耗 P_0 和额定

效率 η_e，并按 $\beta = 27/P_e$ 求出相应的负荷率；查出各规格的价格 C_j，然后按以下方法计算：

如 Y200L-4 型，$P_e = 30$kW，$P_0 = 0.9$kW，$\eta_e = 0.922$，$\beta = 27/30 = 0.9$，电动机价格 $C_j = 2400$ 元。

由下式求得投资费用为

$$C_t = C_j + C_a = C_j + 0.2C_j = 1.2 \times 2400 = 2880(\text{元})$$

电动机在负荷 P_2 下，年耗电缆（运行费用）为

$$C_y = (P_2 + \Sigma \Delta P)T\delta$$

$$= \left\{ P_2 + P_0 + \beta^2 \left[\left(\frac{1}{\eta_e} - 1 \right) P_e - P_0 \right] \right\} T\delta$$

$$= \left\{ 27 + 0.9 + 0.9^2 \left[\left(\frac{1}{0.922} - 1 \right) \times 30 - 0.9 \right] \right\} \times 4000 \times 0.5$$

$$= 58453(\text{元})$$

以 10 年为期的综合费用为

$$\Sigma C = C_t(1+i)t + C_y \frac{(1+i)t - 1}{i}$$

$$= 2880 \times (1+0.03)^{10} + 58453 \frac{(1+0.03)^{10} - 1}{0.03}$$

$$= 3871 + 670052 = 673923(\text{元})$$

同理，可求出其他规格及高效率电动机的综合费用，见表5-16。

从表 5-16 可知，Y 系列电动机最佳功率为 30kW；高效率电动机的最佳功率为 55kW，比 Y 系列 30kW 电动机节约 13264 元。

表 5-16　各规格电动机综合费用比较

电动机型号	P_e (kW)	P_0 (kW)	η_e	β	C_t (元)	C_y (元)	ΣC (元)
Y200L-4	30	0.9	0.922	0.9	2880	58453	673969
Y200S-4	37	1.1	0.918	0.73	3550	58550	673593
Y225M-4	45	1.25	0.923	0.6	4320	58303	674132
Y250M-4	55	1.56	0.926	0.49	5280	58481	677469

续表 5-16

电动机型号	P_e (kW)	P_0 (kW)	η_e	β	C_t (元)	C_y (元)	$\sum C$ (元)
Y280S-4	75	2.41	0.927	0.36	7200	59726	694315
H200L-4	30	0.37	0.938	0.9	3310	57353	661885
H250M-4	55	0.732	0.9354	0.49	5950	56936	660659
H280S-4	75	1.206	0.9483	0.39	7340	57289	666568

注:各电动机价格仅为参考价。

第五节　电动机技术改造与实例

一、电动机负荷率过低的改造实例

电动机负荷率太小,俗称"大马拉小车",($\beta < 40\%$左右),运行效率低、不经济,应加以改造。举例说明如下。

【实例 1】　有一台 JO$_2$-72-4　30kW 电动机,实际负荷为 10kW,测出电动机的实际效率只有 75%,功率因数为 0.5。如果更换成 Y160M-4　11kW 电动机,额定效率为 88%,功率因数为 0.84,问更换后年节电量为多少?

解　原电动机的输入功率为

$$P_1 = P_2/\eta = 10/0.75 = 13.35(kW)$$

无功损耗为

$$Q_1 = P_1 \tan\varphi = 13.33 \times \frac{\sqrt{1-0.5^2}}{0.5} = 23.2(kvar)$$

更换后电动机的输入功率为

$$P_1' = 10/0.88 = 11.36(kW)$$

无功损耗为

$$Q_1' = P_1' \tan\varphi' = 11.36 \times \frac{\sqrt{1-0.84^2}}{0.84} = 7.34(kvar)$$

更换电机后节约有功功率为

$$\Delta P = P_1 - P_1' = 13.35 - 11.36 = 1.99(kW)$$

节约无功功率为

$$\Delta Q = Q_1 - Q_1' = 23.2 - 7.34 = 15.86 (\text{kvar})$$

如果每年连续运行 6000h，则电动机每年节约有功电量 11940kWh，节约无功电量 95160kvar。

【实例 2】 一台 Y315M1-6 型 90kW 异步电动机，已知额定电压 U_e 为 380V，额定电流 I_e 为 167A，额定效率 η_e 为 93%，空载损耗 P_0 为 3.6kW，负荷率 β 为 35%，拟更换成一台 Y280M-6 型 55kW 电动机，该电动机的 U_e' 为 380V，I_e' 为 104.9A，η_e' 为 91.6%，P_0' 为 2.53kW，设年运行 4000h。问更换后年节电量为多少？

解 原电动机总损耗为

$$\Sigma \Delta P = P_0 + \beta^2 \left[\left(\frac{1}{\eta_e} - 1 \right) P_e - P_0 \right]$$

$$= 3.6 + 0.35^2 \times \left[\left(\frac{1}{0.93} - 1 \right) \times 90 - 3.6 \right]$$

$$= 3.99 (\text{kW})$$

更换后电动机的负荷率为

$$\beta' = \frac{P_e}{P_e'\beta} = \frac{90}{55} \times 0.35 = 0.57$$

更换后电动机的总损耗为

$$\Sigma \Delta P' = P_0' + \beta'^2 \left[\left(\frac{1}{\eta_e} - 1 \right) P_e' - P_0' \right]$$

$$= 2.53 + 0.57^2 \times \left[\left(\frac{1}{0.916} - 1 \right) \times 55 - 2.53 \right]$$

$$= 3.35 (\text{kW})$$

年节电量为

$$A = (\Sigma \Delta P - \Sigma \Delta P')\tau = (3.99 - 3.35) \times 4000$$

$$= 2560 (\text{kW} \cdot \text{h})$$

二、星—三角变换改造与实例

当电动机负荷率低于 40% 时可以考虑采用星—三角变换的

技术改造措施。

1. △接法改为丫接法后,电动机各种损耗的变化

电动机改成星形接线后,其相电压降低 $\frac{2}{\sqrt{3}}$,此时铁耗降低 $\frac{2}{3}$;由于电动机转速基本不变,故机械损耗基本不变;附加损耗与电流的平方成正比,改为星形接线后,由于定子电流较小,而附加损耗一般估计为定子输入功率的 0.5%,所以附加损耗略有下降;功率因数得到改善,达到节电的效果。经验表明,改造后负荷率由原来的 30%～50% 提高到 80% 左右,功率因数由原来的 0.5～0.7 提高到 0.8 以上。

需指出,在电动机转矩不变的条件下,改成星形接线后,转子电流增加了 $\sqrt{3}$ 倍,所以转子铜耗也增加了 3 倍,转子附加损耗会增加。电动机转差率也增加 3 倍。

但只要电动机负荷率低于 45%,改成星形接线后,总的有功损耗还是有明显下降的。

2. 计算方法

(1)方法一。

①改接的条件:

a. 当 $\beta = \beta_{lj}$ 时,改接意义不大,因为浪费电能负载区比节能负载区大,有功损耗可能增加。当 $\beta > \beta_{lj}$ 时,改接没有意义。只有当 $\beta < \beta_{lj}$ 时,改接才有意义。β 为电动机实际负荷率;β_{lj} 为临界负荷率,即丫接法与△接法的总损耗相等时的负荷率。

b. 应满足起动条件:电动机由△接法改为丫接法后,在起动时应满足

$$k_m < \frac{\mu}{3}$$

式中　k_m——电动机轴上总的反抗转矩与额定转矩之比;

　　　μ——电动机起动转矩与额定转矩之比。

一般鼠笼型电动机,起动转矩约为额定转矩的 0.9～2 倍之

间,因此上式可表示为

$$k_m < 0.3 \sim 0.6$$

c. 应满足稳定性条件:为了保证电动机改成丫接线后,负荷保持稳定,其最高负荷与额定容量之比,即电动机的极限负荷率 β_n 应满足

$$\beta_n \leqslant \frac{\mu_k}{3k}$$

式中　μ_k——最大转矩与额定转矩之比;

　　k——安全系数,根据经验可取 1.5。

对于某些要求起动力矩大而运转力矩小的电动机,为了不降低起动力矩,可以采用△接法起动后再转入丫接法运行的方式。

②临界负荷率计算。

a. 公式一。

$$\beta_{lj} = \sqrt{\frac{\beta_{lj1}}{2\left[\left(\frac{1}{\eta_e} - 1\right)P_e - P_0 + \beta_{lj2}\right]}}$$

$$\beta_{lj1} = 0.67(P_0 - P_j + K\sqrt{3}U_e I_0 \times 10^{-3})$$

$$\beta_{lj2} = \left(\frac{P_0}{\eta_e}\tan\varphi_e - \sqrt{3}U_e I_0 \times 10^{-3}\right)K$$

式中符号同前。

b. 公式二(简化计算)。

$$\beta_{lj} = \sqrt{\frac{0.67P_{Fe\triangle} + 0.75P_{0Cu\triangle}}{2\left[\left(\frac{1}{\eta_e} - 1\right)P_e - P_{0\triangle}\right]}}$$

式中　$P_{Fe\triangle}$——△接法时的铁耗(kV);

　　$P_{0Cu\triangle}$——△接法时的空载铜耗(kW);

　　$P_{0\triangle}$——△接法时的空载损耗(kW);

　　其他符号同前。

如用公式一计算。改接后节约的有功功率(kW)为

$$\Delta P = 2\beta^2 \left[\left(\frac{1}{\eta_e} - 1 \right) P_e - P_0 + \left(\frac{P_e}{\eta_e} \tan\varphi_e - \sqrt{3} U_e I_0 \times 10^{-3} \right) K \right]$$

当 $\Delta P < 0$ 时,表示节电;$\Delta P > 0$ 时,表示多用电。

由于电动机极数不同,故临界负荷率也不相同。为了便于计算,现将部分电动机的临界负荷率列于表 5-17,供参考。

改接后节约的有功功率只能等于或少于额定负载时的总损耗,其计算公式如下

表 5-17　部分电动机的临界负荷率

极　　数	2	4	6	8
临界负荷率 β_{lj} (%)	31	33	36	49

$$\Sigma \Delta P = P_e \left(\frac{1 - \eta_e}{\eta_e} \right)$$

如 Y160M-6 型,7.5kW 电动机,$\eta_e = 0.86$,总损耗约为

$$\Sigma \Delta P = 7.5 \times \left(\frac{1 - 0.86}{0.86} \right) = 1.22 (\text{kW})$$

该电动机由△接法改为丫接法后,所节约的有功功率不会超过 1.22kW。

(2)方法二。

为了简便地计算出电动机改接后的经济效果(功率因数、效率等),将改接后的综合经验数据列于 5-18 和表 5-19。

表 5-18　改接前后电动机效率比值与负荷率的关系

负荷率 β	$\eta_\curlyvee / \eta_\triangle$	负荷率 β	$\eta_\curlyvee / \eta_\triangle$
0.10	1.27	0.35	1.02
0.15	1.14	0.40	1.01
0.20	1.10	0.45	1.005
0.25	1.06	0.50	1.00
0.30	1.04		

表 5-19　改接前后功率因数比值 $k = \dfrac{\cos\varphi_\curlyvee}{\cos\varphi_\triangle}$

和负荷率 β 及额定功率因数 $\cos\varphi_e$ 的关系

k ＼ β $\cos\varphi_e$	0.10	0.15	0.20	0.25	0.30	0.35	0.40	0.45	0.50
0.78	1.94	1.87	1.80	1.72	1.64	1.56	1.49	1.42	1.35
0.79	1.90	1.83	1.76	1.68	1.60	1.53	1.46	1.39	1.32
0.80	1.86	1.80	1.83	1.65	1.58	1.50	1.43	1.37	1.30
0.81	1.82	1.76	1.70	1.62	1.55	1.47	1.40	1.34	1.28
0.82	1.73	1.72	1.67	1.59	1.52	1.44	1.37	1.31	1.26
0.83	1.75	1.69	1.64	1.56	1.49	1.41	1.35	1.29	1.24
0.84	1.72	1.66	1.61	1.53	1.46	1.38	1.32	1.26	1.22
0.85	1.69	1.63	1.58	1.50	1.44	1.36	1.30	1.24	1.20
0.86	1.66	1.60	1.55	1.47	1.41	1.34	1.27	1.22	1.18
0.87	1.63	1.57	1.52	1.44	1.38	1.31	1.24	1.20	1.16
0.88	1.60	1.54	1.49	1.41	1.35	1.28	1.22	1.18	1.14
0.89	1.59	1.51	1.46	1.38	1.32	1.25	1.19	1.16	1.12
0.90	1.57	1.48	1.43	1.35	1.29	1.22	1.17	1.14	1.10
0.91	1.54	1.44	1.40	1.32	1.26	1.19	1.14	1.11	1.08
0.92	1.50	1.40	1.36	1.28	1.23	1.16	1.11	1.08	1.06

（3）实际节电量的测算。可用负载试验法测算出接线改接后的节电量、功率因数及效率。即分别测算出△接线和丫接线时的电动机输入有功功率 $P_{1\triangle}$、$P_{1\curlyvee}$ 和输入无功功率 $Q_{1\triangle}$、$Q_{1\curlyvee}$，则所节约的有功功率和无功功率分别为

$$\Delta P = P_{1\triangle} - P_{1\curlyvee}$$

$$\Delta Q = Q_{1\triangle} - Q_{1\triangle} - Q_{1\curlyvee}$$

①丫接线时的功率因数。在电动机回路中接入电流表、电压表和功率因数表。电动机丫接线，起动后，施加于电动机每相电压为 $380/\sqrt{3} = 220\text{V}$，随后增加负荷到所需要的值（如 30％额定负荷）运行，读取电动机的线电流、线电压和三相功率，用下式计算出功率因数：

$$\cos\varphi = \frac{P}{\sqrt{3}UI} \times 10^3$$

式中 P——功率表所读取的三相功率(kW);

  U——施加的线电压(V);

  I——负荷电流(A)。

②丫接线时的效率。为了求取电动机的效率,须先测出电动机的各种损耗。

a. 求机械损耗和定子铁耗。将电动机和被拖动的机械脱开。用丫接线起动,待电动机转速稳定后,测出空载时的电压、电流和功率。所测得的瓦特数是包括机械损耗 P_j、铁耗 P_{Fe} 和空载时励磁电流引起的铜耗 P_{0Cu} 的功率总和。为了准确求得机械损耗和定子铁耗,应把励磁电流引起的铜耗除去。励磁电流引起的铜耗可按下式计算:

$$P_{0Cu} = 3I_0^2 R_{75} \times 10^{-3}$$

式中 P_{0Cu}——励磁电流引起的铜耗(kW);

  I_0——空载电流(A);

  R_{75}——定子每相绕组换算到 75℃时的直流电阻(Ω)。

b. 求定子铜耗。电动机丫接线运行,带负荷到所需要的值(如 30%),读取电流表读数,用下式计算定子铜耗

$$P_{Cu1} = 3I_1^2 R_{75} \times 10^{-3}$$

式中 P_{Cu1}——定子铜耗(kW);

  I_1——负荷电流(A)。

c. 求取转子铜耗。由于鼠笼型异步电动机转子电阻不易求取,故一般用转差率法来求转子铜耗。即

$$P_{Cu2} = P_{dc} s$$

式中 P_{Cu2}——转子铜耗(kW);

  P_{dc}——转子电磁功率输入(kW),$P_{dc} = P_1 - (P_{Fe} + P_j + P_{Cu}) = P_2 + P_{Cu2}$;

  s——转差率;

  其他符号同前。

d. 附加损耗。附加损耗 P_{fj} 一般估计约为定子输入功率

的 0.5%。

e. 电动机总损耗。以上各项损耗总加以后,即为电动机在
Y接线的所需负荷(如 30%)时的总损耗 $\Sigma\Delta P$。即

$$\Sigma\Delta P = P_{Fe} + P_j + P_{Cu1} + P_{Cu2} + P_{fj}$$

f. Y接线时的效率。电动机在由△接线改为Y接线的所需负
荷的效率由下式计算:

$$\eta = \frac{P_1 - \Sigma\Delta P}{P_1} \times 100\%$$

③有功功率和无功功率。

a. 电动机输入有功功率为

$$P_1 = \sqrt{3}UI\cos\varphi \times 10^{-3}$$

b. 电动机输入无功功率为

$$Q_1 = \sqrt{3}UI\sin\varphi \times 10^{-3}$$

【实例】　有一台 Y132S-5.5kW 电动机,已知△接法时,U_e 为
380V,I_o 为 4.7A,P_j 为 60W,P_o 为 250W,η_e 为 0.855,I_e 为
11.6A,$\cos\varphi_e$ 为 0.84,假设无功经济当量 $K=0.01$。试求:

(1)电动机临界负荷率 β_{lj};

(2)负荷率 $\beta=0.2$ 时,改为Y接法的节电量;

(3)△接法时的效率 $\eta_\triangle$ 和功率因数 $\cos\varphi_\triangle$;

(4)Y接法时的效率 η_Y 和功率因数 $\cos\varphi_Y$。

解　(1)临界负荷率计算。

$$\begin{aligned}\beta_{lj} &= \sqrt{\frac{\beta_{lj1}}{2\left[\left(\dfrac{1}{\eta_e}-1\right)P_e - P_o + \beta_{lj2}\right]}}\\&= \sqrt{\frac{\beta_{lj1}}{2\left[\left(\dfrac{1}{0.855}-1\right) \times 5.5 - 0.25 + \beta_{lj2}\right]}} = 0.327\end{aligned}$$

式中　$\beta_{lj1} = 0.67(P_o - P_j + K\sqrt{3}U_e I_o \times 10^{-3})$

$$= 0.67 \times (0.25 - 0.06 + 0.01 \times \sqrt{3} \times 380 \times 4.7 \times 10^{-3}) = 0.148$$

$$\beta_{lj2} = \left(\frac{P_o}{\eta_e}\tan\varphi_e - \sqrt{3}U_e I_0 \times 10^{-3}\right)K$$

$$= \left(\frac{5.5}{0.855}\times 0.646 - \sqrt{3}\times 380\times 4.7\times 10^{-3}\right)\times 0.01 = 0.011$$

（2）改为丫接法时节电量计算。当负荷率 $\beta = 0.2$ 时，因 $\beta < \beta_{lj}$，故改接后可以节电，节电功率为

$$\Delta P = 2\beta^2\left[\left(\frac{1}{\eta_e}-1\right)P_e - P_o + \left(\frac{P_e}{\eta_e}\tan\varphi_e - \sqrt{3}U_e I_0 \times 10^{-3}\right)K\right]$$

$$-0.67(P_o - P_j + K\sqrt{3}U_e I_o \times 10^{-3})$$

$$= 2\times 0.2^2\left[\left(\frac{1}{0.855}-1\right)\times 5.5 - 0.25 + \left(\frac{5.5}{0.855}\times 0.646 - \sqrt{3}\right.\right.$$

$$\left.\left.\times 380\times 4.7\times 10^{-3}\right)\times 0.01\right] - 0.67\times(0.25 - 0.06 + 0.01\times\sqrt{3}$$

$$\times 380\times 4.7\times 10^{-3}) = -0.0925(\text{kW}) = -92.5(\text{W})$$

负值表示节电。

（3）计算 $\eta_\triangle$ 和 $\cos\varphi_\triangle$。

①求 $\eta_\triangle$。额定功率时的固定损耗与可变损耗之比为

$$m_\triangle = \frac{P_o}{\left(\frac{1}{\eta_e}-1\right)P_e - P_o} = \frac{0.25}{\left(\frac{1}{0.84}-1\right)\times 5.5 - 0.25} = \frac{0.25}{0.798} = 0.313$$

负荷率 $\beta = 0.2$ 时的效率为

$$\eta_\triangle = \cfrac{1}{1 + \cfrac{\left(\frac{1}{\eta_e}-1\right)}{1+m}\left(\frac{m}{\beta}+\beta\right)}$$

$$= \cfrac{1}{1 + \cfrac{\left(\frac{1}{0.84}-1\right)}{1+0.313}\times\left(\frac{0.313}{0.2}+0.2\right)} = \frac{1}{1.255} = 0.797$$

②求 $\cos\varphi_\triangle$。电动机的负荷为

$$P_2 = \beta P_e = 0.2\times 5.5 = 1.1(\text{kW})$$

$\beta=0.2$ 时电动机的线电流为

$$I_1=\sqrt{\beta^2(I_e^2-I_0^2)+I_0^2}$$
$$=\sqrt{0.2^2\times(11.6^2-4.7^2)+4.7^2}=\sqrt{4.499+22.09}$$
$$=5.16(A)$$

故　　$\cos\varphi_\triangle=\dfrac{P_2}{\sqrt{3}U_eI_1\eta_\triangle}=\dfrac{1.1\times10^3}{\sqrt{3}\times380\times5.16\times0.797}=0.406$

（4）计算 η_Y 和 $\cos\varphi_Y$。

①求 η_Y。根据 $\beta=0.2$，由表 5-18 查得 $\eta_Y/\eta_\triangle=1.10$，故 $\eta_Y=1.1\eta_\triangle=1.1\times0.797=0.877$

②求 $\cos\varphi_Y$。根据 $\cos\varphi_e=0.84,\beta=0.2$，由表 5-19 查得 $K=1.61$，

故　　　　　$\cos\varphi_Y=1.61\cos\varphi_\triangle=1.61\times0.406=0.654$

当然，也可以用（3）项中的计算公式求得 η_Y 和 $\cos\varphi_Y$（实际上，表 5-18 和表 5-19 就是按这些公式计算所得的结果）。

三、星—三角起动电动机的选择与实例

对于可进行星—三角接线的异步电动机，起动电流、起动转矩可按以下简化公式计算。

设Y接线和△接线时的起动电流和起动转矩分别为 I_{qY}、$I_{q\triangle}$ 和 M_{qY}、$M_{q\triangle}$，则

$$I_{q\triangle}=K_1I_e,\quad I_{qY}=I_{q\triangle}/3$$
$$M_{q\triangle}=K_2M_e,\quad M_{qY}=M_{q\triangle}/3$$

式中　I_e——电动机额定电流（A）；

M_e——电动机额定转矩（N·m）；

K_1——电动机堵转电流与额定电流的比值；

K_2——电动机堵转转矩与额定转矩的比值。

如果负荷转矩 $M_f<M_{qY}$，则电动机能够起动；如果负荷转矩 $M_f>M_{qY}$，则电动机不能起动。

【实例】 已知电动机要滞动的负荷转矩为 100N·m，拟采用一台 Y200L2-6 型 22kW 电动机，试求：

(1)用丫-△起动时的起动电流和起动转矩；

(2)该电动机能否顺利起动？

解　由表 5-12 查得，该电动机的技术数据如下：功率 $P_e=22\text{kW}$，转速 $n_e=970\text{r/min}$，电压为 220/380V，效率 $\eta_e=0.902$，功率因数 $\cos\varphi_e=0.83$，堵转电流与额定电流之比 $K_1=I_q/I_e=6.5$，堵转转矩与额定转矩之比 $K_2=M_q/M_e=1.8$。

(1)起动电流和起动转矩计算。

电动机额定电流为

$$I_e=\frac{P_e}{\sqrt{3}U_e\eta_e\cos\varphi_e}=\frac{22\times10^3}{\sqrt{3}\times380\times0.902\times0.83}=44.6(\text{A})$$

也可直接从表 5-12 中查得。

$$I_{q\triangle}=K_1 I_e=6.5\times44.6=289.9(\text{A})$$
$$I_{q\curlyvee}=I_{q\triangle}/3=289.9/3=96.6(\text{A})$$

电动机额定转矩为

$$M_e=\frac{9555P_e}{n_e}=\frac{9555\times22}{970}=216.7(\text{N}\cdot\text{m})$$
$$M_{q\triangle}=K_2 M_e=1.8\times216.7=390.1(\text{N}\cdot\text{m})$$
$$M_{q\curlyvee}=M_{q\triangle}/3=390.1/3=130(\text{N}\cdot\text{m})$$

(2)电动机能否起动的校验。

由于电动机的负荷率低、负荷惯性小，因此只要起动转矩大于负荷转矩电动机即可起动。

现在负荷转矩 $M_f=100\text{N}\cdot\text{m}<M_{q\curlyvee}=130\text{N}\cdot\text{m}$，所以能起动。

四、星—三角变换实用线路

星—三角变换节电在实际工作中应用很普通。如某些机床的传动电动机，加工时负载重，电动机在高负荷率下运行；不加工时负载很轻，几乎等于空载运行。可在不加工这段时间内将电动机由三角形接法变换为星形接法，待进入加工时，再将电动机由星形接法变换为三角形接法，以便能带动负载。

又如卷扬机类设备,上升时一般是重载(即使轻载,电动机负荷也不轻),电动机采用三角形接法;下降时一般是轻载,电动机采用星形接法。下面介绍几种实用的星—三角变换节电电路。

1. 线路之一

图 5-2 所示为用于 22kW 及以下卷扬机类设备的Ⅴ—△转换节电线路。该线路与一般线路比较,只增加了一只 10A 交流接触器。

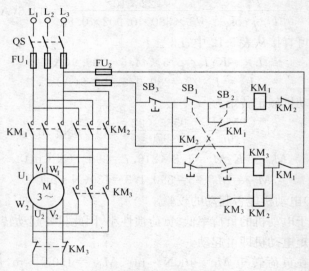

图 5-2　卷扬机节电控制线路

(1)工作原理:上升时,按下上升按钮 SB₁,接触器 KM₃ 和 KM₂ 分别得电吸合,电动机接成三角形接线,正常起重;下降时,为轻负载,按下下降按钮 SB₂,则电动机接成星形运行,达到节电目的。下降行程内可以节电 40%～60%。

图中 KM₃ 和 KM₂ 连锁的目的是尽可能地降低附加接触器 KM₃ 的容量。当按下上升按钮 SB₁ 时,KM₃ 先得电吸合,在电动机未通电的情况下先将电动机转换成三角形接线,然后 KM_2 得电吸合,正常工作;而按下下降按钮 SB_2 时,KM_2 先失电释放,然后 KM_3 才失电释放,电动机恢复为星形接线。这样就避免了 KM_2 承受冲击电流和分断电流,因而即使控制 22kW 的电动机,KM_3 也可安全使用 10A 的交流接触器。

(2)元件选择。电器元件参数见表 5-20。

表 5-20　电器元件参数表

序　号	名　　称	代　号	型号规格	数　量
1	断路器	QF	TH-100J$_{dz}$=50A	1
2	熔断器	FU	RL1-15/5A	2
3	交流接触器	KM_1、KM_2	CJ20-40A 380V	2
4	交流接触器	KM_3	CJ20-10A 380V	1
5	按钮	SB_1	LA18-22(绿)	1
6	按钮	SB_2	LA18-22(黄)	1
7	按钮	SB_3	LA18-22(红)	1

(3)s 调试。暂不接入电动机,先试验各接触器动作情况。合上断路器 QF,按下上升按钮 SB_1,接触器 KM_1 吸合。这时再按下下降按钮 SB_2 或停止按钮 SB_3,KM_1 应释放。接着按下下降按钮 SB_2,接触器 KM_2 和 KM_3 均应吸合。这时再按下 SB_1 或 SB_3,KM_2 和 KM_3 均应释放。

以上试验正常后,再接入电动机进行试验。

2. 线路之二

对于不需要正反转的机床或虽正反转但不由接触器控制其正反转的机床,如 C620、C630、CW61100A 等车床以及摇臂钻床、铣床等,可采用如图 5-3 所示的节电线路。

工作原理:按下重载按钮 SB_3,接触器 KM_2 得电吸合并自锁,按下起动按钮 SB_1,接触器 KM_1 得电吸合并自锁,电动机接成三角形运行,开始对零件加工;当轻载时(不加工零件时间),先按停止按钮 SB_2,其常开触点断开,再按轻载按钮 SB_4,接触器 KM_2 失电释放,其常开触点断开,再按起动按钮 SB_1,接触器 KM_1 得电吸合并自锁,则电动机接成星形运行,达到节电目的。

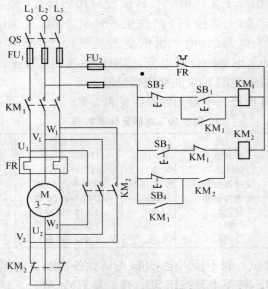

图 5-3　CW61100A 型车床节电控制线路

该电路间的连锁关系,使 Y-△ 转换只能在主电源断开(即 KM$_1$ 释放)后才能实现,这就保证了 KM$_2$ 中无冲击电流和分断电流。

3. 线路之三

采用大功率开关集成电路的 Y-△ 自动转换节电线路如图 5-4 所示。图中 A$_1$ 为 TWH8751 大功率开关集成电路,A$_2$ 为 7812 三端集成稳压电路。

TWH8751 开关集成电路的工作电压为 12~24V,可在 28V、1A 电路中做高速开关。使用时只需在控制端①脚加上约 1.6V 电压,就能快速控制外接负载(继电器 KA)通断。

(1)工作原理:电动机负载电流经电流互感器 TA 检测,转换成电压信号经二极管 VD$_1$ 半波整流、电容 C$_1$ 滤波后,在分压器 R$_1$、R$_2$、RP 上取得取样电压,该电压经二极管 VD$_2$ 整流、电容 C$_2$

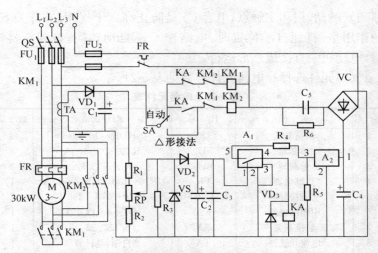

图 5-4　采用大功率开关电路的丫-△自动转换线路

滤波(兼延时作用),加到开关集成电路 A_1 的①脚,以控制开关的动作。当电动机轻载时(如为额定负载电流的 50% 以下时),电容 C_2 上的电压小于 1.6V(可调节电位器 RP 改变),开关集成电路 A_1 的④、⑤脚断开,继电器 KA 不吸合,其常闭触点闭合,接触器 KM_1 得电吸合,电动机接成丫形节电运行。当电动机的负载增大,负载电流升高到设定值时,电容 C_2 上的电压大于 1.6V,则 A_1 的④、⑤脚内部接通,12V 电源电压加到继电器 KA 的线圈上,KA 吸合,其常闭触点断开,常开触点闭合,接触器 KM_1 失电释放,KM_2 得电吸合,电动机接成△形运行。

　　图中,稳压管 VS 是为保护开关集成电路 A_1 而设的。因为电动机起动时,起动电流为额定电流的 5~8 倍,从分压器上取得的电压也很高,有了此稳压管后,就使最高电压限制在稳压管的稳压值上,从而保护了开关集成电路;电阻 R_1、电位器 RP 和电容 C_2 组成延时电路,其作用是:当负载电流由额定值的 50% 以上变到 50% 以下时,KA 延迟 8s 左右,即△形接法向丫形接法转换时,延迟动作 8s,这样可以避免重、轻负载频繁交替变换时使交流接触器频繁跳动,损坏主触点;电容 C_3 是防止高频干扰用的;开关 SA 的作用是:打到自动位置时,电路作 Y-△ 自动转换;打到△接法时,电动机一直接成△形运行。

(2)元件选择。电器元件参数见表 5-21。

表 5-21　电器元件表

序　号	名　称	代　号	型号规格	数　量
1	负荷开关	QS	HD13—100/31	1
2	熔断器	FU_1	RT0—100/100A	3
3	熔断器	FU_2	RL1—15/5A	2
4	热继电器	FR	JR16—150/3　53A~85A	1
5	交流接触器	KM_1、KM_2	CJ20—63A　380V	2
6	中间继电器	KA	JQX—4　DC12V	1
7	转换开关	SA	LS2—2	1
8	电流互感器	TA	自制,见计算	1
9	大功率开关集成电路	A_1	TWH8751	1
10	三端固定集成稳压电源	A_2	7812	1
11	整流桥	VC	QL—0.5A　100V	1
12	二极管	$VD_1 \sim VD_2$	IN4001	3
13	稳压管	VS	2CW7A　$V_z = 3.2V \sim 4.5V$	1
14	金属膜电阻	R_1、R_2	RJ—1kΩ　1/2W	2
15	碳膜电阻	R_3、R_5	RT—3kΩ　1/2W	2
16	碳膜电阻	R_4	RT—390Ω　1/2W	1
17	碳膜电阻	R_6	RT—510kΩ　1/2W	1
18	电位器	RP	WS—0.5W　10kΩ	1
19	电解电容器	C_1	CD11　47μF　50V	1
20	电解电容器	C_2	CD11　33μF　10V	1
21	电容器	C_3	CL11　0.1μF　63V	1
22	电解电容器	C_4	CD11　220μF　25V	1
23	电容器	C_5	CBB22　0.68μF　630V	1

(3)计算与调试。

①电流互感器 TA 的制作。如果电动机额定电流 10A 以下, TA 可用指示灯小变压器改制。将原来的次级绕组不用,原初级绕组作为 TA 的次级,用 φ3mm 粗纱包线(其截面载流量大于电动机额定电流)在线圈外绕几圈至十几圈作为 TA 的初级。也可

用普通电源变压器改制，次级用 0.15mm 漆包线绕 1000 匝左右，初级用多芯铜绞线绕 1 匝～2 匝。

如果电动机功率较大，如额定电流为 10A～50A，TA 可用锰锌 MXO-2000 型磁环，外径为 59mm，内径为 35mm，厚为 11mm，次级用直径为 0.2mm 漆包线绕 500 匝左右，初级用电源线绕 3～6 圈（试验决定）。也可用截面为 12mm×16mm 的硅钢片为铁芯，次级用 ϕ0.1mm 漆包线绕 1000 匝～1500 匝，初级用电动机一根组线穿过铁心（即 1 匝）。

②调试。暂不接入电动机，先试验控制电路。合上电源开关 QS，将转换开关 SA 置于"△形接法"位置，接触器 KM_2 应吸合；将 SA 置于"自动"位置，KM_1 应吸合，将中间继电器 KA 常闭触点断开，KM_1 应释放。

然后用万用表测量三端固定集成稳压电源 A_2 的 3 脚电压，应有 12V 直流电压。

接着接入电动机进行实际调试。监视电动机定子电流，将转换开关 SA 置于"自动"位置，当负载电流稍小于电动机额定电流的 50%时，调节电位器 RP，使中间继电器 KA 不吸合，用万用表测量电容 C_2 两端的电压应稍小于 1.6V。这时接触器 KM_1 吸合，电动机接成 Y 形运行。如果调节 RP 不能使 C_2 两端的电压小于 1.6V，则可减小 R_2 的阻值。再将负载电流加大，使稍超过电动机额定电流的 50%，则 KA 应吸合，C_2 两端的电压应稍高于 1.6V。这时 KM_1 释放，KM_2 吸合，电动机接成△形运行。如果 C_2 两端电压调不高，则可增加电流互感器 TA 的初级绕组匝数。

接着试验延时电路。当负载电流由额定值的 50%以上变到 50%以下时，KA 应延迟 8s 左右才释放。其延时时间可改变电容 C_2 的容量加以调整。

五、防止电动机空载运行的线路

对于某些断续工作的生产设备，在生产设备退出工作状态的一段时间内，电动机处于空载运行状态，电能白白地浪费掉。如果电动机空载运行的时间较长,则宜加装防止电动机空载运行的控制线路,以节约电能。

防止电动机空载运行的电路如图 5-5 所示。

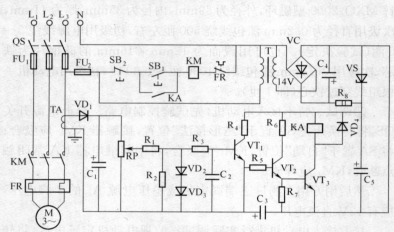

图 5-5　防止电动机空载运行的线路

1. 工作原理

合上电源开关 QS,按下起动按钮 SB_1,接触器 KM 得电吸合,其主触点闭合,电动机起动运行。主回路电流经电流互感器 TA,在次级感应电压,该电压信号经二极管 VD_1 半波整流、电容 C_1 滤波后,在分压器 RP 上取出加于晶体管 VT_1 基极,VT_1 导通,VT_2、VT_3 得到基极偏压而导通,继电器 KA 得电吸合,其常开触点闭合,使接触器 KM 自锁。以上过程在极短时间内完成,因此松开按钮 SB_1 后,KM 已自锁,电动机正常运行。

当电动机进入空载状态时,主回路电流下降很多,在电位器 RP 上取出的电压不足以使晶体管 VT_1 导通,$VT_1 \sim VT_3$ 均截止,继电器 KA 失电释放,其常开触点断开,接触器 KM 失电释放,电动机停止运行。

控制回路的 12V 直流电源,由 220V 交流电经变压器 T 降压、整流桥 VC 整流、电容 C_4 和 C_5 滤波、电阻 R_6 限流、稳压管 VS 稳压后提供。

2. 元件选择

控制电路电器元件参数见表 5-22。

表 5-22　控制电路电器元件参数表

序　号	名　　称	代　号	型号规格	数　量
1	三极管	VT_1、VT_2	3DG6、3DG8$\beta{\geqslant}50$	2
2	三极管	VT_3	3DG130$\beta{\geqslant}50$	1
3	二极管	VC	1N4001	4
4	二极管	$VD_1 \sim VD_4$	2CP12	4
5	稳压管	VS	2CW138$U_z{=}11\sim12.5V$	1
6	继电器	KA	JRX-13F DC12V	1
7	金属膜电阻	R_1	RJ-1kΩ 1/2W	1
8	金属膜电阻	R_2	RJ-2kΩ1/2W	1
9	金属膜电阻	R_3	RJ-3.6kΩ 1/2W	1
10	金属膜电阻	R_4	RJ-15kΩ 1/2W	1
11	金属膜电阻	R_5	RJ-56kΩ 1/2W	1
12	金属膜电阻	R_6	RJ-22kΩ 1/2W	1
13	金属膜电阻	R_7	RJ-200Ω 1/2W	1
14	金属膜电阻	R_8	RJ-220Ω 2W	1
15	电位器	RP	WS-0.5W 10kΩ	1
16	电解电容器	C_1	CD11 10μF 25V	1
17	瓷介电容器	C_2	CT1 0.01μF	1
18	电解电容器	C_3	CD11 47μF 25V	1
20	电解电容器	C_4、C_5	CD11 220μF 50V	2
21	电流互感器	TA	自制	
22	变压器	T	5VA 220/14V	1

电流互感器 TA 可用以下方法自制：

方法一：用普通电流互感器改绕，即在其线圈外面用和电动机电流相适应的绝缘导线绕 2～4 匝做初级。要求当电动机在正常负荷下运行时，其次级绕组感应电压应有 8V 以上(可调整匝数改变)。

方法二：采用锰锌 MXO-2000 型磁环。磁环的外径为 37～59mm、内径为 23～35mm、厚 7～11mm。次级用 0.2mm 漆包线在磁环上绕 300～500 匝左右，初级用电动机的电源线在磁环上绕

1～5匝(具体匝数由试验确定)。电源线从环中穿过。

3. 调 试

合上电源开关 QS,按着起动按钮 SB$_1$,让电动机在正常负载下起动运行。用万用表测量电容 C$_4$ 两端的电压,应约有 22V 的直流电压;测量稳压管 VS 两端的电压,应约有 12V 左右电压。测量电容 C$_1$ 两端的电压,应 8V 以上的直流电压。调节电位器 RP,能使继电器 KA 可靠吸合(此时松开起动按钮 SB$_1$,接触器 KM 保持吸合状态)。这说明整个控制电路工作正常。如果调节 RP,KA 不吸合,应检查三极管 VT$_1$～VT$_3$ 电路环节。

然后将电动机负载减到最小值,暂时按着 SB$_1$,调节 RP,使 KA 可靠吸合。接着让电动机空载运行,继电器 KA 应即释放,接触器 KM 也释放。反复试验几次,确定完全正常后,最后将电位器 RP 锁扣锁紧,以免其滑臂位置移动。

六、异步电动机无功就地补偿节电计算与实例

据统计,电动机消耗的无功功率占整个 380/220V 低压配电网消耗的无功功率的 60%～70%,所以提高低压配电网的自然功率因数的重要措施是提高异步电动机的自然功率因数。除了提高电动机负荷率以改善功率因数外,还可采用移相电容器进行无功就地(个别)补偿。

当对电动机作个别补偿时,无功就地补偿容量有以下几种计算方法:

(1)根据计算负荷确定。

$$Q_c = KP_{js}(\tan\varphi_1 - \tan\varphi_2)$$

式中 Q_c——补偿电容量(kvar);

P_{js}——电动机计算功率(kW);

K——防过补偿系数,一般取 0.75～0.85;

$\tan\varphi_1$——补偿前功率因数角正切值;

$\tan\varphi_2$——补偿后功率因数角正切值。$\cos\varphi_2$ 一般取 0.95。

tanφ 与 cosφ 的对应关系见表 3-1。

（2）根据电动机型号和数据确定。

$$Q_c=\sqrt{3}KU_eI_e\left(\sin\varphi_e-\frac{1}{\lambda+\sqrt{\lambda^2-1}}\right)\times10^{-3}$$

式中　I_e——电动机额定电流（A）；

　　　U_e——电动机额定电压（V）；

　　　$\sin\varphi_e$——电动机额定功率因数角正弦值；

　　　λ——电动机过载倍数；

　　　K——同前。

（3）根据空载电流或额定功率确定。

$$Q_c=K_1\sqrt{3}U_eI_0\times10^{-3}$$

式中　K_1——电容配比系数（为防止过补偿），一般取 0.85 <
　　　　　K_1<1，惯性较小的电动机取大值；惯性较大的电
　　　　　动机取小值；

　　　I_0——电动机空载电流（A）。

又有

$$Q_c=K_1Q_0=K_1K_2P_e$$

式中　Q_0——电动机空载激磁无功功率（kvar）；

　　　P_e——电动机额定功率（kW）；

　　　K_2——空载无功容量和额定功率之比，对多极负荷率较低
　　　　　的电动机取 $K_2=0.40\sim0.55$；对少数大功率电动
　　　　　机取 $K_2=0.2\sim0.4$。

另外，无功补偿容量还可参表 5-23 和表 5-24 选择。

表 5-23　异步电动机无功补偿容量（一）　　　（kvar）

额定功率	同步转速(r/min)					
（kW）	3000	1500	1000	750	600	500
7.5	2.5	3.0	3.5	4.5	5.0	7.0
11	3.5	3.0	4.5	6.5	7.5	9.0
15	5.5	4.0	6.0	7.5	8.5	11.5
22	7.0	7.0	8.5	10.5	12.5	15.5
30	8.5	8.5	10.0	12.5	15.5	18.5
37	13.0	13.0	15.0	18.0	22.0	26.0

续表 5-23

额定功率	同步转速(r/min)					
(kW)	3000	1500	1000	750	600	500
55	17.0	17.0	18.0	22.0	27.0	33.0
75	21.5	22.0	25.0	29.0	33.0	38.0
125	32.5	32.5	33.0	36.0	45.0	52.5

表 5-24　异步电动机无功补偿容量(二)　　　　(kvar)

电动机额定功率(kW)	空载运行时	额定负荷时	正常运行时
7.5	3.9	5.6	5
11	3.9	7.6	6
15	5.85	11.25	6
17	6.63	12.75	6
22	8.58	16.5	8
30	11.7	22.5	10
37	14.43	27.73	10
55	19.5	37.5	14
75	29.25	56.25	20

　　须指出,就地补偿电容器应使用金属化聚丙烯干式电力电容器,如 BCMJ 型自愈式金属化膜电容器或类似内部装有放电电阻的电容器,而不可使用普通电力电容器。因为电动机并联电容器就地补偿,当电动机停机时,电容器会向绕组放电,放电电流会引起电动机自激产生高电压。为了保证电动机停机时电容器能可靠放电,电容器内应设有放电电路。而普通电力电容器一般没有放电电路,且体积大,质量重,安装使用不方便。

　　【实例】　有一台水泥生产线上使用的 $\phi1.83\times7m$ 球磨机,由功率 P_e 为 245kW、U_e 为 380V 的异步电动机带动。已知该机的额定功率因数 $\cos\varphi_e$ 为 0.8,实际功率因数 $\cos\varphi_1$ 为 0.62,实际负荷功率 P_2 为 164kW,电动机过载倍数 λ 为 2.2,额定电流 I_e 为 465A,空载电流 I_o 为 150A。由三根截面为 240mm² 的铜心电缆从变电所引出,供电,全长 100m,年运行小时数 τ 为 6000h,电价 δ 为 0.5 元/kWh,电容器单价(包括安装及配套设备)C_{ad} 为 80 元/kvar,欲采用个别就地补偿,将功率因数提高到 $\cos\varphi_2$ 为 0.86,

试求：

(1)补偿电容器容量；

(2)补偿后能节电多少？几年收回投资？

解：(1)补偿电容量计算。下面采用几种不同的计算方法进行计算：

①根据补偿前后功率因数确定。

由 $\cos\varphi_1 = 0.62$ 和 $\cos\varphi_2 = 0.86$，

得 $\tan\varphi_1 = 1.26$，$\tan\varphi_2 = 0.58$

$$Q_c = KP_2(\tan\varphi_1 - \tan\varphi_2)$$
$$= 0.8 \times 164 \times (1.26 - 0.58) = 89.2(\text{kvar})$$

②根据电动机型号和数据确定。

$$Q_c = \sqrt{3}\,KU_e I_e\left(\sin\varphi_e - \frac{1}{\lambda + \sqrt{\lambda^2 - 1}}\right) \times 10^{-3}$$

$$= \sqrt{3} \times 0.8 \times 380 \times 465 \times \left(\sin 36.9° - \frac{1}{2.2 + \sqrt{2.2^2 - 1}}\right) \times 10^{-3}$$

$$= 88.2(\text{kvar})$$

③根据空载电流确定。

$$Q_c \leqslant \sqrt{3}\,U_e I_0 \times 10^{-3} = \sqrt{3} \times 380 \times 150 \times 10^{-3} = 98.7(\text{kvar})$$

计算结果补偿容量分别为：89.2、88.2 和 98.7kvar。可选用 90kvar，确定采用 9 只 BCMJ-0.4-10 金属化并联电容器。

(2)节电量计算。补偿前供电线路的电流为

$$I_1 = \frac{P_2}{\sqrt{3}\,U_e\cos\varphi_1} = \frac{164 \times 10^3}{\sqrt{3} \times 380 \times 0.62} = 401.9(\text{A})$$

补偿后供电线路的电流为（$\cos\varphi_2 = 0.84$ 为补偿后实际测量值）

$$I_2 = \frac{P_2}{\sqrt{3}\,U_e\cos\varphi_2} = \frac{164 \times 10^3}{\sqrt{3} \times 380 \times 0.84} = 296.6(\text{A})$$

当然，若实际测量电流值更准确。

由表 1-9 查得该电缆单位电阻（20℃时）为 $R_{20} = 0.08\Omega/\text{km}$，

软铜线的电阻温度系数 $\alpha_{20} = 0.00393/℃$，故归算到 65℃ 运行温度时的单位电阻为

$$R_{65} = R_{20}[1+\alpha_{20}(t-20)] = 0.08 \times [1+0.00393 \times (65-20)]$$
$$= 0.094(\Omega)$$

补偿后，这段电缆线路的线损减少为

$$\triangle P = 3(I_1^2 - I_2^2)R_{65}L$$
$$= 3 \times (401.9^2 - 296.6^2) \times 0.094 \times 0.1 = 2074(W)$$
$$= 2.074(kW)$$

这段线路的年节约电费为

$$\triangle L = \triangle P\tau\delta = 2.074 \times 6000 \times 0.5 = 6222(元)$$

电容器及配套设备和安装费为

$$C = C_{ad}Q_c = 80 \times 90 = 7200(元)$$

投资回收年限为

$$T = \frac{C}{\triangle L} = \frac{7200}{6222} = 1.16(年)$$

须指出，功率因数提高了，还能减少厂用变压器及高压供电线路的损耗（详见第三章第二节和第四节相关内容）。

七、异步电动机无功就地补偿线路及注意事项

1. 异步电动机无功就地补偿线路

（1）直接起动就地补偿线路。线路如图 5-6 所示。该线路也可用于自耦减压起动或转子串接频敏变阻器起动线路的就地补偿。该线路将电容器直接并接在电动机的引出线端子上。

（2）采用丫-△起动器起动的异步电动机就地补偿线路。线路如图 5-7 所示。

当采用图 5-7(a)所示线路时，电动机绕组丫形连接起动，和电容器连接的 U_2、V_2、W_2 三个端子被短接，成为丫形接线的中性点，电容器短接无电压。起动完毕，电动机绕组改为△形接线，电容器与电动机绕组并接。当停机时，电容器不能通过定子绕组放电，所以补偿电容器必须选用 BCMJ 型自愈式金属化膜电容器或

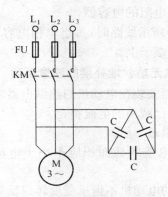

图 5-6 直接起动就地补偿线路

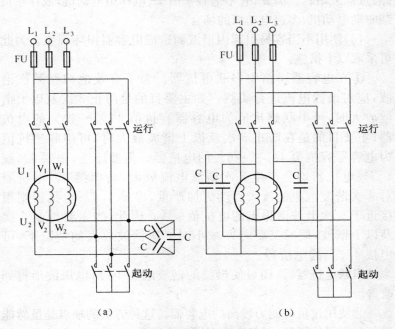

（a） （b）

图 5-7 丫-△起动异步电动机就地补偿线路
（a)线路之一 （b)线路之二

类似内部装有放电电阻的电容器。

采用图 5-7(b)所示线路时,每组单相电容器直接并联在电动机每相绕组的两个端子上。

2. 异步电动机无功就地补偿的注意事项

(1)如果电容器安装在电动机与热继电器之间,这时热继电器应按补偿后电动机已减小的电流整定。

(2)需防止自激过电压。

(3)补偿电容电缆的截面积应不小于电动机导线截面积的 1/3。

(4)个别补偿的电动机不得承受反转或反接制动;不得反复开停、点动或堵转。因此,它不适宜于吊车、电梯用电动机,或存在负载驱动电动机、多速电动机的场合。

(5)使用不当容易引起因谐波而造成电容器损坏现象。为此可采取以下措施:

①在电容器回路中串联电抗器。为了有效地抑制某次谐波,应对谐波电流进行实测。如主要目的是防止 3 次及以上谐波放大时,可串联感抗值为电容器容抗值 12%～13% 的电抗器;主要目的是在防止 5 次及以上谐波放大时,可串联感抗值为电容器容抗值 4.5%～6% 的电抗器。但要注意,串联 6% 或 4.5% 电抗器均会产生 3 次谐波电流放大,而串接 6% 电抗器对 3 次谐波电流的放大程度更加严重,串接 4.5% 电抗器则很接近于 5 次谐波谐振点的电抗值 4%。因此,当需要抑制 5 次及以上谐波,同时又要兼顾减小对 3 次谐波放大的情况下,可串接 4.5% 的电抗器。

串联电抗器后,还可使母线的谐波电压下降,电压波形得到改善。

②使用过负荷能力较高的电容器。这种方法的缺点是虽然能避免电容器的损坏,但仍会出现谐波电流放大,系统的谐波状况不会得到改善。

第六节 电动机调速改造与实例

一、电动机调速方式及比较

交流电动机采用调速技术节能,可使电机效率提高 5%～10%,当用于变负荷工况的风机、水泵时节能效果尤为显著,一般可节电 20%～30%,调速装置费用可在 1～3 年回收。

我们在选择调速方案时,不但要考虑电动机的类型、功率,而且还要考虑调速方式与负荷性质的配合问题。只有这样,才能既满足生产的需要,又满足节能的要求。

负荷的性质多种多样,但基本上可归纳如表 5-6 所示的五大类。

1. 调速方式及节能技术特性

众所周知,异步电动机运转速度是由定子电流频率 f、极对数 p 及转差率 s 三个参数决定的,用公式表示如下:

$$n=\frac{60f}{p}(1-s)$$

因此,可以通过改变这三个参数(s、p、f)来调速。

(1)改变转差率 s 的调速方法。主要有以下 9 种:①转子外接电阻;②调压调速;③电磁调速电机;④液力耦合器;⑤液压联轴器;⑥脉冲调速;⑦机械串级调速;⑧电机机组串级调速;⑨可控硅串级调速。

(2)改变极对数 p 的调速方法。变极调速。

(3)改变频率 f 的调速方法。主要有 5 种:①电压型;②电流型;③脉宽型(PWM);④他控式(对于凸极式同步电动机);⑤自控式(对于隐极式同步电动机)。

变极调速、串级调速、液力耦合器调速和电磁滑差离合器四种调速方法技术成熟可靠,经济上在 1～3 年内即可回收。变频器调速技术发展迅速,技术日趋成熟,价格不断降低,经济效益显著。

电动机不同调速方式的节能技术特性列于表 5-25,供选择方案时参考。

2. 负荷性质与调速方式的配合

当所采用调速方式的调速性质与负荷性质相一致时,电动机的容量能得到充分的利用,是最节电的;当两者性质不一致时,将会使电动机的额定转矩或额定功率增大,从而使电动机的容量得不到充分利用。

(1)恒转矩负荷,应选择恒转矩变极调速,或恒转矩变频调速及各种改变转差调速方式。

(2)恒功率负荷,应选择恒功率变极调速,恒功率变频调速方式。

(3)递减功率负荷及平方转矩负荷,原则上,各种调速方式都能适用。可根据不同负荷的变化规律,选择节能效果好的调速方式。例如,对风机、水泵类流体负荷的流量实行控制时,有如下原则可供选择调速方式时参考:

①流量在 $90\% \sim 100\%$ 变化时,各种调速方式与入口节流方式的节能效果相近,因此无需调速运行。

②当流量在 $80\% \sim 100\%$ 变化时,应采用串级或变频高效调速方式,而不宜采用调压、转子外接电阻、电磁滑差离合器等改变转差率的低效调速方式。

③当流量在 $50\% \sim 100\%$ 变化时,各种调速方式均适用。当采用变极调速时,流量只能阶梯状变化($75\%/100\%$; $67\%/100\%$)。

④当流量在 $<50\% \sim 100\%$ 变化时,以采用变频调速,串级调速最合适。

二、异步电动机变极调速节电改造与实例

通过变换异步电动机绕组极数,从而改变同步转速进行调速的方式称为变极调速。当采用变极调速方式时,其转速只能按阶跃方式变化,而不能像变频调速那样连续变化。但变极调速方法

表 5-25 电动机不同调速方式的节能技术特性

调速方式名称	调速原理	可靠性	转差损耗	估计节能率(%)	维修难易程度	应用场合	传速功率限制	优 点	缺 点	参考价
变极调速	改变极对数 p	决定于定子换极开关	小	20	易	笼型转子，有级调速且转换不频繁场合	一	价廉	有级调节，开关易坏	<50元/kW
变频调速	改变频率 f	决定于元器件的质量	小	30	难，要求技术水平高	笼型转子电动机，适于高转速高精度调速	目前用于中小功率	高效、高精度、改造时不换电机	价高，维修难，有高次谐波	150kW 时8万元,30kW时2万元
变压调速	改变电压 U	较高	有，不能回收	20	较易	笼型转子电动机，<5kW，绕线转子电动机，<40kW	小功率	价廉	有高次谐波，调速范围0.8	100元/kW
转子串电阻调速	改变转差率 s	高	有，不能回收	25	易	用于绕线型电动机	各种功率	价廉，维修易	效率低	斩波200元/kW；电阻30元/kW

续表 5-25

调速方式名称	调速原理	可靠性	转差损耗	估计节能率(%)	维修难易程度	应用场合	传递功率限制	优点	缺点	参考价
串级调速	改变转差率s	较高	有,能回收	30	要求技术水平较高	绕线式电动机	多用于中小功率,也可用于大功率	逆变器是静止的	有高次谐波	500kW7万元; 30kW7千元
电磁转差离合器	改变转差率s	高	有,不能回收	25	易	用于笼型电动机	小功率	结构简单、可靠、易维护	存在死区、可控区	—
调速液力偶合器	改变偶合器转差	高	有,不能回收	25	易	用于高速大功率笼型电动机	无限制	坚固耐用、很少维修	有油水系统	100元/kW左右
调速离合器	改变离合器转差	高	有,不能回收	25	较易	用于高速大功率的笼型电动机	无限制	坚固耐用	有油水系统	120元/kW左右
无级变速器	各种机械方式	高	无	30	较易	用于各型电动机	目前200kW以下	高效、高精度、坚固耐用	用少量油水	250元/kW左右

注:1. 节能率为估计值,具体项目要具体分析。
　　2. 参考价,由于材料价上涨等因素,只作比较参考。

简单,投资少,对于循环水泵、抽油机井等使用的电动机可以采用此方法。如循环泵实行双速运行后,可根据季节条件改变驱动转速,达到调节循环水量,节约用电的目的。即用水量小时,泵采用低速挡运行;用水量大时,泵采用高速挡运行。如果一台循环泵每年低速运行 3 个月,年节电量非常可观,基本上一年即可收回投资。

电动机变极调速,对于新投用设备,设计时可以直接选用多速电动机,对于已投入运行的设备,可在节能改造时将单速电动机改为多速电动机。

1. 变极多速电动机的选用

电动机功率的选择与单速电动机功率选择相同,不论高速与低速都要能起动负载。虽然高速时与低速时的电动机电流是不相同的,但都使用同一绕组,因此热继电器和断路器的过载保护整定值可按高速(电流大)的整定。

(1)YD 系列双速电动机。YD 系列双速电动机的技术数据见表 5-26。

(2)YDT 系列双速电动机。YDT 系列电动机专用于驱动风机、水泵等类设备。它能根据风机和泵的负荷转矩与转速的平方成正比的关系,按转速合理匹配相应的功率,从而使设备在低速运行时节约较多的电能。

YDT 系列双速电动机的技术数据见表 5-27。

2. 单速电动机改造为双速电动机的实例

(1)方法一。

已知原单速电动机的绕组数据,便可按表 5-28 简捷地计算所需双速电动机的绕组数据。

【实例】 有一台丫系列电动机,已知额定功率 P_e 为 4kW,4 极,丫形接线,定子槽数 Z 为 36,每槽导线根数 N_1 为 46,单层交叉绕,导线直径 d_1 为 1.06mm,并联支路数 a 为 1,欲改成 2/4 极双速电动机,试计算改绕参数。

表5-26 YD系列双速电动机技术数据

| 型号 | 额定功率 (kW) | 满载时 | | | | 堵转电流/额定电流 | 堵转转矩/额定转矩 | 质量 (kg) |
		转速 (r/min)	电流 (A)	效率 (%)	功率因数			
YD132S-4/2	4.5/5.5	1450/2860	9.8/11.9	83/79	0.84/0.89	6.5/7	1.7/1.8	68
YD132M-4/2	6.5/8	1450/2880	13.8/17.1	84/80	0.85/0.89	6.5/7	1.7/1.8	81
YD160M-4/2	9/11	1460/2920	18.5/22.9	87/82	0.85/0.89	6.5/7	1.6/1.8	123
YD160L-4/2	11/14	1460/2920	22.3/28.8	87/82	0.86/0.90	6.5/7	1.7/1.9	144
YD180M-4/2	15/18.5	1470/2940	29.4/36.7	89/85	0.87/0.90	6.5/7	1.8/1.9	182
YD180L-4/2	18.5/22	1470/2940	35.9/42.7	89/86	0.88/0.91	6.5/7	1.6/1.8	190
YD200L-4/2	26/30	1470/2950	49.9/58.3	89/85	0.89/0.92	6.5/7	1.4/1.6	270
YD225S-4/2	32/37	1480/2960	60.7/71.1	90/86	0.89/0.92	6.5/7	1.4/1.6	318
YD225M-4/2	37/45	1480/2960	69.4/86.4	91/86	0.89/0.92	6.5/7	1.6/1.6	354
YD250M-4/2	45/52	1480/2960	84.4/98.7	91/88	0.89/0.92	6.5/7	1.6/1.6	427
YD280S-4/2	60/72	1490/2970	111.3/135.1	91/88	0.90/0.92	6.5/7	1.4/1.5	597
YD280M-4/2	72/82	1480/2970	133.6/152.2	91/88	0.90/0.93	6.5/7	1.4/1.5	667
YD132M-6/4	4/5.5	970/1440	9.8/12.3	82/80	0.76/0.85	6/6.5	1.6/1.4	84
YD160M-6/4	6.5/8	970/1460	15.1/17.6	84/83	0.78/0.84	6/6.5	1.5/1.5	119
YD160L-6/4	9/11	970/1460	20.6/23.6	85/84	0.78/0.85	6/6.5	1.6/1.7	147
YD180M-6/4	11/14	980/1470	25.9/29.7	85/84	0.76/0.85	6/6.5	1.6/1.7	192
YD180L-6/4	13/16	980/1470	29.4/33.6	86/85	0.78/0.85	6/6.5	1.7/1.7	224
YD200L-6/4	18.5/22	980/1460	41.4/44.8	87/87	0.78/0.86	6.5/7	1.6/1.5	250
YD225S-6/4	22/28	980/1470	44.2/56.4	88/87	0.86/0.87	6.5/7	1.8/1.8	330
YD225M-6/4	26/32	980/1470	52.6/62.3	88/87	0.86/0.90	6.5/7	1.5/1.3	344
YD250M-6/4	32/42	980/1480	62.1/80.5	90/87	0.87/0.91	6.5/7	1.5/1.3	479
YD280S-6/4	42/55	980/1480	81.5/106.4	90/87	0.87/0.90	6.5/7	1.5/1.3	614

续表 5-26

型号	额定功率 (kW)	转速 (r/min)	满载时			堵转电流 额定电流	堵转转矩 额定转矩	质量 (kg)
			电流 (A)	效率 (%)	功率因数			
YD280M-6/4	55/67	990/1480	106.7/131.5	90/88	0.87/0.89	6.5/7	1.6/1.3	710
YD132M-8/4	3/4.5	720/1440	9.0/9.4	78/82	0.65/0.89	5.5/6.5	1.5/1.6	80
YD160M-8/4	5/7.5	730/1450	13.9/15.2	83/84	0.66/0.89	5.5/6.5	1.5/1.6	119
YD160L-8/4	7/11	730/1450	19/21.8	85/86	0.66/0.89	5.5/6.5	1.5/1.6	147
YD180L-8/4	11/17	740/1470	26.7/32.3	87/88	0.72/0.91	6/7	1.5/1.5	254
YD200L1-8/4	14/22	740/1470	33/41.3	87/88	0.74/0.92	6/7	1.8/1.7	261
YD200L2-8/4	17/26	740/1470	40.1/48.8	87/88	0.74/0.92	6/7	1.5/1.7	301
YD225M-8/4	24/34	740/1470	53.2/66.7	89/88	0.77/0.88	6/7	1.5/1.5	340
YD250M-8/4	30/42	740/1480	64.9/78.8	90/89	0.78/0.91	6/7	1.6/1.7	479
YD280S-8/4	40/55	740/1480	83.5/102	91/90	0.80/0.91	6/7	1.6/1.7	585
YD280M-8/4	47/67	740/1480	96.9/122.9	91/90	0.81/0.92	6/7	1.6/1.7	730
YD160M-8/6	4.5/6	730/980	13.3/14.7	83/85	0.62/0.73	5/6	1.6/1.9	119
YD160L-8/6	6/8	730/980	17.5/19.4	84/86	0.62/0.73	5/6	1.6/1.9	147
YD180M-8/6	7.5/10	730/980	21.9/24.2	84/86	0.62/0.73	5/6	1.9/1.9	195
YD180L-8/6	9/12	730/980	24.8/28.3	85/86	0.65/0.75	5/6	1.8/1.8	224
YD200L1-8/6	12/17	730/980	32.6/39.1	86/87	0.65/0.76	5/6	1.8/2	250
YD200L2-8/6	15/20	730/980	40.3/45.4	87/88	0.65/0.76	5/6	1.8/2	301
YD160M-12/6	2.6/5	480/970	11.6/11.9	74/84	0.46/0.76	4/6	1.2/1.4	119
YD160L-12/6	3.7/7	480/970	16.1/15.8	76/85	0.46/0.79	4/6	1.2/1.4	147
YD180L-12/6	5.5/10	490/980	19.6/20.5	79/86	0.54/0.86	4/6	1.3/1.3	224
YD200L1-12/6	7.5/13	490/970	24.5/26.4	83/87	0.56/0.86	4/6	1.5/1.5	270
YD200L2-12/6	9/15	490/980	28.9/30.1	83/87	0.57/0.87	4/6	1.5/1.5	301
YD225M-12/6	12/20	490/980	35.2/39.7	85/88	0.61/0.87	4/6	1.5/1.5	292
YD250M-12/6	15/24	490/990	42.1/47.1	86/89	0.63/0.87	4/6	1.5/1.5	408
YD280S-12/6	20/30	490/990	54.8/58.9	88/89	0.63/0.87	4/6	1.5/1.5	536
YD280M-12/6	24/37	490/990	65.8/72.6	88/89	0.63/0.87	4/6	1.5/1.5	585

表 5-27　YDT 系列电动机技术数据

| 型　号 | 额定功率 (kW) | 满载时 | | 堵转转矩 额定转矩 | 堵转电流 额定电流 | 质量 (kg) |
		定子电流 (A)	转速 (r/min)			
YDT132S-6/4	1.5/4.5	4.1/9.6	970/1450	1.8/2.2	6/7.5	68
YDT132M-6/4	2/6	5.2/12.2	970/1450	1.8/2.2	6/7.5	81
YDT160M-6/4	3/9	7.1/17.9	970/1460	1.8/2.2	6/7.5	125
YDT160L-6/4	4/12	9.2/23.8	970/1460	1.8/2.2	6/7.5	150
YDT180M-6/4	4.5/14	10.7/27.7	980/1470	1.5/2.2	6/7.5	182
YDT180L-6/4	5.5/17	12.9/33.2	980/1470	1.6/2.0	6/7.5	190
YDT200L-6/4	8/24	18.8/47.3	980/1470	1.5/1.5	6/7.5	270
YDT225S-6/4	10/30	23.5/59.1	980/1470	1.5/1.5	6/7.5	284
YDT225M-6/4	12/37	30.6/72.9	980/1470	1.5/1.5	6/7.5	320
YDT250M-6/4	16/47	40/92.6	980/1470	1.5/1.5	6/7.5	427
YDT280S-6/4	20/60	51.8/118.2	980/1470	1.5/1.5	6/7.5	562
YDT280M-6/4	27/72	63.5/141.8	980/1470	1.5/1.5	6/7.5	667
YDT132S-8/6	1.1/2.4	2.9/4.9	720/980	2/2.2	5.5/6.5	70
YDT132M-8/6	1.8/3.7	4.7/7.8	720/980	2/2.2	5.5/6.5	83
YDT160M-8/6	2.6/6	7.1/13.6	720/980	2/1.9	5.5/6.5	150
YDT160L-8/6	3.7/8	9.7/16.5	720/980	1.8/2.2	5.5/6.5	165
YDT180M-8/6	4.5/10	12.7/22.1	730/980	1.8/2.0	5.5/6.5	185
YDT180L-8/6	5.5/12	15.5/26.2	730/980	1.8/2.0	5.5/6.5	195
YDT200L1-8/6	8/17	21/38	730/980	1.8/2.0	5.5/6.5	275
YDT200L2-8/6	10/20	25/45	730/980	1.8/2.0	5.5/6.5	280
YDT225M-8/6	12/25	25.6/47	730/980	1.6/1.8	5.5/6.5	325
YDT250M-8/6	15/30	31.4/56.4	730/980	1.6/1.8	5.5/6.5	430
YDT280S-8/6	18/37	35.4/69.8	740/980	1.3/1.4	5.5/6.5	570
YDT280M1-8/6	22/45	50.8/83.8	740/980	1.3/1.4	5.5/6.5	670
YDT280M2-8/6	27/55	55.8/101	740/980	1.3/1.4	5.5/6.5	690
YDT225M-12/6	4.4/22	1.7/44.5	490/980	1.3/1.5	5/6.5	330
YDT250M-12/6	6/30	17.2/58.8	490/980	1.3/1.5	5/6.5	430
YDT280S-12/6	7.5/37	21.5/72.2	490/980	1.3/1.5	5/6.5	570
YDT280M-12/6	9/45	23.6/84.6	490/980	1.3/1.5	5/6.5	670
YDT200L2-12/8/6	2.2/5.5 /11	7.7/14.2 /22.7	490/740 /980	1.0/1.8 /1.2	4/6/6.5	300
YDT225M-12/8/6	3.3/7.5 /15	10.8/17.3 /31.6	490/740 /980	1.0/1.8 /1.2	4/6/6.5	340
YDT280M2-8/10	22/12	47/27	738/590	1.6/1.7	6.5/6.5	
YDT280M3-8/10	37/20	79.6/48	740/588	1.6/1.7	6.5/6.5	

表 5-28 单速电动机改为双速电动机的计算

计算公式 / 连接方式 / 参数	2极1路Y改 4极△/2极YY	4极1路Y改 8极△/4极YY	4极1路Y改 4极△/2极YY
绕组节距 1~X	$X=(槽数\div4)+1$	$X=(槽数\div8)+1$	$X=(槽数\div4)+1$
每槽导线数(根)	原每槽导线数$\times2\sqrt3$	原每槽导线数$\times2\sqrt3$	原每槽导线数$\times\sqrt3$
导线直径(mm)		$\sqrt{\dfrac{原每槽导线数}{改后每槽导线数}}\times原导线直径$	
输出功率(kW)	4极△=原2极功率$\times50\%$ 2极YY=原2极功率$\times60\%$	8极△=原4极功率$\times50\%$ 4极YY=原4极功率$\times60\%$	4极△=原4极功率$\times100\%$ 2极YY=原4极功率$\times120\%$

解 根据 4 极 1 路Y接改为 4 极△/2 极YY接,查表 5-28,得改后电动机有关参数为:

绕组节距 $\quad\tau'=\dfrac{Z}{4}+1=\dfrac{36}{4}+1=10(槽)$,即 1~10

每槽导线数 $\quad N_1'=N_1\sqrt3=46\sqrt3\approx80(根)(取偶数)$

导线直径 $\quad d_1'=d_1\sqrt{\dfrac{N_1}{N_1'}}=1.06\times\sqrt{\dfrac{46}{80}}\approx0.80(mm)$

选标准线规为 $\phi0.80mm$ 的漆包线。

输出功率 $P_4=P_e\times100\%=4\times100\%=4(kW)$ [4 极(△)时]

$P_2=P_e\times120\%=4\times120\%=4.8(kW)$ [2 极(YY)时]

(2)方法二。

改绕前,先记录下单速电动机的有关数据:额定电压 U_e、额定功率 P_e、额定频率 f_e、额定电流 I_e、额定转速 n_e、定子槽数 Z、定子每槽导线数 N_1、导线直径 d_1、转子槽数 Z_2、绕组接法、节距 y、并联支路数 a_1、并绕根数 n、绕组型(双层或单层)等。如无上述数据,则应按单速电动机重绕计算求得。

①选择单绕组变极调速方案。若要求近似恒转矩,则选极数

少时绕组系数 k_{dp} 较高，极数多时 k_{dp} 较低的方案；若要求近似恒功率，则应选择两个极下绕组系数 k_{dp} 均较高的方案。

②选择绕组连接方式。恒转矩宜采用丫丫/丫接法；转矩随转速下降而减小的宜采用△△/丫接法；恒功率宜采用丫丫/△，丫丫/丫丫接法。

③确定绕组节距。一般多速电动机均采用双层绕组，绕组节距在多极数时用全距或接近全距。

④每槽导线数的计算。

a. 以双速电动机中与有一极数单速电动机相同为基准，选择每槽导线数如下

$$N_1' = \frac{U_1' k_{dp} a_1'}{U_1 k_{dp}' a_1} N_1$$

b. 根据两个极下气隙磁通密度比选择每槽导线数如下

$$\frac{B_{\delta II}}{B_{\delta I}} = \frac{U_{II} \, p_{II} \, W_I \, k_{dp \, I}}{U_I \, p_I \, W_{II} \, k_{dp \, II}}$$

式中　B_δ——气隙磁通密度（T）；

　　　p——极对数；

　　　W——每相串联匝数。

其中注脚 I 为少极数时的量，II 为多极数时的量。

$$\frac{B_{\delta II}}{B_{\delta I}} \begin{cases} =1, \text{取 } N_1 \text{ 为多速电动机的每槽导线数} \\ <1, N_1 \text{ 要适当增加} \\ >1, N_1 \text{ 要适当减少} \end{cases}$$

⑤导线直径的选择。

$$d_1' = \sqrt{\frac{N_1}{N_1'}} \, d_1$$

⑥功率估算。

a. 与原单速电动机极数相同时的功率。

$$P_1' = \frac{U_1' a_1' d_1'^2}{U_1 a_1 d_1^2} \times P_1$$

式中　P'_1、U'_1、a'_1、d'_1——改绕后多速电动机与原单速电动机极数相同时的功率、相电压、并联支路数和导线直径。

b. 两种极数下的功率比。

$$\frac{P_{\text{II}}}{P_{\text{I}}}=K\frac{U_{\text{II}}a_{\text{II}}}{U_{\text{I}}a_{\text{I}}}$$

c. 三种极数下的功率比。

$$\frac{P_{\text{III}}}{P_{\text{II}}}=K\frac{U_{\text{III}}a_{\text{III}}}{U_{\text{II}}a_{\text{II}}}$$

$$\frac{P_{\text{II}}}{P_{\text{I}}}=K\frac{U_{\text{II}}a_{\text{II}}}{U_{\text{I}}a_{\text{I}}}$$

式中　K——功率降低系数（因低速时通风散热效果较差等所致），可取 $0.7\sim0.9$。

【实例】　有一台三相单速电动机，已知额定功率 P_e 为 30kW，4 极，相电压 U_1 为 380V，并联支路数 a_1 为 2，绕组系数 k_{dp} 为 0.946，导线直径 d_1 为 $2\times\phi1.56$mm，每槽导线数 N_1 为 30，2△ 双层绕组。欲改绕成 4/6 极双速电动机，双速电动机的技术参数为：丫丫/丫接法，双层绕组，节距 y 为 6；6 极时 U_6 为 220V，a_6 为 1，k_{dp6} 为 0.644；4 极时 U_4 为 220V，a_4 为 2，k_{dp4} 为 0.831。试计算改绕参数。

解　a. 每槽导线数的计算。

$$N'_1=\frac{U_4k_{\text{dp}}a_4}{U_1k_{\text{dp4}}a_1}N_1=\frac{220\times0.946\times2}{380\times0.831\times2}\times30=19.77（根）$$

取 $N'_1=20$，每个绕组为 10 匝。

b. 导线直径的选择。

$$d'_1=\sqrt{\frac{N_1}{N'_1}}d_1=\sqrt{\frac{30}{20}}\times1.56=1.91（\text{mm}）$$

即 $d'_1=2\times\phi1.91$mm。为嵌线容易，按等截面原则换算，选用标准线规 $4\times\phi1.35$mm 漆包线。

c. 功率估算：

4 极时，$P_4 = \dfrac{U_4 a_4 d_4^2}{U_1 a_1 d_1^2} P_e$

$$= \frac{220 \times 2 \times 1.91^2}{380 \times 2 \times 1.56^2} \times 30 = 26 (\mathrm{kW})$$

6 极时，取功率降低系数 $K = 0.8$，则

$$p_6 = K \frac{U_6 a_6}{U_4 a_4} P_4 = 0.8 \times \frac{220 \times 1}{220 \times 2} \times 26 = 10.4 (\mathrm{kW})$$

d. 双速电动机数据为：$P = 26/10.4\mathrm{kW}$，$U_e = 380\mathrm{V}$，丫丫/丫接线，$2p = 4/6$，双层绕组，$y = 1 \sim 7$，每个绕组 10 匝，选用导线 $4 \times \phi 1.35\mathrm{mm}$ 漆包线。

三、双速电动机控制线路

1. 2丫/△接法双速电动机开关控制线路

小容量双速电动机可用组合开关（如经改装的 LW5 型）进行控制。2丫/△接法的双速电动机定子绕组引出线的接线如图 5-8 所示，转换开关 SA 各触点接线如图 5-9 所示。

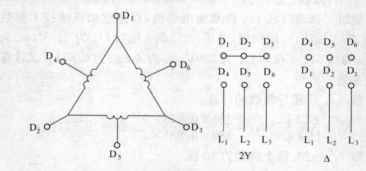

图 5-8　双速电动机定子绕组 2丫/△接法

工作原理：合上电源开关 QS，当转换开关 SA 置于"0"位置时，由 SA 触点闭合表可知，各组触点均处于断开状态，因此电动机为停机状态。当 SA 置于右侧位置时，触点 1-2、5-6、9-10 闭合，三相电源与电动机引出线 D_1、D_2、D_3 接通，电动机为 △ 形联接，电动机低速运行。

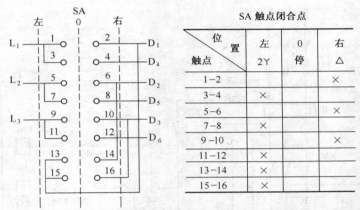

图 5-9 2丫/△接法双速电动机开关控制线路组合开关各触点接线

当 SA 置于左边位置时,触点 3-4、7-8、11-12 闭合,三相电源与电动机引出线 D_4、D_5、D_6 接通,又由于触点 13-14、15-16 闭合,使电动机引出线 D_1、D_2、D_3 短接,电动机为 2丫形联结,电动机高速运行。

2. 2丫/△接法双速电动机接触器控制线路之一

线路图如图 5-10 所示。

工作原理:合上电源开关 QS,按下低速起动按钮 SB_2,接触器 KM_1 得电吸合并自锁,三相电源与电动机引出线 D_1、D_2、D_3 接通,D_4、D_5、D_6 空着,电动机为△形联结,电动机低速运行。

按下高速起动按钮 SB_1,接触器 KM_3、KM_2 先后吸合并自锁,D_1、D_2、D_3 被 KM_3 主触点短接,三相电源与电动机引出线 D_4、D_5、D_6 接通,此时电动机为 2丫形联结,电动机高速运行。

在该线路中,电动机接成 2丫形时,先由接触器 KM_3 接通定子绕组的中心点,然后 KM_2 才得电吸合,接通电源。这样,可避免接通电源时,因电流过大而烧坏 KM_3 主触头。

KM_1、KM_2 和 KM_3 的常闭辅助触点为连锁触点。

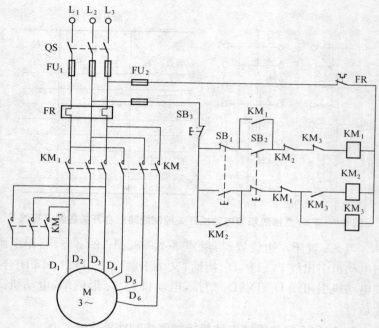

图 5-10   2丫/△接法双速电动机控制线路之一

3. 2丫/△接法双速电动机接触器控制线路之二

线路之二如图 5-11 所示。该线路只用两只接触器,线路简单,但只适用于额定功率为 2kW 以下的双速电动机。

工作原理:合上电源开关 QS,按下低速起动按钮 SB_1,接触器 KM_1 得电吸合并自锁。三相电源与电动机引出线 D_1、D_2、D_3 接通,D_4、D_5、D_6 悬空,电动机为△形联结,电动机低速运行。

按下高速起动按钮 SB_2,接触器 KM_2 得电吸合并自锁。电动机引出线 D_1、D_2、D_3 被 KM_2 常开触点短接,三相电源与 D_4、D_5、D_6 接通,电动机为 2丫形联结,电动机高速运行。

4. 2丫/△接法双速电动机接触器控制线路之三

线路之三如图 5-12 所示。

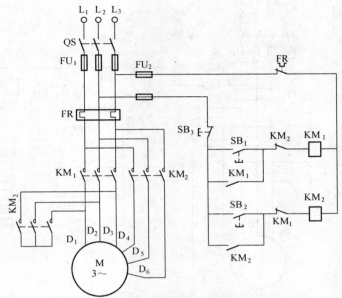

图 5-11　2Y/△接法双速电动机接触器控制线路之二

工作原理：合上电源开关 QS，当转换开关 SA 置于"停止"位置时，电动机处于停转状态。当转换开关 SA 置于"低速"位置时，接触器 KM_1 得电吸合，三相电源与电动机引出线 D_1、D_2、D_3 接通，电动机为△形联结，电动机低速运行。

当 SA 置于"高速"位置时，时间继电器 KT 线圈通电，其常开触点闭合，接触器 KM_1 得电吸合，其常闭辅助触点分段联锁，电动机接成△形而低速运行。经过一段延时后，KT 的延时断开常闭触点断开，延时闭合常开触点闭合，接触器 KM_1 失电释放，其常闭辅助触点闭合，接触器 KM_2、KM_3 得电吸合并自锁，电动机为 2Y 形联结，电动机高速运行。同时，由于 KM_2 常闭辅助触点断开，时间断电器 KT 退出工作。

调整时间继电器 KT，可以改变电动机从低速起动到高速运行间隔的时间。

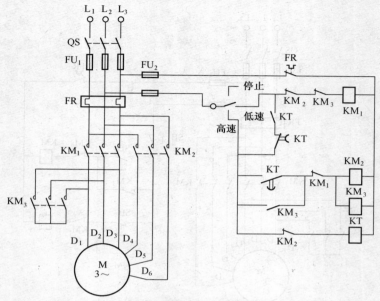

图 5-12   2Y/△接法双速电动机接触器控制线路之三

5. 2△/丫接法双速电动机开关控制线路

2△/丫接法的双速电动机定子绕组引出线的接线如图 5-13 所示,转换开关 SA 各触点接线如图 5-14 所示。

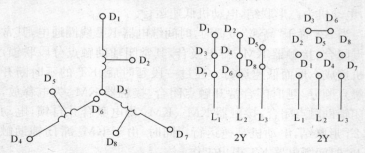

图 5-13   双速电动机定子绕组 2 △/丫接法

工作原理:合上电源开关 QS,当转换开关 SA 置于"0"位置

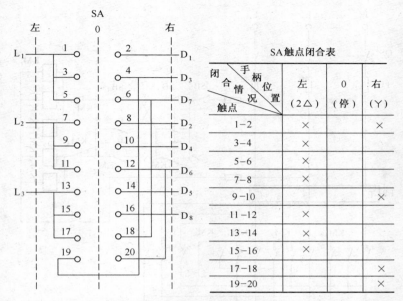

图 5-14　2△/丫接法双速电动机开关控制线路转换开关 SA 各触点接线

时,由 SA 触点闭合表可知,各组触点均处于断开状态,电动机处于停机状态。当 SA 置于右侧位置时,触点 1-2、9-10、17-18 闭合,三相电源与电动机引出线 D_1、D_4、D_7 接通,又由于触点 19-20 闭合,将 D_3、D_6 短接,电动机为丫形联结,电动机低速运行。

当 SA 置于左侧位置时,触点 1-2、3-4、5-6、7-8、9-10、11-12、13-14、15-16 均闭合,三相电源与电动机引出线 D_6、D_7、D_8 接通,电动机为 2△形联结,投入高速运转。

6. 2△/丫接法双速电动机接触器控制线路

线路图如图 5-15 所示。

工作原理:合上电源开关 QS,按下低速起动按钮 SB_1,接触器 KM_4、KM_5 得电吸合并自锁,KM_4 常闭辅助触点断开,切断接触器 KM_1、KM_2 和 KM_3 线圈回路。此时三相电源与电动机引出线 D_1、D_4、D_7 接通,D_2、D_5、D_8 空开,D_3、D_6 短接,电动机为丫形联

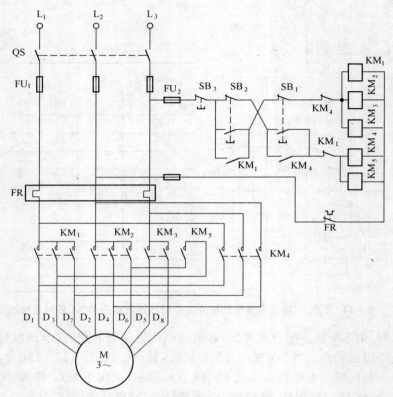

图 5-15　2△/丫接法双速电动机控制线路

结,电动机低速运行。

　　按下高速起动按钮 SB_2,接触器 KM_1、KM_2、KM_3 得电吸合并自锁,U 相电源与电动机引出线 D_1、D_3、D_7 接通,V 相电源与 D_2、D_4、D_6 接通,W 相电源与 D_5、D_8 接通,电动机为 2△形联结,电动机高速运行。

7. 2丫/2丫接法双速电动机开关控制线路

　　2丫/2丫接法的双速电动机定子绕组引出线接线如图 5-16 所示,电动机开关控制线路转换开关 SA 各触点接线如图 5-17 所示。

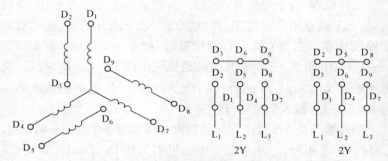

图 5-16 双速电动机定子绕组 2Y/2Y 接法

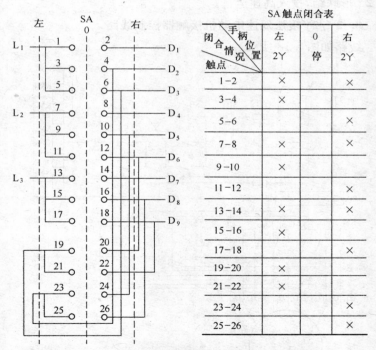

SA 触点闭合表

闭合情况 触点	左 2Y	0 停	右 2Y
1-2	×		×
3-4	×		
5-6			×
7-8	×		
9-10	×		
11-12			×
13-14	×		×
15-16	×		
17-18			×
19-20	×		
21-22	×		
23-24			×
25-26			×

图 5-17 2Y/2Y 接法的双速电动机开关控制线路转换
开关 SA 各触点接线

工作原理:合上电源开关 QS。当转换开关 SA 置于"0"位置时,由 SA 触点闭合表可知,各组触点均处于断开状态,电动机处于停机状态。当 SA 置于右侧位置时,触点 1-2、5-6、7-8、11-12、13-14、17-18 闭合,三相电源与电动机引出线 D_1、D_4、D_7 接通,又由于触点 23-24、25-26 闭合,D_2、D_5、D_8 被短接,电动机接成第一种 2丫形联结,投入低速运行。

当转换开关 SA 置于左侧位置时,SA 触点 1-2、3-4、7-8、9-10、13-14、15-16 闭合,三相电源与电动机引出线 D_1、D_4、D_7 接通,又由于触点 19-20、21-22 闭合,D_3、D_6、D_9 被短接,电动机接成第二种 2丫形联结,投入高速运行。

8. 2丫/2丫接法双速电动机接触器控制线路

线路如图 5-18 所示。

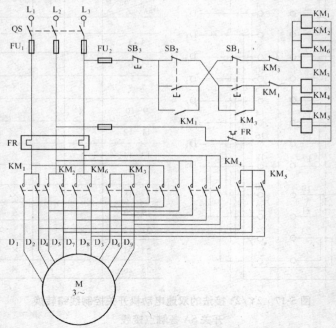

图 5-18　2丫/2丫接法双速电动机接触器控制线路

工作原理:合上电源开关 QS,按下低速起动按钮 SB$_1$,接触器 KM$_3$、KM$_4$、KM$_5$ 得电吸合并自锁。电动机引出线 D$_1$、D$_3$、D$_4$、D$_6$、D$_7$、D$_9$ 分别与电源 U 相、V 相和 W 相接通,D$_2$、D$_5$、D$_8$ 被短接,电动机接成第一种 2丫形联结,电动机低速运行。

按下高速起动按钮 SB$_2$,接触器 KM$_1$、KM$_2$、KM$_6$ 得电吸合并自锁。电动机引出线 D$_1$、D$_2$、D$_4$、D$_5$、D$_7$、D$_8$ 分别与电源 U 相、V 相、W 相接通,D$_3$、D$_6$、D$_9$ 被短接,电动机接成第二种 2丫形联结,进入高速运行。

四、直流电动机调速改造与实例

1. 直流电动机不同调速方法比较

直流电动机能在宽广范围内平滑地调速。当电枢回路内接入调节电阻 R_f 时,转速可按下式计算:

$$n=\frac{U-\left[I_a(R_a+R_f)+\Delta U_b\right]}{C_e\Phi}$$

式中符号同前。

由上式可知,直流电动机可以采用调节励磁电流、电枢端电压和电枢回路电阻等方法进行调速。不同调速方法的主要特点、性能和适用范围见表 5-29。

表 5-29 直流电动机不同调速方法的主要特点、性能和适用范围

调速方法	调节励磁电流	调节电枢电压	调节电枢回路电阻
特性曲线	见图 5-19	见图 5-20	见图 5-21
主要特点	(1)$U=$常值,转速 n 随励磁电流 I_1 和磁通 Φ 的减小而升高 (2)转速愈高,换向愈困难,电枢反应和换向元件中电流的去磁效应对电动机运行稳定性的影响愈大。最高转速受机械因素、换向和运行稳定性的限制 (3)电枢电流保持额定值不变时,转矩 M 与 Φ 成正比,n 与 Φ 成反比,输入、输出功率及效率基本不变	(1)$\Phi=$常值,转速 n 随电枢端电压 U 的减少而降低 (2)低速时,机械特性的斜率不变,稳定性好。由发电机组供电机,最低转速受发电机剩磁的限制 (3)电枢电流保持额定值不变时,M 保持不变,n 与 U 成正比,输入、输出功率随 U 和 n 的降低而减小,效率基本不变	(1)$U=$常值,转速 n 随电枢回路电阻 R 的增加而降低 (2)转速愈低,机械特性愈软。采用此法调速时,调速变阻器可作起动变阻器用 (3)电枢电流保持额定值不变时,M 保持不变,可作恒转矩调速,但低速时,输出功率随 n 的降低而减小,而输入功率不变,效率将随 n 的降低而降低,经济性很差

续表 5-29

调速方法	调节励磁电流	调节电枢电压	调节电枢回路电阻
适用范围	适用于额定转速以下的恒功率调速	适用于额定转速以下的恒转矩调速	只适用于额定转速以下,不需经常调速,且机械特性要求较软的调速

直流电动机的机械特性如图 5-19～图 5-21 所示。

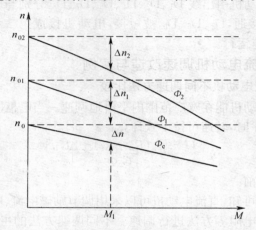

图 5-19　他励直流电动机励磁改变时的机械特性($\Phi_e > \Phi_1 > \Phi_2$)

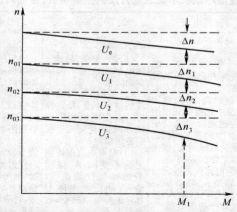

图 5-20　他励直流电动机电枢电压改变时的机械特性($U_e > U_1 > U_2 > U_3$)

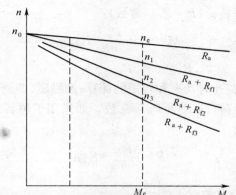

图 5-21 他励直流电动机电枢串接电阻时的机械特性（$R_{f3} > R_{f2} > R_{f1}$）

2. 直流电动机调速时功率和转矩的计算

（1）他励直流电动机的转矩与功率的关系为：

$$P = \frac{Mn}{9555}$$

式中 P——电动机输出功率（kW）；

$\quad M$——电动机转矩（N·m）；

$\quad n$——电动机转速（r/min）。

（2）调压调速时功率和转矩的计算：

①恒转矩负荷（$M = M_e$＝常数）：

$$P_e = \frac{M_e n_e}{9555}$$

式中 P_e——电动机额定（输出）功率（kW）；

$\quad M_e$——电动机额定转矩（N·m）；

$\quad n_e$——电动机额定转速（r/min）。

当转速改变到 n 时，由于 $M = M_e$＝常数，故有

$$P = \frac{M_e n}{9555} = K_1 n$$

式中 K_1——常数，$K_1 = \dfrac{M_e}{9555}$。

②恒功率负荷($P=P_e=$常数)：

$$M=9555\frac{P_e}{n}=K_2/n \qquad ①$$

式中　K_2——常数，$K_2=9555P_e$。

（3）调磁调速时功率和转矩的计算：调励磁（即调 Φ）调速通常用于恒功率负荷，即 $P_2=P_e=$ 常数。如果用于恒转矩负荷，则电动机的功率为

$$P=\frac{M_2 n}{9555}=K_3 n$$

式中　K_3——常数，$K_3=\dfrac{M_2}{9555}$。

在此恒转矩 M_2 下，电动机的最高转速为

$$n_{max}=\frac{9555P_e}{M_2}$$

对于恒功率负荷，转矩 M 按式①计算。

【实例】　某车间空调风机采用 JO_2-71-6 型、17kW 电动机带动，由于车间在不同季节所需风量并不相同，使用这台固定转速的风机，在需用风量小的季节将多余的风能白白分流而造成浪费，现欲采用直流电动机调速控制进行节电改造。

对原空调风机电动机的测算结果如表 5-30 所示。

表 5-30　原空调风机电动机的测算结果（最大风量时）

电动机型号	JO_2-71-6	功率	17kW	电压	380	接法	△
转速	970r/min	电流	34.4A	制造厂	温州	出厂	81 年 5 月
测试项目	空载	负载	测试项目	空载		负载	
I(A)	12.4	16.9	$R_t(\Omega)$	0.4816(热电阻)		—	
U(V)	373	370	$R_{75}(\Omega)$	—		—	
$P_{W1}+P_{W2}$(kW)	0.7	7.6	t(℃)	29			
s	0	0.00267	n(r/min)	1000		992	
P_{Cu}(W)	74.1	137.6	β(%)			40.1	
P_S(W)	0	20.7	$\cos\varphi$			0.63	
P_2(kW)	—	6.82	η(%)			89.7	

已知车间每年中有 1440h 需最大风量 Q_m，2600h 为 $0.8Q_m$，

2300h 为 $0.7Q_m$，试求：

（1）选择直流电动机型号规格；

（2）更换成直流电动机调速控制风量后年节电费多少？设电价 $\delta = 0.5$ 元/kWh；

解　（1）直流电动机的选择。由表 5-30 查得，原交流电动机在最大风量时的输出功率 $P_2 = 6.82$kW，效率 $\eta = 0.897$，故输入功率为

$$P_1 = P_2/\eta = 6.82/0.897 = 7.60(\text{kW})$$

可见最大风量时电动机输入功率 7.60kW 就够了，现在使用 17kW 电动机裕量很大。

设直流电动机的传动效率 $\eta_d = 0.85$，则所需输入功率为 $P_1 = 7.60/0.85 = 9$(kW)，又考虑到最大风量运行时间不很多，因此可选择 Z-71 型、10kW、额定电压为 220V、额定转速为 1000r/min 的直流电动机，其励磁电压 U_{le} 为 220V，最大励磁功率为 370W。

（2）更换后年节电量估算。原交流电动机时，年运行小时数 $T = 1440 + 2600 + 2300 = 6340$(h)，年消耗电量为

$$A_1 = P_1 T = 7.69 \times 6340 = 48754.6(\text{kW} \cdot \text{h})$$

对于风机负荷而言，可近似认为输入功率 $P_1 = P_2/\eta \propto n^3$，而转速 $n \propto Q$（风量），因此直流电动机在最大风量 Q_m 时的输入功率为 9kW，$0.8Q_m$ 时为 $0.8^3 \times 9 = 4.6$(kW)，$0.7Q_m$ 时为 $0.7^3 \times 9 = 3.1$(kW)；设励磁损耗在所有时间均按最大励磁功率 370W 计算，则年消耗电量为

$$A_2 = 1440 \times 9 + 2600 \times 4.6 + 2300 \times 3.1 + 0.37 \times 6340$$
$$= 32050(\text{kW} \cdot \text{h})$$

改造后年节约电费为

$$F = (A_1 - A_2)\delta = (48754.6 - 32050) \times 0.5 = 8352(\text{元})$$

如果已改造完毕，节电量应以实际测算值为准。

五、直流电动机调速控制线路

15kW 以内的直流电动机可采用简单的单相晶闸管整流装置作调速控制。装置可购现成产品,也可自制。线路系统方框图如图 5-22 所示,电气原理图如图 5-23 所示。

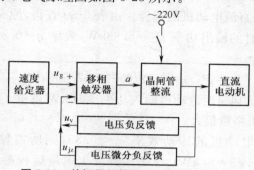

图 5-22　单相晶闸管整流装置系统方框图

1. 工作原理

主电路采用单相桥式整流电路($VD_1 \sim VD_4$ 组成),然后用晶闸管 V 进行调压调整。由于直流电动机的电枢旋转时产生反电势,只有当整流器的输出电压大于反电势时,晶闸管才能导通,因而通过电动机的电流是断续的。这样,晶闸管的导通角小,电流峰值很大,晶闸管易发热。为此在主电路中串接了电抗器 L,利用电抗器的自感电势,使晶闸管的导通时间延长,降低电流峰值,并减小电流的脉动程度,改善直流电动机的运行条件。

触发电路采用由单结晶体管 VT_1、晶体管 VT_2(作可变电阻用)等组成的弛张振荡器。晶体管 VT_3 作信号放大用。主令电压从电位器 RP_5 给出,电压负反馈电压从并联在电枢两端的 R_3 和电位器 RP_1 上取得。电压微分负反馈(为提高系统的动态稳定性)由 R_3、RP_2 和电容 C_3 组成。当电枢电压突变时,由 RP_2 上取出的反馈电压也骤变,因而对 C_3 充电,产生的电流经放大器的输入端,压低了输出电压的变化。主令电压和负反馈电压相比较所

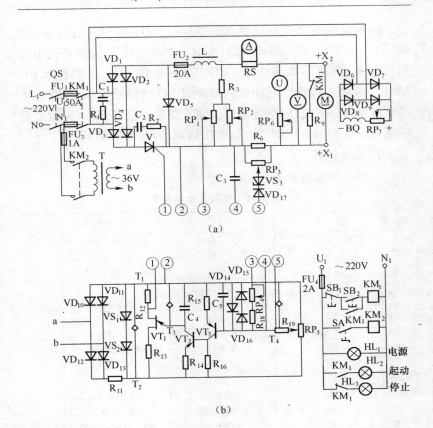

图 5-23 单相晶闸管整流装置电气原理图

(a)主电路 (b)控制电路

得的差值电压加到晶体管 VT_3 的基极进行放大,并控制晶体管 VT_2 的导通程度,以改变弛张振荡器的频率,改变晶闸管的导通角,从而改变电枢电压的大小,达到调节电动机转速的目的。

$VD_{14} \sim VD_{16}$ 为放大器输入端的钳位二极管,以保护晶体管 VT_3 不被损坏。电容 C_5 用来对输入脉动电压滤波及吸收输入信号的突变,可使调速过程比较平稳。

同步电压由交流电经整流桥 $VD_{10} \sim VD_{13}$ 整流，电阻 R_{11} 限流，稳压管 VS_1、VS_2 削波得到，R_2、C_2 为晶闸管 V 的换相过电压保护电路；快速熔断器 FU_1、FU_2 和熔断器 FU_3 作短路保护。VD_5 为续流二极管。电动机励磁绕组 BQ 的励磁电压，由交流电经整流桥 $VD_6 \sim VD_9$ 整流提供。调节瓷盘变阻器 RP_7，可改变励磁电流。此例因采用调节电枢电压调速，因此可不用 RP_7。

2. 元件选择

电器元件参数见表 5-31。

表 5-31　电器元件参数表

序　号	代　号	名　称	型号规格	数　量
1	$VD_1 \sim VD_4$、VD_5	整流二极管	2CZ50A/600V	5
2	$VD_6 \sim VD_9$	整流二极管	2CZ3A/600V	4
3	V	晶闸管	3CT50A/600V	1
4	$VD_{10} \sim VD_{13}$	二极管	2CZ52C	4
5	VS_1、VS_2	稳压管	2CW109	2
6	VS_3	稳压管	2CW102	1
7	VT_1	单结晶体管	BT33F	1
8	VT_2	晶体管	3CG3C 蓝点	1
9	VT_3	晶体管	3DG6 蓝点	1
10	$VD_{14} \sim VD_{16}$、VD_{17}	二极管	2CZ52C	4
11	R_1	线绕电阻	RX1-25W 10Ω	1
12	R_2	金属膜电阻	RJ-1W 56Ω	1
13	R_3	线绕电阻	RX1-15W 5.1kΩ	1
14	RP_1、RP_2	电位器	WX3-11 2k 10W	2
15	RP_3	电位器	WX3-11 680Ω 3W	1
16	RP_4	电位器	WX3-11 20kΩ 3W	1
17	RP_5	电位器	3W 5.1kΩ	1
18	R_6	电阻	150W 0.35Ω	1
19	RP_6	电位器	WX3-11 10kΩ 3W	1
20	RP_7	瓷盘变阻器	RC-200W 500Ω	1
21	R_9	线绕电阻	RX1-160W 14Ω	1
22	R_{11}	金属膜电阻	RJ-2W 1kΩ	1
23	R_{12}	金属膜电阻	RJ-1/4W 51Ω	1
24	R_{13}	金属膜电阻	RJ-1/4W 360Ω	1

续表 5-31

序　号	代　号	名　称	型号规格	数　量
25	R_{14}	金属膜电阻	RJ-1/4W 1kΩ	1
26	R_{15}	金属膜电阻	RJ-1/2W 680Ω	1
27	R_{16}	金属膜电阻	RJ-1/2W 5.1kΩ	1
28	R_{18}	金属膜电阻	RJ-1W 24kΩ	1
29	R_{19}	金属膜电阻	RJ-1/4W 5.6kΩ	1
30	C_1	金属化纸介电容	CZJX 5μF 800V	1
31	C_2	油浸电容	0.25μF 1000V	1
32	C_3	金属化纸介电容	CZJX 4μF 400V	1
33	C_4	金属化纸介电容	CZJX 0.33μF 160V	1
34	C_5	电解电容	CD11 22μF 16V	1

六、Z2 系列直流电动机的技术数据

Z2 系列直流电动机的技术数据见表 5-32。

表 5-32　Z2 系列直流电动机技术数据

型　号	额定功率 (kW)	额定电压 (V)	额定转速 (r/min)	最高转速 (r/min)	额定电流（A）		最大励磁功率（W）		质量 (kg)
					110V	220V	110V	220V	
Z2-11	0.8				9.82	4.85	52	52	32
12	1.1				13	6.41	63	62	36
21	1.5				17.5	8.64	61	62	48
22	2.2				24.5	12.2	77	77	56
31	3	110	3000	3000	33.2	16.52	80	83	65
32	4	220			43.8	21.65	98	94	76
41	5.5				61	30.3	97	108	88
42	7.5				81.6	40.3	120	141	101
51	10				—	53.4	—	222	126
52	13					68.7		365	148
Z2-61	17					88.9		247	175
62	22	220			—	113.7		232	196
71	30		3000	3000		158.5		410	280
72	40					205.6		500	320
Z2-51*	10	110			107.5	—		—	144

续表 5-32

型　号	额定功率(kW)	额定电压(V)	额定转速(r/min)	最高转速(r/min)	额定电流(A) 110V	额定电流(A) 220V	最大励磁功率(W) 110V	最大励磁功率(W) 220V	质量(kg)
Z2-11	0.4				5.47	2.71	39	43	32
12	0.6				7.74	3.84	60	62	36
21	0.8				9.96	4.94	65	68	48
22	1.1			3000	13.2	6.53	88	101	56
31	1.5				17.6	8.68	103	94	65
32	2.2	110 220	1500		25	12.35	131	105	76
41	3				34.3	17	116	134	88
42	4				44.8	22.3	170	170	101
51	5.5				61	30.3	154	165	126
52	7.5			2400	82.2	40.8	242	260	148
61	10				108.2	53.8	260	260	175
62	13				140	68.7	246	264	196
Z2-71	17	110 220		2250	180	90	400	430	280
72	22				232.6	115.4	370	370	320
81	30				315.5	156.9	450	540	393
82	40			2000	—	208	—	770	443
91	55		1500		—	284	—	770	630
92	75				—	385	—	870	730
101	100	220		1800	—	511	—	1070	970
102	125				—	635	—	940	1130
111	160			1500	—	810	—	1300	1350
112	200				—	1010	—	1620	1410
Z2-21	0.4				5.59	2.75	60	67	48
22	0.6				7.69	3.81	64	70	56
31	0.8				10.02	4.94	88	88	65
32	1.1				13.32	6.58	83	100	76
41	1.5	110 220	1000	2000	18.05	8.9	123	130	88
42	2.2				25.3	12.7	172	160	101
51	3				34.5	17.2	125	165	126
52	4				45.2	22.3	230	230	148
61	5.5				60.6	30.3	190	283	175
62	7.5				82.6	41.3	325	193	196

续表 5-32

型　号	额定功率 (kW)	额定电压 (V)	额定转速 (r/min)	最高转速 (r/min)	额定电流 (A)		最大励磁功率 (W)		质量 (kg)
					110V	220V	110V	220V	
Z2-71	10				111.5	54.8	300	370	280
72	13				142.3	70.7	430	420	320
81	17	110 220		2000	185	92	460	510	393
82	22				238	118.2	570	500	443
91	30		1000		319	158.5	650	540	630
92	40				423	210	620	620	730
101	55					285.5		670	970
102	75	220		1500	—	385	—	820	1130
111	100					511		1150	1350
112	125					635		1380	1410
Z2-31	0.6				7.9	3.9	90	85	65
32	0.8				10.0	4.94	83	81	76
41	1.1				14.2	6.99	121	122	88
42	1.5				18.2	9.2	174	180	101
51	2.2				26.15	13	148	162	126
52	3				35.2	17.37	172	176	148
61	4				46.6	23	176	190	175
62	5.5	110 220			62.9	31.3	197	293	196
71	7.5				85.2	42.1	310	350	280
72	10		750	1500	112.1	55.8	340	440	320
81	13				145	72.1	460	480	393
82	17				187.2	93.2	500	560	443
91	22				239.5	119	580	590	630
92	30				323	160	620	770	730
101	40				425	212	820	900	970
102	55					289		920	1130
111	75	220			—	387	—	1000	1350
Z2-112①	100					514			1510
Z2-91	17				193	95.5	560	570	630
92	22	110 220			242.5	119.7	610	650	730
101	30		600	1200	324.4	161.5	640	810	970
102	40				431	214	930	1020	1130
111	55					289		980	1350
Z2-112①	75	220			—	387	—		1510

注:他励电压为 110V 的电动机,最高转速为 3000r/min。
① 南洋电动机厂生产的规格。

七、滑差电动机调速控制线路

1. 滑差电动机结构及调速原理

滑差电动机,也称电磁调速离合器电动机。它具有恒转矩、起动转矩大、可平滑地无级调速、机械特性较硬、结构简单、维护方便等特点,广泛用于恒转矩无级调速的场合。

滑差电动机主要由电枢(外转子)、磁极(内转子)、励磁线圈、测速发电机和三相异步电动机(原动机)等组成。

磁极(内转子)是由许多爪形磁极放在中间的铜衬环(隔磁环)处用铆钉铆成的,作为从动转子而输出转矩,在机械上与电枢无硬性联接。

当三相异步电动机(原动机)通电旋转时,其电枢(外转子,与原动机硬性联接)随之旋转。另外,固定在磁导体上的励磁线圈中的电流(受控制装置控制)产生的磁力线通过机座→气隙→电枢→气隙→磁极→气隙→导磁体→机座,形成一个闭合回路,并在气隙中产生主磁场(见图 5-24)。

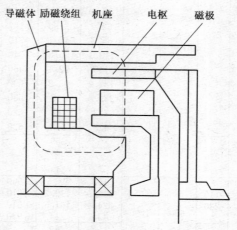

导磁体　励磁绕组　机座　　电枢　　磁极

图 5-24　电磁调速离合器结构示意图

在这个主磁场中,只要电枢和磁极存在相对运动,电枢各点的磁通就处于不断地重复变化中,即电枢切割磁场时,电枢中就感应出电动势并产生涡流。由于电枢反应的结果,磁极便被拉动而旋转起来,其转速取决于励磁电流的大小。当负荷力矩一定时,励磁电流越大,磁极转速也越大。因此,只要改变励磁线圈中的电流,即调节磁场的强弱,就可改变磁极输出轴转速,达到工作机械的调速目的。

带速度负反馈的滑差电动机调速系统方框图如图 5-25 所示。

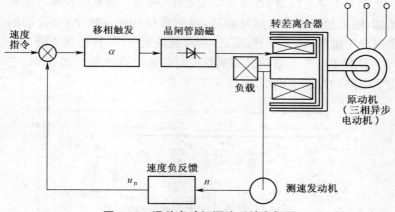

图 5-25　滑差电动机调速系统方框图

2. 滑差电动机调速控制线路

滑差电动机的控制线路(即控制离合器励磁绕组的直流电压),一般采用带续流二极管的半波晶闸管整流电路。它包括以下一些环节。

(1)测速负反馈环节。测速发电机与负荷同轴相连,它将转速变为三相交流电压,经三相桥式整流和电容滤波后输出负反馈直流信号。通过调节速度负反馈电位器,可以调节反馈量。采用速度负反馈的目的是增加电机机械特性的硬度,使电动机转速不因负荷的变动而改变。

(2)给定电压环节。由桥式整流阻容 π 型滤波电路和稳压管输出一稳定的直流电压作为给定电压。调节主令电位器,可以改变给定电压的大小,从而实现电机调速。

(3)比较和放大环节。给定电压与反馈信号比较(相减)后输入晶体管放大,经放大了的控制信号输入触发器(输入前经正、反向限幅)。

(4)移相和触发环节。采用同步电压为锯齿波的单只晶体管或同步电压为梯形波的单结晶体管的触发电路。

调节主令电位器,若增大给定电压,则输入触发的控制电压就增加,因而触发器输出脉冲前移,晶闸管移相角 α 减小,离合器的励磁电压增加,转速上升;反之,若降低给定电压,转速就下降。

ZLK-1 型滑差电动机晶闸管控制装置线路如图 5-26 所示,它由主电路和控制电路组成。

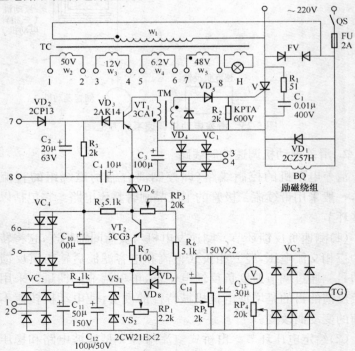

图 5-26　ZLK-1 型滑差电动机晶闸管控制装置线路

工作原理：主电路(供给励磁绕组)采用单相半控整流电路(由晶闸管 V 等组成)。图中 VD_1 为续流二极管，它为励磁绕组提供放电回路，使励磁电流连续；硒堆 FV(有的采用 MY31 型压敏电阻)作交流侧过电压保护；R_1、C_1 为晶闸管阻容保护元件；熔断器 FU 作短路保护。

触发电路为晶体管触发器，由晶体管 VT_1、电容 C_2、电阻 R_3、脉冲变压器 TM 等组成。由变压器 TC 的次级绕组 W_3 取出的 12V 交流电压经整流桥 VC_1 整流、电容 C_3 滤波后为三极管 VT_1 提供工作电压。同步电压由 TC 的次级绕组 W_2 输出电压经整流桥 VC_2 整流，电容 C_{11}、C_{12}、电阻 R_4 滤波，以及稳压管 VS_1、VS_2 稳压后，在电位器 RP_1 上取得。速度负反馈电压由测速发电机 TG 输出和交流电经三相桥式整流电路 VC_3、电容 C_{13} 滤波后加在电位器 RP_2 上取得。晶体管 VT_2 为信号放大器。

图中，VD_7、VD_8 为钳位二极管，用以防止过高的正、负极性电压加在 VT_2 的基极—发射极上而造成损坏。

给定电压(由电位器 RP_3 调节)与反馈信号比较后输入晶体管放大器 VT_2 的基极，并在电阻 R_5 上得到负的控制电压，它与同步锯齿波电压叠加后加到晶体管 VT_1 的基极。负的控制电压 U_k 与正的同步电压 U_c 比较，在同步电源的负半周，电容 C_2 向 R_3 放电，当 $|U_c| < |U_k|$ 时(见图 5-27 中 U_k 与 U_c 曲线的交点 M 以右)，VT_1 基极电位变负而开始导通，有触发脉冲使晶闸管导通。图中各点波形如图 5-27 所示。

改变移相控制电压 U_k 的大小(调节 RP_3)，也就改变了晶闸管的导通角，从而使电动机转速相应改变。调节 RP_3 可改变速度负反馈电压的大小。

八、滑差电动机的技术数据

滑差电动机(电磁调速电动机)有 YCT 系列、YDCT 系列和 YCTT 系列。其中部分 YCT 系列的技术数据见表 5-33。

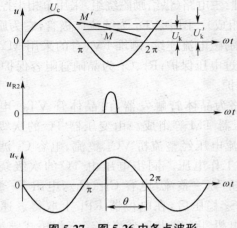

图 5-27　图 5-26 中各点波形

表 5-33　部分 YCT 系列调速电动机技术数据

型　号	标称功率 (kW)	额定转矩 (N·m)	调速范围 (r/min)	传动电动 机型号	质量 (kg)
YCT180-4A	4.0	25.2		Y112M-4	160
YCT200-4A	5.5	35.1		Y132S-4	205
YCT200-4B	7.5	47.7	1250~125	Y132M-4	205
YCT225-4A	11	69.1		Y160M-4	350
YCT225-4B	15	94.3		Y160L-4	350
YCT250-4A	18.5	116		Y180M-4	620
YCT250-4B	22	137		Y180L-4	620
YCT280-4A	30	189	1320~132	Y200L-4	900
YCT315-4A	37	232		Y225S-4	1250
YCT315-4B	45	282		Y225M-4	1250
YCT355-4A	55	344	1320~440	Y250M-4	1510
YCT355-4B	75	469		Y280S-4	1700
YCT355-4C	90	564	1320~600	Y280M-4	1700

续表 5-33

型　号	标称功率 （kW）	额定转矩 （N·m）	调速范围 （r/min）	传动电动 机型号	质量 （kg）
YCT200-6B1	4.0	38.2		Y132M1-6	205
YCT200-6B2	5.5	52.6	760～76	Y132M2-6	205
YCT225-6A	7.5	70.9		Y160M-6	350
YCT225-6B	11	104		Y160L-6	350
YCT250-6B	15	142		Y180L-6	620
YCT280-6A	18.5	175	820～8.2	Y200L1-6	900
YCT280-6B	22	208		Y200L2-6	900
YCT315-6B	30	281		Y225M-6	1250
YCT355-6A	37	346	820～270	Y250M-6	1510
YCT355-6B	45	421	820～370	Y280S-6	1700
YCT355-6C	55	515		Y280M-6	1700
YCT225-8A1	4.0	51		Y160M1-8	350
YCT225-8A2	5.5	70.1	520～52	Y160M2-8	350
YCT225-8B	7.5	95.5		Y160L-8	350
YCT250-8B	11	138		Y180L-8	620
YCT280-8B	15	189	580～58	Y200L-8	900
YCT315-8A	18.5	232		Y225S-8	1250
YCT315-8B	22	276		Y225M-8	1250
YCT355-8A	30	377	580～195	Y250M-8	1510
YCT355-8B	37	458	580～265	Y280S-8	1700
YCT355-8C	45	558		Y280M-8	1700

注:表中标称功率即为传动电动机的功率。

第七节　电动机输入功率、输出功率、负荷率、效率及功率因数的测算

一、测试仪表

D26-W　　　　　　0.5 级功率表 2 只

D26-A　　　　　　0.5 级电流表 2 只

D26-V　　　　　　0.5 级电压表 2 只

MG31　　　　　　钳形电流表 1 只

TM-2011　　　　　　转速表 1 只

QJ23 型　　　　　　电桥 1 只

0.2 级电流互感器 2 只

水银温度计 1 只

二、测试方法及计算公式与实例

测算出输入功率 P_1、输出功率 P_2、定子线电流 I_1 和线电压 U_1，便可计算出负荷率、效率和功率因数。

1. 输入功率的测算

（1）方法一。在电动机进线装设电能表，取有代表性的正常运行工况进行测量。记录下电能表转盘转数 N 所需要的时间 $t(s)$，便可按下式计算：

$$P_1 = \frac{N}{t} \cdot \frac{3600}{K} K_{TA} K_{TV}$$

式中　　P_1——输入功率（kW）；

　　　　N——转盘的转数，一般取 10 转；

　　　　K——电能表常数 [r/(kWh)]；

　　　K_{TA}——电流互感器变化；

　　　K_{TV}——电压互感器变化。

（2）方法二。已知或测出电动机空载功率 P_0 时，可按下式计算

$$P_1 = \beta P_e + P_0 + \beta^2 \left[\left(\frac{1}{\eta_e} - 1 \right) P_e - P_0 \right]$$

式中　　β——负荷率；

　　　　其他符号同前。

（3）方法三（两只功率表法）。接法如图 5-28 所示。三相输入功率 P_1 为两只功率表读数的代数和，即 $P_1 = W_1 + W_2$，功率表数值的正和负，取决于电动机运行时的功率因数 $\cos\varphi$ 的大小。当 $\cos\varphi > 0.5$ 时，两只功率表均为正值；当 $\cos\varphi < 0.5$ 时，其中一只功率表为负值。

按图 5-28 的极性接线，如发现功率表指针反向偏转时，此表

的读数就是负值,此时需将表针极性反接后再读数。

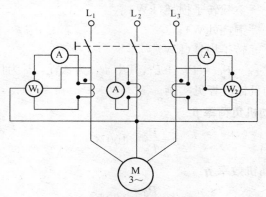

图 5-28 两只功率表法

2. 输出功率的测算

(1)方法一(电流法)。计算公式如下

$$P_2 = \beta P_e$$

$$\beta \approx \sqrt{\frac{I_1^2 - I_0^2}{I_e^2 - I_0^2}}$$

式中 β——负荷率;

I_1——任意负荷时测得的电流(A);

I_0——空载电流(A)。

上式中 I_e 和 P_e 是电动机铭牌值。

该方法用同一电流表测出 I_1 和 I_0,计算出的功率 P_2 精确性较高,但该方法的精确性受运行电压偏离额定电压的影响。

(2)方法二(损耗法测算)。先求出电动机的总损耗 $\sum \Delta P$,然后由公式 $P_2 = P_1 - \sum \Delta P$ 求得输出功率。

$$\sum \Delta P = (P_0 - P_{0Cu} - P_{0s}) + P_{Cu} + P_s$$

式中 P_1——电动机输入功率(kW);

P_0——空载输入功率(kW);

P_{0Cu}——空载铜耗(kW)；

P_{0s}——空载转子损耗(kW)；

P_{Cu}——铜耗(kW)；

P_s——转子损耗(kW)。

$P_0 - P_{0Cu} - P_{0s} = P_{Fe} + P_j$，其中 P_{Fe} 为铁耗，P_j 为机械损耗。各量的具体计算见实例。

3. 电动机负荷率 β

$$\beta = \frac{P_2}{P_e} \times 100\%$$

4. 电动机效率 η

$$\eta = \frac{P_2}{P_1} \times 100\%$$

5. 电动机功率因数

$$\cos\varphi = \frac{P_2 \times 10^3}{\sqrt{3} U_1 I_1 \eta}$$

【实例】 现将某企业几台电动机在电能平衡测试中的测算结果列于表 5-34～表 5-36。

表 5-34   1# 电动机

电动机型号	JO₂-82-6	功率	40kW	电压	380V	接法	△
转速	975r/min	电流	74.7A	制造厂	杭州	出厂 83 年 3 月	
测试项目	空载	负载	测试项目	空载		负载	
I(A)	33.8	47.8	$R_t(\Omega)$	0.12(冷电阻)		—	
U(V)	404	401	$R_{75}(\Omega)$	0.14			
$P_{W1} + P_{W2}$(kW)	1	26.4	t(℃)	29			
s	0.001	0.012	n(r/min)	999		988	
P_{Cu}(W)	159.9	319.9	β(%)	—		62.3	
P_s(W)	1	316.8	$\cos\varphi$			0.75	
P_2(kW)	—	24.92	η(%)			94.4	

表5-35　2#电动机

电动机型号	JO₂L-72-2	功　率	30kW	电　压	380	接　法	△
转　速	2940r/min	电　流	56A	制造厂	杭州	出厂83年5月	
测试项目	空载	负载	测试项目	空载		负载	
$I(A)$	22.1	31	$R_t(\Omega)$	0.199(热电阻)		—	
$U(V)$	439	441	$R_{75}(\Omega)$	—		—	
$P_{W1}+$ P_{W2}	2.2	15.7	$t(℃)$	65		—	
s	0	0.0033	$n(r/min)$	3000		2940	
$P_{Cu}(W)$	97.5	191.25	$\beta(\%)$	—		44.5	
$P_s(W)$	0	52.3	$\cos\varphi$			0.66	
$P_2(kW)$	—	13.55	$\eta(\%)$			85	

表5-36　3#电动机

电动机型号	Y160M-4	功　率	11kW	电　压	380V	接　法	△
转　速	1460r/min	电　流	22.6A	制造厂	湖南	出厂84年7月	
测试项目	空载	负载	测试项目	空载		负载	
$I(A)$	11.03	20.5	$R_t(\Omega)$	0.240(冷电阻)		—	
$U(V)$	385	388	$R_{75}(\Omega)$	0.282		—	
$P_{W1}+$ $P_{W2}(kW)$	0.99	8	$t(℃)$	30		—	
s	0.0113	0.018	$n(r/min)$	1483		1473	
$P_{Cu}(W)$	34.3	118.5	$\beta(\%)$	—		61.8	
$P_s(W)$	11.2	144	$\cos\varphi$			0.49	
$P_2(kW)$	—	6.79	$\eta(\%)$			84.9	

表中，I 为线电流；U 为线电压(加于电动机接线端子上)；P_{W1}、P_{W2} 为功率表指示值；s 为电动机转差率；P_{Cu} 为电动机铜耗；P_{Fe} 为电动机铁耗；P_s 为转子损耗；P_2 为电动机输出功率；$\cos\varphi$ 为电动机功率因数；η 为电动机效率；β 为电动机负荷率；n 为电动机

转速;R_t 为每相绕组直流电阻;t 为测试时的周围环境温度。

以表 5-34 为例计算数值如下:

(1)电动机每相绕组 75℃时的直流电阻为:

铜绕组 $\qquad R_{75Cu}=\dfrac{309.5}{234.5+t}R_t$

铝绕组 $\qquad R_{75Al}=\dfrac{300}{225+t}R_t$

该电动机为铜绕组,故

$$R_{75}=\frac{309.5}{234.5+29}\times0.12=0.14(\Omega)$$

如果电动机运行中,断电,立即测得绕组的热时电阻,则不必换算到 75℃。

(2)转差率 s。

空载转差率 $\quad s_0=\dfrac{n_e-n_0}{n_e}=\dfrac{1000-999}{1000}=0.001$

负载转差率 $\quad s=\dfrac{n_e-n}{n_e}=\dfrac{1000-988}{1000}=0.012$

(3)转子损耗 P_s。

空载时 $\quad P_{0s}\approx P_1 s_0=(P_{0W2}+P_{0W2})s_0$

$\qquad\qquad\qquad =1\times0.001=0.001(kW)=1(W)$

负载时 $\quad P_s\approx(P_{W1}+P_{W2})s$

$\qquad\qquad\qquad =26.4\times0.012=0.3168(kW)=316.8(W)$

式中 $\quad P_1$ 为电动机输入功率(kW)。

(4)电动机铜耗 P_{Cu}。

$$P_{Cu}=3I^2R_{75}\qquad(Y\text{接法})$$

$$P_{Cu}=I^2R_{75}\qquad(\triangle\text{接法})$$

该电动机为△接法,故

空载时 $P_{0Cu}=I_0^2R_{75}=33.8^2\times0.14=159.9(W)$

负载时 $P_{Cu}=I^2R_{75}=47.8^2\times0.14=319.9(W)$

(5)电动机输出功率 P_2。

$$P_2 = P_1 - (P_0 - P_{0Cu} - P_{0s}) - P_{Cu} - P_s$$
$$= 26.4 - (1 - 0.1599 - 0.001) - 0.3199 - 0.3168$$
$$= 24.92 (kW)$$

(6)电动机负荷率 β。

$$\beta = \frac{P_2}{P_e} \times 100\% = \frac{24.92}{40} \times 100\% = 62.3\%$$

(7)电动机功率因数 $\cos\varphi$(负载时)。

$$\cos\varphi = \frac{P_2}{\sqrt{3}UI} = \frac{24.92 \times 10^3}{\sqrt{3} \times 401 \times 47.8} = 0.75$$

(8)电动机效率 η。

$$\eta = \frac{P_2}{P_1} \times 100\% = \frac{24.92}{26.4} \times 100\% = 94.4\%$$

以上计算公式同样适用于 Y 系列电动机。

第六章　软起动器节电技术与实例

第一节　软起动器的特性与技术参数

一、软起动器的特性及基本构成

软起动器是一种集电动机软起动、软停车、轻载节能和多种保护功能于一体的新颖笼型异步电动机控制装置。

传统笼型异步电动机的起动方式有 Y-△ 起动、自耦降压起动、电抗器降压起动、延边三角形降压起动等。这些起动方式都属于有级降压起动,存在着以下缺点,即起动转矩基本固定不可调,起动过程中会出现二次冲击电流,对负载机械有冲击转矩,且受电网电压波动的影响。软起动器可以克服上述缺点。软起动器具有无冲击电流、恒流起动、可自由地无级调压至最佳起动电流及轻载时节能等优点。

软起动器是目前最先进、最流行的电动机起动器。它一般采用 16 位单片机进行智能化控制,可无级调压至最佳起动电流,保证电动机在负载要求的起动特性下平滑起动,在轻载时能节约电能,同时对电网几乎没有什么冲击。

软起动器实际上是一个调压器,只改变输出电压,并没有改变频率。这一点与变频器不同。

软起动器本身设有多种保护功能,如限制起动次数和时间,过电流保护,电动机过载、失压、过压保护,断相、接地故障保护等。

软起动器的基本接线如图 6-1 所示(不同厂家的产品,其接线也有所不同)。

工作原理:在软起动器中三相交流电源与被控电动机之间串

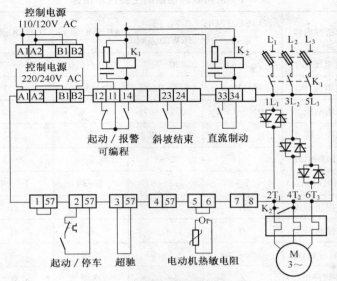

图 6-1　软起动器的基本接线

有三相反并联晶闸管及电子控制电路。利用晶闸管的电子开关特性,通过软起动器中的单片机控制其触发脉冲、触发角的大小来改变晶闸管的导通程度,从而改变加到定子绕组上的三相电压。异步电动机在定子调压下的主要特点是电动机的转矩近似与定子电压的平方成正比。当晶闸管的导通角从 0°开始上升时,电动机开始起动。随着导通角的增大,晶闸管的输出电压也逐渐升高,电动机便开始加速,直至晶闸管全导通,电动机在额定电压下工作。电动机的起动时间和起动电流的最大值可根据负荷情况设定。

　　软起动器可设定的最大起动电流为直接起动电流的 0.99 倍;可设定的最大起动转矩为直接起动转矩的 0.80 倍;线电流过载倍数为电动机额定电流的 1~5 倍。软起动器可实现连续无级起动。

二、软起动器的主要技术指标

　　常用软起动器的主要技术指标见表 6-1。

表 6-1 常用软起动器的主要技术指标

技术指标内容	ABB PSD/PSDH 系列	西门子 3RW30 系列	AB SMC 系列	GE QC 系列
额定电压(V)	220~690	220~690	220~600	220~500
额定电流(A)	14~1000	5.5~1200	24~1000	14~1180
起始电压	10%~16%	30%~80%	10%~60%	10%~90%
脉冲突跳	90%	20%~100%	有	95%
电流限幅倍数	2~5	2~6	0.5~5	2~5
加速斜坡时间(s)	0.5~60	0.5~60	2~30	1~999
旁路控制模式	有	有	有	有
节能控制模式	有	有	有	有
线性软停机(s)	0.5~240	0.5~60	选项	1~999
非线性软停机(s)	无	5~90	选项	有
直流制动	无	20%~85%	选项	有

第二节 软起动器的选择与实例

一、软起动器的适用场合

原则上,不需要调速的鼠笼型异步电动机均可应用软起动器。目前的应用范围是交流 380V 或(660V)、功率从几千瓦到 850kW 的电动机。

具体应用时,应根据必要性、性能、价格等正确选择。

软起动器根据其功能,适用于以下场合:

(1)要求减小电动机起动电流的场合。

(2)正常运行时电动机不需要具有调速功能,只解决起动过程的工作状态。

（3）在正常运行时负载不允许降压、降速。

（4）电动机功率较大（如大于 100kW），起动时会给主变压器运行造成不良影响。

（5）电动机运行对电网电压要求严格，电压降大于 $10\%U_e$。

（6）设备精密，设备起动不允许有起动冲击。

（7）设备的起动转矩不大，可进行空载或轻载起动。

（8）中大型电动机需要节能起动。从初投资看，功率在 75kW以下的电动机采用自耦减压起动器比较经济，功率为 90～250kW的电动机采用软起动器较合算。

（9）短期重复工作的机械。这里指长期空载（轻载小于35%）、短时重载、空载率较高的机械，或者负载持续率较低的机械。如：起重机、皮带输送机、水泥厂粉碎机、油田磕头式抽油机、金属材料压延机、车床、冲床、刨床、剪床等。

（10）需要具有突跳、平滑加速、平滑减速、快速停止、低速制动、准确定位等功能的工作机械。

（11）长期高速、短时低速的电动机。当其负荷率低于 35%时，采用软起动器有较好的节能效果。

（12）有多台电动机且这些电动机不需要同时起动的场合。

（13）不允许电动机瞬间关机的场合。如高层建筑等水泵系统，若瞬间停车，会产生巨大的"水锤"效应，使管道甚至水泵损坏。

（14）特别适用于各种泵类负荷或风机类负荷，需要软起动与软停车的场合。

（15）对于高压（中压）异步电动机，可以采用软起动器或变频器软起动。若采用降压变压器—低压变频器—升压变压器的方案，投资要比软起动器多 2～4 倍。一般来说，对起动转矩小于50%的负荷，宜采用软起动器；而对起动转矩大于 50%的负荷，则宜采用变频器。

（16）需要方便地调节起动特性的场合。

典型设备的起动效果及起动电流见表 6-2。

表 6-2　典型设备的软起动效果及起动电流

机械设备	运行方式	效　果	起动电流与额定电流之比
旋转泵	标准起动	避免压力冲击,延长管道的使用寿命	3
活塞泵	标准起动	避免压力冲击,延长管道的使用命令	3.5
通风机	标准起动	使三角皮带和变速机构的损伤最小	3
传送带及其他物料传输装置	标准起动+脉冲突跳	起动平稳、基本无冲击现象,可降低对皮带材料的要求($t>30s$)	3
圆锯、带锯	标准起动	降低起动电流	3
搅拌机、混料机	标准起动	降低起动电流	3.5
磨粉机、碎石机	重载起动	降低起动电流	4~4.5

二、软起动器作轻载降压运行的节电效果与实例

软起动器能实现在轻载时,通过降低电动机端电压,提高功率因数,减少电动机的铜耗、铁耗,达到轻载节能的目的;负载重时,则提高电动机端电压,确保电动机正常运行。但负荷率超过一定值不一定节电,甚至费电。

以下场合最适宜采用软起动器作轻载降压运行,并能收到较好的节电效果:

(1)短时有负载、长期轻载运行的场合(负荷率<35%)。

(2)配套电动机功率太大,电动机长期处于轻载运行的场合。

(3)电网电压长期偏高(如长期在 400V 以上),而电动机额定电压为 380V 的场合,用软起动器作降压运行。

在上述场合,电动机起动完毕,软起动器不短接,留在线路中用作轻载降压运行。其节电效果大致如下:

当负荷率<35%时,电动机节电率可达 20%~50%;当50%>负荷率>35%时,节电率显著减小;当负荷率>50%时,节电率几乎为零,甚至负值。

如电动机额定功率 P_e 为 90kW、额定效率 η_e 为 92%。则电

动机额定损耗 $\Delta P=(1-0.92)\times90=7.2(\text{kW})$，电动机空载降压损耗节电：$\Delta P_\text{s}=(20\sim50)\%\times7.2=1.44\sim3.6(\text{kW})$。

【实例1】　30kW 电动机在不同负荷率下采用软起动器的节电效果见表6-3。

表6-3　30kW 电动机采用软起动器的节电效果

序号	负荷率 β (%)	输出功率 P_2 (W)	输入功率 P_1(W) 不带软起动器	带软起动器	节约电能 (W)
1	0	0	880	432	448
2	0.3	152.9	1100	460	640
3	2.8	766.1	1660	1200	440
4	5	1532.1	2470	2100	370
5	10	3064.3	4040	3800	240
6	15	4599.5	5700	5540	160
7	20	6116.3	7200	7120	80
8	31	9168.2	10440	10400	40
9	40.7	12199.6	13600	13560	40
10	50	15218.7	16760	16840	−80
11	70.7	21234.3	23280	23440	−160
12	100	30170.5	33200	—	0

由表6-3可见：

(1)对于不变负荷(不管是满载还是负荷率30%～40%)，连续长期运行，不宜采用软起动器。

(2)对于变负荷情况，如果最低负荷率≥30%以上，采用软起动器意义也不大。如有功功率在负荷率40%时仅节约40W，负荷再增加则不能节电。负荷率在50%时，则多耗电80W。

【实例2】　一台压延机，自耦减压起动器起动。电动机额定功率 P_e 为55kW，额定电压 U_e 为380V，额定功率因数 $\cos\varphi_\text{e}$ 为0.83。重载时负荷功率 P 为40kW，$\cos\varphi$ 为0.8，轻载时负荷功率

P' 为 2～20kW 不等,轻载时间长。试求:

(1)是否可采用软起动器? 若可以,试选择软起动器型号规格;

(2)设定软起动器参数;

(3)如果该压延机年运行小时数 τ 为 5000h,电价 δ 为 0.5 元/kWh,年节约电量多少?

(4)投资回收年限。

解 (1)选择软起动器。该电动机重载负荷率 $\beta=P/P_e=40/55=72.7\%$,时间不长,而轻载负荷率 $\beta=P'/P_e=2\sim20/55=3.6\%\sim36\%$,且时间长,因此采用软起动器可以提高功率因数,节电,而且能够减少起动电流冲击,有利电动机和传动设备。

具体选择软起动器的型号规格可参考产品样本,如选用一般起动用 PSD 型 380V、55kW 软起动器。

(2)软起动器主要参数设定(参表 6-1 的技术数据)。

该电动机额定电流为

$$I_e=\frac{P_e}{\sqrt{3}U_e\cos\varphi_e}=\frac{55\times10^3}{\sqrt{3}\times380\times0.83}=100.7(A)$$

电动机最大负荷电流为

$$I=\frac{P}{\sqrt{3}U_e\cos\varphi}=\frac{40\times10^3}{\sqrt{3}\times380\times0.8}=75.97(A)$$

①起动电流限制。为使用电动机平稳起动,一般起动电流可控制在 3 倍额定电流以下,现取 2 倍,则

$2I_e=2\times100.7=210.4(A)$,可设定 200A。

②起动斜坡时间(即起动时电压上升时间)。为了提高生产效率,起动斜坡时间不宜太长,现设定为 5s。

③停止斜坡时间(即停止时电压下降时间)。适当延长停止时间,可减轻停机时对设备的冲击,现设定为 10s。

④初始电压(即初始电压占额定电压的百分数)。由于重载起动转矩较大,所以起动电压设置应高一些,现设定为 50%。

（3）节电量计算。参考已改造类似设备数据，估计平均节约有功电能 $\Delta P=600\mathrm{W}$（准确值应取节能改造后的实际测量统计值），则改造后年节约电量为

$$A=\Delta P_{\tau}=600\times5000=3000000(\mathrm{W})=3000(\mathrm{kW})$$

年节约电费为

$$F=A_{\delta}=3000\times0.5=1500(元)$$

（4）投资回收年限。改造后，改善了设备的运行条件，延长电动机使用寿命，设备得到更好的保护，减少了维护保养费用，设年节约这些费用为 $E_1=2000$ 元。

淘汰下来的自耦减压起动设备剩值 $E_2=1000$ 元。

购买 55kW 软起动器及安装费计 $C=1.1$ 万元。

投资回收年限为

$$T=\frac{C-E_2}{F+E_1}=\frac{1.1-0.1}{0.15+0.2}=2.9(年)$$

须指出，改造后，还提高了功率因数，还能减少线损。

第三节　软起动器控制线路

一、软起动器主电路和控制电路端子功能

1. QB4 软起动器

QB4 软起动器的基本接线如图 6-2 所示（未画出主电路）。

主电路端子见表 6-4，控制电路端子见表 6-5。

在表 6-5 中，端子 13、14 用于控制软起动器工作，接通时起动，断开时停止。15、16、17 为运行辅助触点，在起动结束后动作，用于控制旁路接触器，触点容量为 250V/2A。18、19、20 为故障辅助触点，在故障保护时动作，触点容量为 250V/2A。51～53、61～63 为数字通信端子，通过网络通信卡与主控计算机连接。

2. CR1 系列软起动器

主电路端子见表 6-6，控制电路端子见表 6-7。

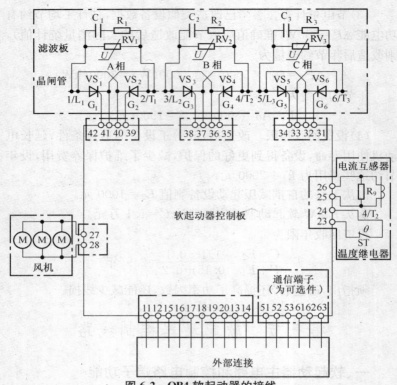

图 6-2　QB4 软起动器的接线

表 6-4　主电路端子

编　号	1	3	5	2	4	6	PE
名　称	L_1	L_2	L_3	T_1	T_2	T_3	PE
说　明	U 相输入	V 相输入	W 相输入	U 相输出	V 相输出	W 相输出	保护接地

表 6-5　控制电路端子

编　号	11	12	15	16	17	18	19	20	13	14	51 61	52 62	53 63
名　称	N	L	KR	KR_1	KR_0	KF	KF_1	KF_0	ST_1	ST_2	N_+	N_-	N_0
说　明	零线	相线	公共	常闭	常开	公共	常闭	常开			正	负	屏蔽
	控制电源		运行辅助输出			故障辅助输出			起动控制		数字通信（选配）		
	AC220V		无源触点			无源触点			无源触点		QB-DLT™		

表 6-6　主电路端子

编号	1L₁	3L₂	5L₃	2T₁	4T₂	6T₃	A₂	B₂	C₂
说明	U相输入	V相输入	W相输入	U相输出	V相输出	W相输出	旁路接触器U相输出	旁路接触器V相输出	旁路接触器W相输出

表 6-7　控制电路端子

编号	1	2	3	4	5	6	7	8	9	10	11	12
说明	控制电源相线	控制电源中性线	起动	停止	公共(COM)	旁路常开输出		故障常开输出	故障常闭输出	故障公共	空	保护接地(PE)

二、常熟 CR1 系列软起动器不带旁路接触器的控制线路

线路如图 6-3 所示。图中端子的含义见表 6-6 和表 6-7。

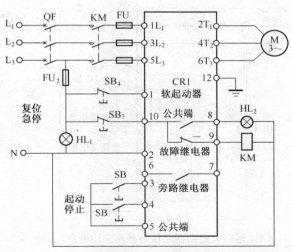

图 6-3　CR1 系列软起动器不带旁路接触器的控制线路

工作原理:合上断路器 QF,电源指示灯 HL₁ 点亮,接触器

KM 得电吸合。按下起动按钮 SB$_1$，端子 3、5 相连，电动机按设定参数[如起动电压 U_s =（30％～80％）U_e，起动时间 t_s = 0.5～0.6s，可调]开始软起动。停机时，按下软停按钮 SB$_2$，端子 4、5 相接，电动机按设定参数（如斜坡时间 t_{OFF} = 0.5～0.6s，关断电压 U_{OFF} ≤ U_s，可调）开始软停机。

当出现意外情况需要电动机紧急停机时，可按下急停按钮 SB$_3$。当软起动器发生故障自动停机后，先排除故障，再按一下电源复位按钮 SB$_4$，即可正常操作。

当软起动器内部发生故障时，故障继电器动作，接触器 KM 失电释放，切断软起动器输入端电源，同时故障指示灯 HL$_2$ 点亮。

三、CR1 系列软起动器无接触器而有中间继电器的控制线路

线路如图 6-4 所示。图中端子的含义见表 6-6 和表 6-7。

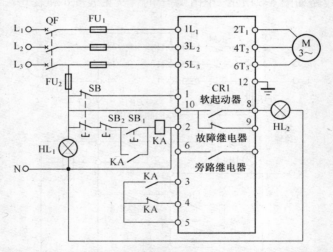

图 6-4 CR1 系列软起动器无接触器而有中间继电器的控制线路

工作原理：合上断路器 QF，电源指示灯 HL$_1$ 点亮，按下起动按钮 SB$_1$，继电器 KA 得电吸合并自锁，其常闭触点断开、常开触

点闭合,端子3、5相接,电动机按设定参数开始软起动。停机时,按下软停按钮 SB_2,继电器 KA 失电释放,其常开触点断开,常闭触点闭合,端子4、5相接,电动机按设定参数开始软停机。

四、CR1 系列软起动器带进线接触器和中间继电器的控制线路

线路如图 6-5 所示。

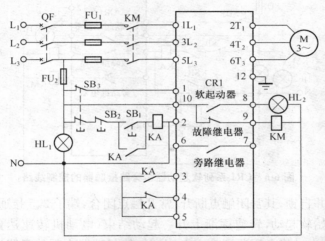

图 6-5　CR1 系列软起动器带进线接触器和中间继电器的控制线路

工作原理:合上断路器 QF,电源指示灯 HL_1 点亮,进线接触器 KM 吸合。起动时,按下起动按钮 SB_1,中间继电器 KA 得电,其常闭触点断开、常开触点闭合,端子3、5接通,电动机开始软起动。停机时,按下软停按钮 SB_2,KA 失电释放,其常开触点断开,常闭触点闭合,端子4、5接通,电动机开始软停机。

五、CR1 系列软起动器带旁路接触器的控制线路

线路如图 6-6 所示。

工作原理:合上断路器 QF,电源指示灯 HL_1 点亮,进线接触器 KM_1 吸合。起动时,按下起动按钮 SB_1,中间继电器 KA 得电

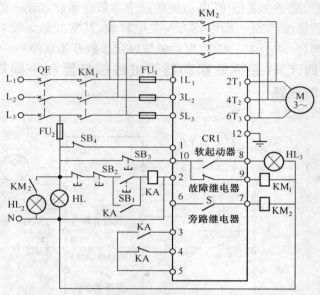

图 6-6　CR1 系列软起动器带旁路接触器的控制线路

吸合并自锁,其常闭触点断开,常开触点闭合,端子 3、5 接通,电动机开始软起动,转速逐渐上升。起动结束(电动机转速达到额定值,即电动机电压达到额定电压)时,软起动器内部的旁路继电器触点 S 闭合,旁路接触器 KM₂ 自动吸合,将软起动器内部的主电路(三相晶闸管)短路,从而使晶闸管等不致长期工作而发热损坏。KM₂ 主触点闭合,电动机直接接通 380V 电网正常运行。当 KM₂ 吸合时,旁路运行指示灯 HL₂ 点亮。停机时,按下软停按钮 SB₂,继电器 KA 失电释放,其常开触点断开,常闭触点闭合,端子 4、5 接通。同时软起动器内部触点 S 断开,KM₂ 失电释放,断开旁路接触器主触点,电动机通过软起动器软停机。

第七章　变频器节电技术与实例

第一节　变频器的特性与技术参数

一、变频器的特性与基本构成

变频器是利用电力半导体器件的通断作用将工频电源变换成另一频率电源的电能控制装置。通俗地说,它是一种能改变施加于交流电动机的电源频率值和电压值的调速装置。

变频器是现代最先进的一种异步电动机调速装置,能实现软起动、软停车、无级调整以及特殊要求的增、减速特性等,具有显著的节电效果。它具有过载、过压、欠压、短路、接地等保护功能,具有各种预警、预报信息和状态信息及诊断功能,便于调试和临控,可用于恒转矩、平方转矩和恒功率等各种负载。

变频器由电力电子半导体器件(如整流模块,绝缘栅双极晶体管 IGBT)、电子器件(集成电路、开关电源、电阻、电容等)和微处理器(CPU)等组成,具体包括主电路、检测控制电路、操作显示电路和保护电路 4 部分,其基本构成如图 7-1 所示。

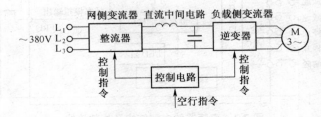

图 7-1　变频器的基本构成(交-直-交变频器)

变频器的内部结构及外部接线如图 7-2 所示。

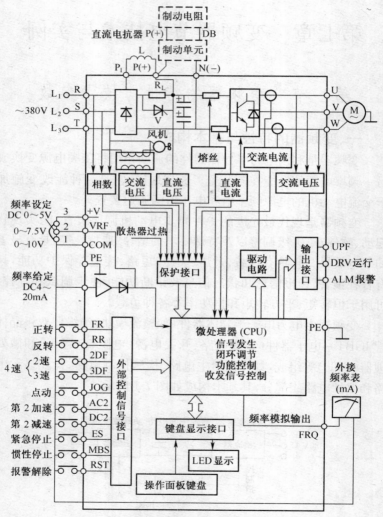

图 7-2　变频器的内部结构及外部接线

变频器与软起动器不同之处是,软起动器实际上是一个电压调节器,而变频器是在变频的同时还要调压。

异步电动机使用变频器后,通过调速来节能,主要功能有调速和节能,同时能提高生产效率,降低设备维修量,提高产品质量。另外,电动机变频起动有许多优点。电动机在起动过程中,变频器所输出的频率和电压是逐渐增大的。因此在起动瞬间,冲击电流很小。又由于频率和电压是逐渐升到额定值的,所以在起动过程中,电动机的转速缓慢上升,起动电流 I_q 也将限制在一定范围内。采用变频起动,也能减小起动过程中的动态转矩,起动平稳,减小了对传动机械的冲击。

二、变频器的额定参数和技术数据

1. 变频器的额定参数

(1)输入侧的额定参数。

①额定电压。低压变频器的额定电压有单相 220～240V,三相 220V 或 380～460V。我国低压充频器的额定电压多为三相 380V。中高压变频器的额定电压有 3kV、6kV、和 10kV。

②额定频率。一般规定为工频 50Hz 或 60Hz,我国为 50Hz。

(2)输出侧的额定参数。

①额定输出电压。由于变频器的输出电压是随频率变化的,所以其额定输出电压只能规定为输出电压中的最大值,通常它总是和输入侧的额定电压相等。

②额定输出电流。额定输出电流指允许长时间输出的最大电流,是用户选择变频器的主要依据。

③额定输出容量。额定输出容量由额定输出电压和额定输出电流的乘积决定:

$$S_e = \sqrt{3} U_e I_e \times 10^{-3}$$

式中　S_e——额定输出容量(kV·A);

　　　U_e——额定输出电压(V);

I_e——额定输出电流（A）。

变频器的额定容量有以额定输出电流（A）表示的，有以额定有功功率（kW）表示的，也有以额定视在功率（kV·A）表示的。

④配用电动机容量。变频器说明书中规定的配用电动机容量，是指在带动连续不变负载的情况下可配用的最大电动机容量。当变频器的额定容量以额定视在功率表示时，应使电动机算出的所需视在功率小于变频器所能提供的视在功率。

⑤过载能力。变频器的过载能力是指允许其输出电流超过额定电流的能力，一般规定为 $150\% I_e$、1min 或 $120\% I_e$、1min。

⑥输出频率范围。即输出频率的最大调节范围，通常以最大输出频率 f_{max} 和最小输出频率 f_{min} 来表示。各种变频器的频率范围不尽相同，通常最大输出频率为 $200 \sim 500 Hz$，最小输出频率为 $0.1 \sim 1 Hz$。

⑦0.5Hz 时的起动转矩。这是变频器重要的性能指标。优良的变频器在 0.5Hz 时能输出 $180\% \sim 200\%$ 的高起动转矩。这种变频器可根据负载要求实现短时间平稳加、减速，快速响应急变负载。

2. 国产通用型变频器 JP6C-T9 和节能型变频器 JP6C-J9 的技术数据

见表 7-1。

表 7-1　JP6C-T9 型和 J9 型变频器技术数据

型号 JP6C-	T9-0.75	T9-1.5	T9-2.2	T9-5.5	T9-7.5	J9-11	J9-15	J9-18.5	J9-22	J9-30	J9-37	J9-45	J9-55	J9-75	J9-90	J9-110	J9-132	J9-160	J9-200	J9-220	J9-280
适用电动机功率(kW)	0.75	1.5	2.2	5.5	7.5	11	15	18.5	22	30	37	45	55	75	90	110	132	160	200	220	280
额定输出 额定容量(kV·A)(注)	2.0	3.0	4.2	10	14	18	23	30	34	46	57	69	85	114	134	160	193	232	287	316	400
额定电流(A)	2.5	3.7	5.5	13	18	24	30	39	45	60	75	91	112	150	176	210	253	304	377	415	520
额定过载电流	T9 系列:额定电流的 1.5 倍 1min;J9 系列:额定电流的 1.2 倍 1min																				
输入电源 电压	三相 380~440V																				
相数、电压、频率	三相 380~440V,50/60Hz																				
允许波动	电压:+10%~-15%,频率:±5%																				
抗瞬时电压降低	310V 以上可以继续运行,电压从额定值降到 310V 以下时,继续运行 15ms																				
输出频率设定 最高频率	T9 系列:50~400Hz 可变设定;T9 系列:50~120Hz 可变设定																				
基本频率	T9 系列:50~400Hz 可变设定;T9 系列:50~120Hz 可变设定																				
起动频率	0.5~60Hz 可变设定																				
载波频率	2~6kHz 可变设定																2~4Hz 可变设定				
精度	模拟设定:最高频率设定值的±0.3%(25℃±10℃以下);数字设定:最高频率设定值±0.01%(-10℃~+50℃)																				
分辨率	模拟设定:最高频率设定值的二百分之一;数字设定:0.01Hz(99.99Hz 以下),0.1Hz 以上)																				

续表 7-1

型号 JP6C-	T9-0.75	T9-1.5	T9-2.2	T9-5.5	T9/J9-7.5	T9/J9-11	T9/J9-15	T9/J9-18.5	T9/J9-22	T9/J9-30	T9/J9-37	T9/J9-45	T9/J9-55	T9/J9-75	T9/J9-90	T9/J9-110	T9/J9-132	T9/J9-160	T9/J9-200	T9/J9-220	T9/J9-280
控制 — 电压/频率特性	用基本频率设定 320~440V																				
转矩提升	自动：根据负载转矩调整到佳佳值；手动：0.1~20.0 编码设定																				
超动转矩	T9系列 1.5 倍以上（转矩矢量控制时）；T9系列：0.5 倍以上（转矢量控制时）																				
加减速时间	0.1~3600s，对加速时间、减速时间可单独设定 4 种，可选择线性加减速特性曲线																				
附属功能	上、下限频率控制，偏置频率、频率设距离，远距离操作，跳跃频率，瞬时停电再起动/转速跟踪再起动，电流限制																				
运转操作	触摸面板：RUN 键、STOP 键、∧键、∨键；端子输入：正转指令、反转指令，自动运行指令等																				
频率设定	触摸面板：多段频率选择　模拟信号：频率设定器 DC0~10V 或 DC1~20mA																				
运转 — 运转状态输出	集中报警输出																				
	开路集电极：能选择运转中、频率到达、频率等级、检测等 9 种或单独报警																				
	模拟信号：能选择输出频率，输出电压，电流，转矩，负载率(0~1mA)																				
显示 — 数字显示器(LED)	输出频率、输出电流、输出电压、转速等 8 种运行数据，设定频率故障码																				
液晶显示器(LCD)	运转信息、操作指导，功能码名称，设定数据，故障信息等																				
灯指示(LED)	充电（有电压），显示数据单位，触摸面板操作批示，运行指示																				

续表 7-1

型号 JP6C-	T9-0.75	T9-1.5	T9-2.2	T9-5.5	T9-7.5	T9/11	T9/15	T9/18.5	T9/22	T9/30	T9/37	T9/45	T9/55	T9/75	T9/90	T9/110	T9/132	T9/160	T9/200	T9/220	T9/280
制动转矩（注2）	100%以上					电容充电制动 20%以上						电容充电制动 10%～15%									
制动选择（注3）	内设制动电阻					外接制动电阻 100%						外接制动单元和制动电阻 70%									
直流制动设定	制动开始频率（0～60Hz），制动时间（0～30s），制动力（0～200%可设定）																				
保护功能	过电流、短路、接地、过压、欠压、过热、电动机过载、外部报警、电涌保护、主器件自保护																				
外壳防护等级	IP10								IP00（IP20 为选用）												
使用场所	屋内，海拔1000Mm以下，没有腐蚀性气体、灰尘、直射阳光																				
环境温度/湿度	-10℃～50℃/20%～90%RH不结露（220kW以下规格在超过40℃时，要留下通风盖）																				
振动	5.9M/s²（0.6g）以下																				
保存温度	-20℃～+60℃（适用运输等短时间的保存）																				
冷却方式	强制风冷																				

注：① 按电源电压440V的计算值。

② 对于J9系列，7.5～22kW为20%以上，30～280kW为10%～15%。

③ 对于J9系列，7.5～22kW为100%以上，30～280kW为75%以上（使用制动电阻时）。

第二节　变频器的选择与实例

一、变频器的适用场合

变频器适用以下场合：

（1）对电动机实现无级调速控制。许多生产工艺对传动电动机有调速要求。变频器可输出 $0\sim40\,Hz$ 频率，具体多大频率由生产工艺要求而定，并受电动机允许最大频率的制约。

（2）对电动机实现节能。异步电动机采用调速技术节能，可使效率提高 $5\%\sim10\%$。特别是当变频器用于变负载工况的工程机械（风机、泵、搅拌机、挤压机等）上时，节能效果尤为显著，一般可节电 $20\%\sim30\%$，调速装置费用可在 $1\sim3$ 年内收回。变频器用于节能场合，使用频率为 $0\sim50\,Hz$，具体多大频率由设备类型、工况条件等决定。

（3）对电动机实现软起动、软制动以及平滑调速。用变频器作软起动器，能减小电动机起动电流，避免负载设备受到大的冲击，特别适合于重载起动或满载超支的机械设备，如大功率高压风机、大型压缩机、挤压机等的起动。另外，也适用于在一些生产工艺中，对传动设备有软制动及平滑调速要求的场合。

（4）对多台电动机实现以比例速度运转或同步运转。

二、根据负荷的调速范围选择变频器

设备的调速范围是由生产工艺要求所决定的。选择变频器的关键是，在负荷最低速度的情况下变频器能有足够的电流输出能力。需指出，是否能满足调速范围和最低速度运行条件下的转矩要求，不但取决于变频器的性能，也取决于传动电动机在最低频率下的机械特性。如果电动机制造厂能准确提供调速电动机的转矩—速度特性曲线和相关数据，就能据此选择一个合适的接近理想的变频器。

变频器对电动机的输出转矩会有影响。只有在额定频率（如50Hz）下，电动机才有可能达到额定输出转矩。在大于或小于额定频率的频率下调速时，电动机的额定输出转矩都不可能用足。例如，当频率调到 20Hz 时，电动机输出转矩的能力约为额定转矩的 80%；当频率调到 10Hz 时，输出转矩约为额定转矩的 50%；当频率调到 6Hz 以下时，一般交流电动机的输出转矩能力极小（矢量控制系统除外），且有步进和脉动现象。

如果不论转速高低都需要有额定输出转矩，则应选用功率较大的电动机降容使用才行。

总之，只有变频器和电动机组合成一个变频调速系统且两者的技术参数均符合要求时才能满足低速及高速条件下的负荷转矩要求。

三、根据负荷的特点和性质选择变频器

使用变频器，有以调速为主要目的的，也有以节电为主要目的的，应视负荷性质及用途等而定。负荷类型主要有恒转矩、平方转矩和恒功率等三大类，它们与节能的关系见表 7-2。

表 7-2　负荷类型与节能的关系

负荷类型	恒转矩 $M=C$	平方转矩 $M \propto n^2$	恒功率 $P=C$
主要设备	输送带、起重机、挤压机、压缩机	各类风机、泵类	卷取机、轧机、机床主轴
功率与转速的关系	$P \propto n$	$P \propto n^2$	$P=C$
使用变频器的目的	以节能为主	以节能为主	以调速为主
使用变频器的节电效果	一般	显著	较小（指降压方式）

即使对于相同功率的电动机，负荷性质不同，所需的变频器容量也不相同。其中，平方转矩负荷所需的变频器容量较恒转矩负荷的低。

以瑞典 ABB 公司的 SAMIGS 系列变频器为例，根据负荷及

电动机功率选择变频器，见表 7-3。恒功率负荷可参照恒转矩负荷作用。

表 7-3　SAMIGS 系列变频器的选择

变频器型号	恒转矩				平方转矩			
	变频器			电动机	变频器			电动机
	额定输入电流 I_1(A)	额定输出电流 I_{fe}(A)	短时过载电流 (A)	额定功率 P_e(kW)	额定输入电流 I_1(A)	额定输出电流 I_{fe}(A)	短时过载电流 (A)	额定功率 P_e(kW)
ACS501-004-3	4.7	6.2	9.3	2.2	6.2	7.5	8.3	3
ACS501-005-3	6.2	7.5	11.3	3	8.1	10	11	4
ACS501-006-3	8.1	10	15	4	11	13.2	14.5	5.5
ACS501-009-3	11	13.2	19.8	5.5	15	18	19.8	7.5
ACS501-011-3	15	18	27	7.5	21	24	26	11
ACS501-016-3	21	24	36	11	28	31	34	15
ACS501-020-3	28	31	46.5	15	34	39	43	18.5
ACS501-025-3	34	39	58	18.5	41	47	52	22
ACS501-030-3	41	47	70.5	22	55	62	68	30
ACS501-041-3	55	62	93	30	67	76	84	37
ACS501-050-3	72	76	114	37	85	89	98	45
ACS501-060-3	85	89	134	45	101	112	123	55

根据不同生产机械选配变频器容量也可参考表 7-4。

表 7-4　不同生产机械选配变频器容量参考表

生产机械	传动负荷类别	M_z/M_e			$S_f S_e$
		起动	加速	最大负荷	
风机、泵类	离心式、轴流式	40%	70%	100%	100%
喂料机	皮带输送、空载起动	100%	100%	100%	100%
	皮带输送、有载起动	150%	100%	100%	150%
	螺杆输出	150%	100%	100%	150%

续表 7-4

生产机械	传动负荷类别	M_z/M_e			S_f/S_e
		起动	加速	最大负荷	
输送机	皮带输送、有载起动	150%	125%	100%	150%
	螺杆式	200%	100%	100%	200%
	振动式	150%	150%	100%	150%
搅拌机	干物料	150%～200%	125%	100%	150%
	液体	100%	100%	100%	100%
	稀黏液	150%～200%	100%	100%	150%
压缩机	叶片轴流式	40%	70%	100%	100%
	活塞式、有载起动	200%	150%	100%	200%
	离心式	40%	70%	100%	100%
张力机械	恒定	100%	100%	100%	100%
纺织机	纺纱	100%	100%	100%	100%

注：M_z、M_e—电动机负荷转矩、额定转矩；S_f—变频器容量；S_e—电动机容量。

轻载起动或连续运行时，电动机采用变频器运行与采用工频电源运行相比，由于变频器输出电压、电流中会有高次谐波，使电动机的功率因数、效率有所下降，电流约增加 10%，因此变频器容量（电流）可按以下公式计算：

$$I_{fe} \geqslant 1.1 I_e$$

或
$$I_{fe} \geqslant 1.1 I_{max}$$

式中 I_{fe}——变频器的额定输出电流（A）；

I_e——电动机额定电流（A）；

I_{max}——电动机实际运行中的最大电流（A）。

需指出，即使电动机负荷非常轻，电动机电流在变频器额定电流以内，也不能选用比电动机容量小很多的变频器。这是因为电动机容量越大，其脉动电流值也越大，很有可能超过变频器的过电流时量。

对于重载起动和频繁起动、制动运行的负荷，变频器的容量可按下式计算：

$$I_{fe} \geqslant (1.2 \sim 1.3)I_e$$

对于风机、泵类负荷，变频器的容量可按下式计算：

$$I_{fe} \geqslant 1.1 I_e$$

异步电动机在额定电压、额定频率下通常具有输出 200% 左右最大转矩的能力，但是变频器的最大输出转矩由其允许的最大输出电流决定，此最大电流通常为变频器额定电流的 130% ~ 150%（持续时间 1min），所以电动机中流过的电流不会超过此值，最大转矩也被限制在 130% ~ 150%。

如果实际加减速时的转矩较小，则可以减小变频器的容量，但也应留有 10% 的余量。

变频器额定（输出）电流允许倍数及时间可由产品说明书查得。

频繁加减速时，可先根据负荷加速、减速、恒速等运动曲线，求得负荷等效电流 I_{jf}，然后按下式计算变频器的额定容量：

$$I_{fe} = kI_{jf}$$

式中　k——安全系数，运行频繁时取 1.2，不频繁时取 1.1。

直接起动时，变频器的容量可按下式计算：

$$I_{fe} \geqslant \frac{I_q}{k_f} = \frac{k_q I_e}{k_f}$$

式中　I_q——电动机直接起动电流（A）；

　　　k_q——电动机直接起动的电流倍数，为 5~7；

　　　k_f——变频器的允许过载倍数，可由变频器产品说明书查得，一般可取 1.5。

【实例】　一台 Y225S-4 型 45kW 电动机，已知额定电流 I_e 为 84.2A，试按下列负荷选择变频器。

(1)轻载起动和连续运行的负荷。

(2)重载起动和频繁起动、制动运行的负荷。

(3)喂料机、皮带输送、空载起动；皮带输送、有载起动。

（4）输送机、皮带输送、有载起动；螺杆式输送机、重载起动。

（5）离心式压缩机。

（6）活塞式压缩机、有载起动。

（7）恒转矩负荷。

（8）平方转矩负荷。

解　（1）轻载起动和连续运行的负荷，变频器容量（电流）为

$$I_{fe} \geqslant 1.1 I_e = 1.1 \times 84.2 = 92.6(A)$$

因此，可选用如国产佳灵变频器。其中：若以调速为主要目的，可选用 JP6C-T 型变频器，输出电流为 152A，容量为 100kVA；若以节能为主要目的，可用 JP6C-Z 型变频器，输出电流为 152A，容量为 100kVA。

（2）重载起动和频繁起动、制动运行的负荷，变频器容量（电流）为

$$I_{fe} \geqslant (1.2 \sim 1.3)I_e = (1.2 \sim 1.3) \times 84.2 = 101 \sim 109.5(A)$$

据此可选择 MM440 矢量型通用变频器。若选用普通通用变频器，容量应放大一挡。

（3）喂料机、皮带输送、空载起动，由表 7-4 查得，变频器的容量为

$$S_f = S_e = \sqrt{3} U_e I_e = \sqrt{3} \times 380 \times 84.2 = 55419(VA)$$
$$= 55.4(kVA)$$

当负载起动时，变频器的容量为

$$S_f = 1.5 S_e = 1.5 \times 55.4 = 83.1(kV \cdot A)$$

（4）输送机、皮带输送、有载起动，由表 7-4 查得，变频器的容量为

$$S_f = 1.5 S_e = 55.4(kV \cdot A)$$

对于螺杆式输送机，变频器的容量为

$$S_f = 2 S_e = 2 \times 55.4 = 110.8(kV \cdot A)$$

（5）离心式压缩机，由表 7-4 查得，变频器的容量为

$$S_f = S_e = 55.4(kV \cdot A)$$

(6)活塞式压缩机、有载起动,由表 7-4 查得,变频器的容量为
$$S_f = 2S_e = 2 \times 55.4 = 110.8(kV \cdot A)$$

(7)恒转矩负荷,同表 7-4 查得,变频器额定电流为 $I_{fe} = 89A$,可选用如 ACS501-060-3 型变频器。

(8)平方转矩负荷,$I_{fe} = 89A$,可选用如 ACS-501-050-3 型变频器。

四、根据电动机功率和极数选择变频器的容量

(1)根据 GB 12668—90《交流电动机半导体变频调速装置总技术条件》,380V、160kW 以下单台电动机与装置间容量的匹配见表 7-5。

表 7-5   变频器与电动机的匹配

变频器容量(kV·A)	电动机功率(kW)	变频器容量(kVA)	电动机功率(kW)
2	0.4	50	22
	0.75		30
4	1.5	60	37
	2.2	100	45
6	3.7		55
10	5.5	150	75
15	7.5		90
25	11	200	110
	15		132
35	18.5	230	160

注:表中匹配关系不是唯一的,用户可以根据实际情况自行选择。

(2)根据电动机实际功率选择变频器的容量。对于电动机功率较大而其实际负载功率却较小的情况(并不打算更换电动机),所配用变频器的容量可按下式计算:
$$P_f = K_1(P - K_2 Q \Delta P)$$

式中 P_f——变频器容量(kW);

$\quad P$——调速前实测电动机的功率(kW);

K_1——电动机和泵调速后效率变化系数,一般可取 1.1~1.2;

K_2——换算系数,取 0.278;

Q——泵的实测流量(m^3/h);

ΔP——泵出口与干线压力差(MPa)。

(3)电动机不是 4 极时变频器容量的选择。一般通用变频器是按 4 极电动机的电流值等来设计的。如果电动机不是 4 极(如 8 极,10 极等多极电动机),就不能仅以电动机的容量来选择变频器的容量,必须用电流来校核。

(4)变频器的额定容量有的以额定输出电流(A)表示,有的以额定有功功率(kW)表示,也有的以额定规定视在功率。

五、变频电动机的特点及选用

1. 变频电动机的类型

变频电动机即变频器专用电动机,有以下几种类型:

(1)低噪声电动机。在运行频率区域内噪声低、振动小。

(2)恒转矩式电动机。在低频区内提高了允许转矩,如从 6 Hz 到 60 Hz 可以用额定转矩连续运转。

(3)高速电动机。用于高速(高频率)(如 10000~300000r/min)场合的电动机。

(4)带测速发电机的电动机。这里指用于闭环控制(抑制转速变动)的电动机。

(5)矢量控制用电动机。要求电动机惯性小。

2. 变频电动机的特点

变频电动机是适用于变频器的传动电动机,它有以下主要特点:

(1)散热风扇由一个独立的恒速电动机带动,风量恒定,与变频电动机的转速无关。

(2)设计机械强度能确保最高速使用时安全可靠。

（3）磁路设计既能适合最高使用频率的要求，也能适合最低使用频率。

（4）设计绝缘结构比普通电动机更能经受高温和较高冲击电压。

（5）高速运行时产生的噪声、振动、损耗等都不高于同规格的普通电动机。

变频电动机的价格要比普通电动机高 1.5～2 倍。

3. 变频电动机的选用

在电动机变频调速改造时，为了节约投资，异步电动机应尽量利用原有的。但在下列情况之一时，一定要选用专用的变频电动机：

（1）工作频率大于 50Hz 甚至高达 200～400Hz，一般电动机的机械强度和轴承无法胜任。

（2）工作频率小于 10Hz，负载较大且要长期持续工作，普通电动机靠机内的风叶无法满足散热要求，电动机会严重过热，容易损坏电动机。

（3）调速比 $D \geqslant 10$ 且频繁变化（$D = n_{max}/n_{min}$）。

（4）调速比 D 较大，工作周期短，转动惯量 GD^2 也大，正、反转交替运行且要求实现能量回馈制动的工作方式。

（5）因传动需要，用变频电动机更合适的情况，如要求低噪声、恒转矩、闭环控制等。

六、将 Y 系列电动机改装成变频电动机的方法

当电动机采用变频调速时，其运行频率一般为 10～60Hz。此时若采用普通电动机，则在长期低速（低频）运行中会严重发热，缩短电动机的寿命。因此，变频调速的电动机通常采用变频专用电动机。但有时为了降低成本，充分利用原有设备，或者当购不到合适的变频专用电动机时，则可将普通 Y 系列电动机改装成变频电动机。

改装的方法是：在普通电动机上加装一台强风冷电动机，以加强冷却效果，降低电动机在低速运行时的温升。强风冷电动机与改装电动机同轴，风叶仍为原电动机的冷却风叶。强风冷电动机的功率和极数按以下要求选择：

（1）对于 2 极和 4 极的被改装电动机，取被改装电动机功率的 3％，极数和被改装电动机的极数相同。

（2）对于 6 极及以上的被改装电动机，取被改装电动机功率的 5％，极数选择 4 极。

第三节　进口电动机应用变频器的基本频率设置实例

和变频器的最大输出电压对应的频率称为基本频率，用 f_{BA} 表示。变频器的最大输出电压必须小于或等于电动机的额定电压，通常是等于电动机的额定电压。

如果变频器的基本频率设定不当，有可能出现相同负载下，电动机电流值比工频运行时的电流大；在低频情况下，电流值偏大现象更为严重。例如将 380V、50Hz 的电动机用的变频器的基本频率设定为 20.5Hz 时就会出现上述情况。对于乡镇企业引进国外生产设备，其配备的电动机，有的电压非 380V，有的频率非 50Hz，在设定基本频率时更应充分注意。

一、50Hz、非 380V 电动机应用变频器的 U/f 线的设置

【实例】　额定频率为 50Hz、额定电压非 380V 的进口电动机应用变频器的 U/f 线的设置。

国外有些电动机的额定频率和额定电压与我国的电动机使用的额定频率（50Hz）和额定电压（380V）不同，在引进国外设备时可能会遇到此问题。

当 50Hz、420V 电动机用在 50Hz、380V 电源上时，其出力约为原来的 380/420，即 90％；起动电流约为原来的 90％，由于出力

降低,故起动电流倍数仍与原来的一样;最大转矩和起动转矩约为原来的$(380/420)^2$,即 81%;电动机的效率略差些,功率因数及温升则有所改善。如考虑这些因素,则 50Hz、420Hz 电动机在 50Hz、380V 电源上应该是可以使用的,但性能略差。

当 50Hz、346V 电动机在 50Hz、380V 电源上使用时,磁通密度为原来的 380/346(即 110%),空载电流将大大增加,若空载电流接近或超过原来的额定电流,则不能使用。同时电动机的功率至少比原来降低 10%以上,并应以负荷电流不超过原来的额定电流为度。

如果将额定频率为 50Hz、额定电压为 420V 或 346V 的电动机通过变频器与 50Hz、380V 电源连接,电动机性能将会显著提高。当这类电动机应用变频器时,应对变频器 U/f 线进行正确设置,以达到调速节能运行。

1. 50Hz、420V 电动机的基本频率设置

首先,在 U/f 坐标系内作用实际需要的 U/f 线 OA,A 点对应于 50Hz、420V 电源。再在 380V 处画一水平线与 OA 线相交于 B 点,由 B 点画一垂直线,与频率 f 坐标轴交于 K 点,该点的频率即为变频器设置的基本频率,为 45.2Hz。如图 7-3 所示。该频率 f_{BA} 也可按下式算出:

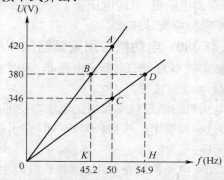

图 7-3　50Hz、420V 和 346V 电动机 f_{BA} 的设定

$$f_{BA} = \frac{OB}{OA} \times 50 = \frac{380}{420} \times 50 = 45.2(\text{Hz})$$

2. 50Hz、346V 电动机的基本频率设置

方法同前。首先在 U/f 坐标系内作出实际需要的 U/f 线 OC，C 点对应于 50Hz、346V 电源。再在 380V 处画一水平线与 OC 的延长线相交于 D 点，由 D 点画一垂直线，与频率 f 坐标轴交于 H 点，该点的频率，即变频器设置的基本频率，为 54.9Hz，见图 7-9。该频率 f_{BA} 可按下式算出：

$$f_{BA} = \frac{OD}{OC} \times 50 = \frac{380}{346} \times 50 = 54.9(\text{Hz})$$

3. 50Hz、420V 或 346V 电动机基本频率设置的通用公式

对于 50Hz，其他电压等级的电动机，同样可按以上方法设置变频器的基本频率，即可按通用公式计算：

$$f_{BA} = \frac{380}{U} \times 50 = 19000/\text{U}(\text{Hz})$$

式中　U——进口 50Hz 电动机的额定电压(V)。

二、60Hz、380V 或非 380V 电动机应用变频器的 U/f 线的设置

【实例】　额定频率为 60Hz、额定电压为 380V 或非 380V 的进口电动机应用变频器的 U/f 线的设置。

60Hz、380V 电动机用于 50Hz、380V 电源时，其磁通密度要增加 20%，空载电流将远大于 20%（与电动机极数及功率有关），极数多的电动机所占的比例要比同功率极数少的大；功率小的电动机所占的比例要比功率大的大。如果空载电流接近或超过原来的额定电流时，则不能使用；如果空载电流比原来的额定电流小而尚有较大差距，则可勉强使用。但一般说来，功率至少比原来的降低 20%，并应以负荷电流不超过原来的额定电流为度。

起动电流和起动转矩均比原来的增大约 20%，最大转矩和最小转矩也会相应增大，而效率一般要有所下降，功率因数也会有所

下降。由于通风效果因转速下降而变坏，以及磁通密度增加20％，铁心磁通将饱和，故温升要比原来的高许多。这时电动机的转速上升 17％[$n_1' = (f_2/f_1)n_1 = (50/60)n_1 \approx 0.83n_1$]。$n_1$、$f_1$ 和 n_1'、f_2 是分别对应于 60Hz、380V 和 50Hz、380V 的转速和电源频率。

要使 60Hz、380V 电动机用于 50Hz 电源上不过热，可采用降低电源电压的方法加以解决。降压后功率仅为铭牌功率的 83％。

为了使电动机不发生过电流，就要维持磁通密度不变。在用于 50Hz 电源中时，维持磁通密度不变的电压 $U_2' = (f_2/f_1)U_2 = (50/60) \times 380 \approx 317(V)$。也就是说，只要把电源电压降到 317V，即可使 60Hz、380V 电动机在 50Hz 电源上使用而不过热。这里 f_1、U_2 和 f_2、U_2' 是分别对应于 60Hz、380V 和 50Hz、380V 的电源频率和磁通密度维持电压。

如果将额定频率为 60Hz、额定电压为 380V 或非 380V 的电动机通过变频器用于额定频率为 50Hz、额定电压为 380V 的电源上，电动机性能将会显著提高。当这类电动机应用变频器时，应对变频器 U/f 线进行正解设置，以达到调速节能运行。

1. 60Hz、380V 电动机的基本频率设置

由于额定电压与我国低压三相电源 380V 相同，所以对于额定 60Hz、额定电压为 380V 的进口电动机，只要将变频器的基本频率 f_{BA} 设定在 60Hz 即可。

2. 60Hz、270V 电动机的基本频率设置

首先，在 U/f 坐标系内作出实际需要的 U/f 线 OA，A 点对应于 60Hz、270V。再在 380V 处画一水平线与 OA 的延长线相交于 B 点，由 B 点画一垂直线，与频率 F 坐标轴交于 K 点，该点的频率，即变频器设置的基本频率，为 84.4Hz，如图 7-4 所示。该频率 f_{BA} 也可按下式算出：

$$f_{BA} = \frac{OB}{OA} \times 60 = \frac{380}{270} \times 60 = 84.4 \text{(Hz)}$$

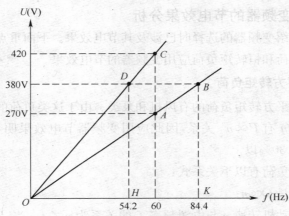

图 7-4　60Hz、270V 电动机 f_{BA} 的设定

3. 60Hz、420V 电动机的基本频率设置

方法同前。首先在 U/f 坐标系内作出实际需要的 U/f 线 OC，C 点对应于 60Hz、420V。再在 380V 处画一水平线与 OC 线相交于 D 点，由 D 点画一垂直线，与频率 f 坐标轴交于 H 点，该点的频率，即变频器设置的基本频率，为 45.2Hz。该频率也可按下式算出：

$$f_{BA} = \frac{OD}{OC} \times 60 = \frac{380}{420} \times 60 = 54.2 \text{(Hz)}$$

4. 60Hz、380V 或非 380 电动机基本频率设置的通用公式

对于 60Hz，其他电压等级的电动机，同样可按以上方法设置变频器的基本频率，即可按通用公式计算：

$$f_{BA} = \frac{380}{U} \times 60 = 22800/U \text{(Hz)}$$

式中　U——进口 60Hz 电动机的额定电压（V）。

第四节　变频器节电效果分析与实例

一、变频器的节电效果分析

在介绍变频器的选择时已涉及其节电效果。下面重点分析平方转矩负荷和恒转矩负荷应用变频器的节电效果。

1. 平方转矩负荷

属于平方转矩负荷的有风机和泵类。由于这类负荷的轴功率 P 与转速 n 有 $P \propto n^3$ 关系，因此应用变频器节电效果明显，一般节电率在 30% 以上。

这类负荷有以下关系式：

①流量 $Q \propto n$；

②电动机转速 n 与电源频率 f 的关系为 $n \propto f$。当 $f = 50\text{Hz}$ 时，$n = n_e$（额定转速）；当 $f = 40\text{Hz}$ 时，$n = 0.8n_e$；当 $f = 25\text{Hz}$ 时，$n = 0.5n_e$ 等。

③轴功率 $P \propto n^3$。当 $n = n_e$ 时，$P = P_e$；当 $n = 0.8n_e$ 时，$P = 0.8^3 P_e = 0.512P_e$；当 $n = 0.5n_e$ 时，$P = 0.5^3 P_e = 0.125P_e$ 等。

因此这类负荷应用变频器的节电率，根据公式 $\Delta P\% = \dfrac{P_e - P}{P_e} \times 100\%$，当 $n = n_e$（即 $f = f_e = 50\text{Hz}$）时，节电率为 $\Delta P\% = \dfrac{P_e - P_e}{P_e} \times 100\% = 0$；当 $n = 0.8n_e$（即 $f = 40\text{Hz}$）时，节电率为 $\Delta P\% = \dfrac{P_e - 0.512P_e}{P_e} \times 100\% = 48.8\%$；当 $n = 0.5n_e$（即 $f = 25\text{Hz}$）时，节电率为 $\Delta P\% = \dfrac{P_e - 0.125P_e}{P_e} \times 100\% = 87\%$。

为此可以得到表 7-6 所列的结果。当然，实际应用中会有所出入。

表 7-6 平方转矩负荷应用变频器的节电效果

流量 Q^*（％）	100	90	80	70	60	50	40	30
转速 n^*（％）	100	90	80	70	60	50	40	30
频率（Hz）	50	45	40	35	30	25	20	15
轴功率 P^*（％）	100	73	51	34	22	13	6.5	2.7
节电率 ΔP（％）	0	27	49	66	78	87	93.5	97.3

注：Q^*、n^*、P^* 均为各量与额定值的相对百分数。

2. 恒转矩负荷

属于恒转矩负荷的有输送机、起重机、挤压机、压缩机等。这类负荷的轴功率 P 与转速 n 有 $P \propto n$ 关系，因此应用变频器的节电效果一般。

当 $n = n_e$（即 $f = 50\text{Hz}$）时，$P = P_e$，节电率为 $\Delta P\% = 0$；当 $n = 0.8n_e$（即 $f = 40\text{Hz}$）时，$P = 0.8P_e$，节电率为 $\Delta P\% = \dfrac{P_e - 0.8P_e}{P_e} \times 100\% = 20\%$；当 $n = 0.5n_e$（即 $f = 25\text{Hz}$）时，$P = 0.5P_e$，节电率为 $\Delta P\% = \dfrac{P_e - 0.5P_e}{P_e} \times 100\% = 50\%$。

为此可以得到表 7-7 所列的结果。

表 7-7 恒转矩负荷应用变频器的节电效果

转速 n^*（％）	100	90	80	70	60	50	40	30
频率（Hz）	50	45	40	35	30	25	20	15
轴功率 P^*（％）	100	90	80	70	60	50	40	30
节电率 ΔP（％）	0	10	20	30	40	50	60	70

注：n^*、P^* 同表 7-6。

（1）对于粉碎机、冲压机床、剪切机等负荷，其负荷功率具有周期性、波动大的特点，应用变频器节电效果较好。

（2）对于空压机、水池、水塔等阶梯负荷，在空载时间等于 1/3～1/4 满载时间的条件下，如采用变频调速、使流量降低或使工作时间适当延长,缩短空载时间,可使节电率达到 15%～20%。

【实例】 某水泥厂窑头 EP 风机采用 10kV 高压电动机,型号:YKK500-8 型,额定功率 P_e 为 400kW,频率为 50Hz,额定电压 U_e 为 10kV,额定电流 I_e 为 30A,额定转速 n_e 为 740r/min,额定功率因数 $\cos\varphi_e$ 为 0.77,接线方式为Ｙ/Ｙ。

改造前,生产过程中,根据窑内负压,通过调节风门挡板开度对头排风机的风压进行控制。由于设计裕度较大,正常生产过程中,风门挡板开度较小,风门挡板两侧风压差较大,造成较大的节流损失。实测平均进线电流 I 为 23.2A,进线功率因数 $\cos\varphi$ 为 0.71。

改造方案:将风门挡板全开,采用变频器调速控制电动机转速以控制风量,以达到节电的目的。

(1)试选择变频器。

(2)分析改造前后的节电效果。

解 (1)变频器的选择。

①风机负荷,可按下式选择变频器容量:

$$S_f = S_e = P_e/\cos\varphi_e = 400/0.77 = 519.5(kV \cdot A)$$

②按实际正常负荷功率选择:

$$S_f \geqslant S = \sqrt{3}UI = \sqrt{3} \times 10 \times 23.2 = 401.8(kV \cdot A)$$

考虑可能出现的最大运行负荷功率,因此可选择容量 500kVA 的变频器。

变频器正常运行频率在 40Hz 左右。

(2)改造前后风机性能对比及节电效果。

改造前后风机性能对比见表 7-8。

根据改造前后实测数据,改造前电动机平均功耗 P_1 为 287.55kW,改造后平均功耗 P_2 为 205.2kW,改造后功耗下降为 $\Delta P = P_1 - P_2 = 287.55 - 205.2 = 82.35(kW)$,设年运行小时数 T 为 6900h,电价 δ 为 0.5 元/kW·h,则年节约电费为

$$F = \Delta PT\delta = 82.35 \times 6900 \times 0.5 = 284107.5(元)$$

＝28.4(万元)

表7-8 改造前后风机性能对比

项 目	改造前	改造后	项 目	改造前	改造后
平均功耗(kW)	288	205	起动方式	直接起动	变频软起动
10kV进线电流(A)	23.2	12.2	风机噪声	大	小
10kV进线功率因数	0.71	0.97	轴承温升	高	低

节电率为

$$\Delta P\% = \frac{\Delta P}{P} \times 100\% = \frac{82.35}{287.55} \times 100\% = 28.6\%$$

二、变频器节能运行需掌握的要点

(1)电动机应用变频器调速节电一般有两个不同的目的。一是以调速为主,应选用通用型变频器,二是以节能为主,应选用节能型变频器。国产佳灵变频器通用型产品和节能型产品分别为T9系列和J9系列(见表7-1);日本安川公司生产的通用型产品和节能型产品分别为G5系列和P5系列;日本富士公司生产的两类产品分别为G9系列和P9系列。另外,还有一机两用的方式,即通过程序代码选择,将变频器分别控制在通用型或节能型方式中运行,如日本日立公司生产的J300型变频器。

(2)注意变频器产品使用说明书中有关变频器与电动机匹配的问题。由于变频器在出厂时已将它所配用的标准电动机的参数设定好了,因此只有两者相匹配,才能经济运行。如果电动机容量比变频器容量小得多,则必须重新设定参数,才能达到节能运行。

(3)变频器在节能方式下运行时,其动态响应性能是较差的,如果遇到突变的冲击负荷,拖动系统可能因电压来不及增加到必要值而堵转(因变频器搜索、调整电压需要一定时间,每次调整的电压增量一般设定在工作电压的10%以内)。因此节能运行方式主要应用在转矩较稳定的负荷。

第五节 变频器控制线路

一、变频器主电路和控制电路端子功能

变频器主电路端子的功能见表 7-9,控制电路端子的功能见表 7-10。由于生产厂家不同,变频器端子的符号标志也可能不同,但基本功能大致类似。变频器的外部接线见图 7-2。

表 7-9 变频器主电路端子、接地端子的功能

端子符号	端子名称	功能说明
R、S、T	主电路电源端子	连接三相电源
U、V、W	变频器输出端子	连接三相电动机
P_1、P(+)	直流电抗器连接用端子	改善功率因数的电抗器(选用件)
P(+)、DB	外部制动电阻连接用端子	连接外部制动电阻(选用件)
P(+)、N(—)	制动单元连接端子	连接外部制动单元
PE	变频器接地用端子	变频器外壳接地端子

表 7-10 变频器控制电路端子的功能

分 类	端子符号	端子名称	功能说明	
频率设定	+V	可调电位器电源	作为频率设定器(可调电阻为 1~5kΩ)用电源	DC+10V,100mA(最大)
	VRF	设定用电压输入	DC 0~+10V,以+10V 输出最高频率,输入电阻为 22kΩ	
	C_1	设定用电流输入	DC 4~20mA,以 20mA 输出最高频率,输入电阻为 250Ω	
控制输入	FR	正转运转、停止指令	FR-COM 接通,正转运转;断开后,减速停止	FR-COM 与 RR-COM 同时接通时,减速后停止(有运转指令,而且频率设定为 0Hz)。但是,在选择模式运转中,则成为暂停
	RR	反转运转、停止指令	RR-COM 接通,反转运转;断开后,减速停止	

续表 7-10

分类	端子符号	端子名称	功能说明	
控制输入	2DF 3DF	多段频率选择	2DF-COM 接通为第 2 种速度；3DF-COM 接通为第 3 种速度；2DF 和 3DF 均与 COM 接通为第 4 种速度	
	JOG	点动	JOG-COM 接通，电机运转；断开，电机停止	
	AC2	加速时间选择	AC2-COM 接通，电动机加速	有的变频器可通过 AC2-COM、 DC2-COM 的接通/断开组合，能选择多种加速、减速时间
	DC2	减速时间选择	DC2-COM 接通，电动机加速	
	ES	紧急停止	ES-COM 断开，相当于切断电动机电源，电动机停止	
	MBS	惯性停止	MBS-COM 接通，电动机慢慢停止	
	RST	复位	RST-COM 接通，解除变频器跳闸后的保持状态	没有消除故障原因时，不能解除跳闸状态
	COM	接点输入公用端	接点输入信号的公用端子	
仪表用	FRQ	频率模拟量输出	有的变频器可选择频率、负载率、转矩、输出电流中的一个项目。最多能连接两个，DC 0～1mA	

国产 JP6C 系列变频器控制电路端子的功能见表 7-11。

表 7-11　JP6C 系列变频器控制电路端子的功能

分类	端子符号	端子名称	功能说明	
频率设定	13	可调电阻器用电源	作为频率设定器(可调电阻：1～5kΩ)用电源	DC＋10V，10mA(最大)
	12	设定用电压输入	DC 0～＋10V，以＋10V 输出最高频率，输入电阻为 22kΩ	
	CI	设定用电流输入	DC 4～20mA，以 20mA 输出最高频率，输入电阻为 250Ω	
	11	频率设定公用端	频率设定信号(12、13、CI)的公用端子	

续表 7-11

分类	端子符号	端子名称	功能说明	
控制输入	FWD	正转运转停止指令	FWD-CM 之间接通,正转运转;断开后,减速停止	FWD-CM 与 REV-CM 同时接通时,减速后停止(有运转指令,而且频率设定为 0Hz)。但是在选择模式运转(功能/数据码:33/1～33/3)中,则成为暂停
	REV	反转运转停止指令	REV-CM 之间接通,反转运转;断开后,则减速停止	
	BX	自由运转指令	BX-CM 之间接通,立即切断变频器输出,电动机自由运转后停止,不输出报警信号	BX 信号不能自保持在运转指令(FWD 或 REV)接通的状态中,若断开 BX-CM,则从 0Hz 起动
	THR	外部报警输入	在运转中若 THR-CM 之间断开,变频器的输出切断(电动机自由运转),则输出报警 这个信号在内部自保持,RST 输入就被复位,可用于制动电阻过热保护等	出厂时,RST-CM 之间用短路片连接,因而在使用时要取出短路片,平常连接常闭的接点
	RST	复位	RST-CM 之间接通,解除变频器跳闸后的保持状态	没有消除故障原因时,不能解除跳闸状态
	X1,X2,X3	多段频率选择	通过 X1-CM、X2-CM、X3-CM 之间的接通/断开的组合,多段频率设定 1～7 段(1 速～7 速,功能码:34～40)是有效的	

键操作/外部设定	1速	2速	3速	4速	5速	6速	7速
X1-CM	—	●	—	●	—	●	—	●
X2-CM	—	—	●	●	—	—	●	●
X2-CM	—	—	—	—	●	●	●	●

(注 1)●表示接通,—表示断开。

(注 2)所谓外部设定,指的是用模拟或数字(任选)的外部信号来设定

续表 7-11

分类	端子符号	端子名称	功能说明				
控制输入	X4，X5	加速时间的选择	通过 X4-CM、X5-CM 之间的接通/断开的组合，能选择最多 4 种加速时间（加速 1～加速 4/减速 1～减速 4，功能码：05,06,49～54）				
				加速 1/减速 1	加速 2/减速 2	加速 3/减速 3	加速 4/减速 4
			X4-CM	—	●	—	●
			X5-CM	—	—	●	●
			（注）●表示接通，—表示断开				
	CM	接点输入公用端	接点输入信号的公用端子				
仪表用	FMA，11	模拟量输出	从下面选择（功能码 59）一个项目，用直流电流输出： · 频率（0～最高频率） 输出电流（0～200%电流） · 负载率（0～200%负载） 转矩（0～200%转矩）	最多能连接两个 DC 0～1mA（能根据功能码 58 调整）			

二、变频器正转运行控制线路

　　线路如图 7-5 所示。图中，FR 为正转运行、停止指令端子，COM 为接点输入公用端；30B、30C 为总报警输出继电器常闭触点，当变频器出现过电压、欠电压、短路、过热、过载等故障时，此触点断开，控制电路失电，起动保护作用。

　　工作原理：调节频率给定电位器 RP，设定电动机运行转速。

　　按下运行按钮 SB_1，继电器 KA 得电吸合并自锁，其常开触点闭合，FR-COM 连接，电动机按照预先设定的转速运行；停止时，按下停止按钮 SB_2，KA 失电，FR-COM 断开，电动机停止。

三、变频器寸动运行控制线路

　　线路如图 7-6 所示。图中，FR 为正转运行、停止指令端子；

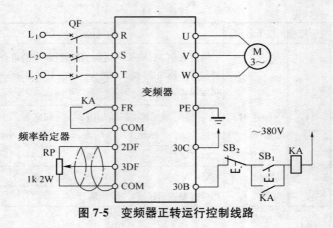

图 7-5　变频器正转运行控制线路

30B、30C 端子同图 7-5。

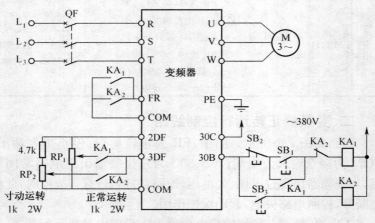

图 7-6　变频器寸动运行控制线路

　　工作原理:调节电位器 RP_1,设定电动机正常运行转速;调节电位器 RP_2,设定电动机寸动运行转速。

　　正常运行时,按下按钮 SB_1,继电器 KA_1 吸合并自锁,其常开触点闭合,由电位器 RP_1 输入信号,另一常开触点闭合,FR-COM

接通,电动机按额定速度运行;停止时,按下按钮 SB$_2$ 即可。

寸动运行时,按下按钮 SB$_3$,继电器 KA$_2$ 吸合,其常开触点闭合,由 RP$_2$ 输入信号,另一常开触点闭合,FR-COM 接通,电动机按寸动转速运行。松开 SB$_3$,电动机停止。

四、无反转功能的变频器控制电动机正反转运行线路

线路如图 7-7 所示。图中,FR 为正转运行、停止指令端子;30B、30C 端子同图 7-5。

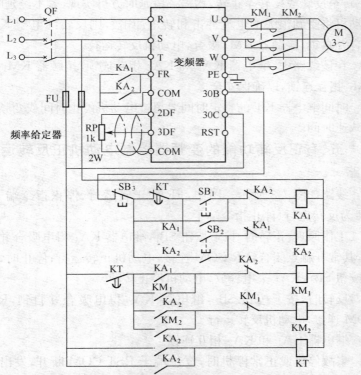

图 7-7 无反转功能的变频器控制电动机正反转运行线路

工作原理:调节电位器 RP,设定电动机运行转速(正、反转速度相同)。

正转时,按下按钮 SB_1,继电器 KA_1 得电吸合并自锁,其两对常开触点闭合,FR-COM 接通,同时时间继电器 KT 得电,其延时闭合常闭触点瞬时断开,延时断开常开触点闭合;KA_1 的另一对常开触点闭合,接触器 KM_1 得电吸合并自锁,其主触点闭合,电动机正转运行。

欲反转,应先使电动机停止,断开断路器 QF 即可。然后按下按钮 SB_2,如果这时时间继电器 KT 的延时闭合常闭触点已闭合(正转至反转或反转至正转,均需一段延时方可实现,若不经延时,电动机将受到很大的电流冲击和转矩冲击),则反转继电器 KA_2 吸合并自锁,接触器 KM_2 吸合,电动机反转运行。

在该线路中,继电器 KA_1 和 KA_2 相互连锁,接触器 KM_1 和 KM_2 相互连锁,以确保安全。

时间继电器 KT 的整定时间要超过电动机停止时间或变频器的减速时间。

五、有正反转功能的变频器控制电动机正反转运行线路

线路如图 7-8 所示。图中,FR 为正转运行、停止指令端子,RR 为反转运行、停止指令端子。

工作原理:正转时,按下按钮 SB_1,继电器 KA_1 得电吸合并自锁,其常开触点闭合,FR-COM 连接,电动机正转运行;停止时,按下按钮 SB_3,KA_1 失电释放,电动机停止转动。

反转时,按下按钮 SB_2,继电器 KA_2 得电吸合并自锁,RR-COM 连接,电动机反转运行。

继电器 KA_1 和 KA_2 相互连锁。

事故停机或正常停机时,复位端子 RST-COM 断开,发出报警信号;按下按钮 SB_4,报警解除。

六、电动机变频器工频/变频切换线路

在某些生产过程中是不允许停机的。在变频运行中一旦变频

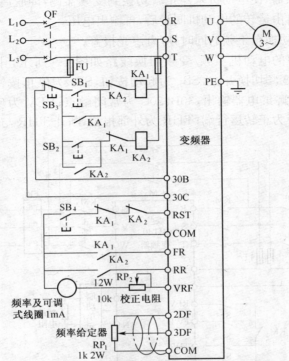

图 7-8 有正反转功能的变频器控制电动机正反转运行线路

器因故障而跳闸,则必须切换到工频下运行。另外,有些场合需要工频运行和变频运行相互切换。

工频/变频切换线路需注意以下问题:

(1)在工频下运行时,变频器不可能对电动机进行过载保护,所以必须接入热继电器 FR,用于在工频下运行时的过载保护。

(2)将工频电网运行中的电动机切换到变频器侧运行时,电动机必须完全停止后,再切换到变频器侧重新起动,否则会产生很大的冲击电流和冲击转矩,造成设备损坏或跳闸停电。对于从电网切换到变频器时不允许完全停止的设备,必须选择备有相应选用件的变频器,使电动机未停止就切换到变频器侧,即脱离电网,变频器与自由运转的电动机同步后,再输出电压。

(3)切换至工频的同时,应有声光报警。

简单的电动机工频/变频切换线路如图 7-9 所示。图中,SA 为工频/变频切换开关,SB_1 为起动按钮,SB_2 为停止按钮。30B、30C 为故障继电器输出,30B、30C 为常闭触点;REV 为反转运行端;FWD 为正转运行端;THR 为外部报警,断开 THR 与 CM,产

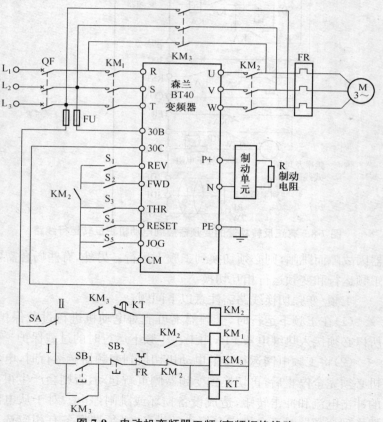

图 7-9   电动机变频器工频/变频切换线路

生报警；RESET 为复位，短接 RESET 与 CM 一次复位一次；JOG 为点动输入端；CM 为公共端。

图中未画出模拟电压输入（频率给定）、模拟电流输入等电路。

工作原理：当需要网电直接给电动机供电时，将转换开关 SA 置于"Ⅰ"的位置，按下按钮 SB_1，接触器 KM_3 得电吸合并自锁，而这时接触器 KM_1 和 KM_2 均失电释放，电动机接通网电起动运行；停止时，按下按钮 SB_2，KM_3 失电释放，电动机停止。

当电动机由网电供电切换为由变频器控制电动机调速运行时，将 SA 置于"Ⅱ"的位置，由于时间继电器 KT 的延时闭合常闭触点在网电供电时是断开的，所以 SA 置于"Ⅱ"的位置时，KT 的触点需延迟一段时间才闭合。这时 KM_1、KM_2 才能吸合，变频器才投入工作，以确保安全。

工频/变频切换还通过 KM_2、KM_3 的常闭辅助触点实现连锁，以确保安全。

如果利用变频器内部的故障继电器触点代替转换开关 SA，则能实现变频器故障跳闸后切换到工频下运行。

第八章　水泵节电技术与实例

第一节　水泵的基本参数和特性曲线

一、水泵的基本参数

水泵的基本参数有:流量、扬程、有效功率、轴功率、效率、配用功率、转速、允许吸上真空高度和比转速率。

(1)流量 Q:指水泵在单位时间内所能抽送的水量,单位为 m³/h。常用单位及其换算关系是:L/s(升/秒)=3.6m³/h=3.6t/h。

(2)扬程 H:指水泵能够扬水的高度,单位为 m。扬水所需的扬程 $H_需$ 等于实际扬程 $H_实$ 与损失扬程 $H_损$ 之和,如图 8-1。

损失扬程是指水经过管道时,由于受到阻力和摩擦而损失的扬程。所需扬程应等于或小于水泵铭牌上所给出的扬程。

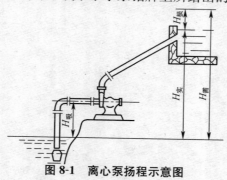

图 8-1　离心泵扬程示意图

(3)有效功率(或称为理论功率)N_{yx}:指水在单位时间内从水泵中所获得的总能量,单位为 kW,其计算式如下:

$$N_{yx} = \frac{\gamma QH}{1000}$$

式中　γ——介质重度(N/m^3)；

　　　H——水泵的扬程(m)；

　　　Q——水泵的流量(m^3/s)，$1m^3/s=10^3L/s$。

(4)轴功率 N：指电动机传给水泵轴的功率，单位为 kW。

(5)效率 η：指水泵的有效功率和轴功率之比，即：

$$\eta=\frac{N_{yx}}{N}\times100\%$$

(6)配用功率 P：指水泵根据轴功率实际所配用电动机的额定功率。考虑安全，需一定的功率储备系数，所以配用电动机的功率稍大于轴功率。

(7)转速 n：指水泵的叶轮每分钟转多少转，单位为 r/min。

(8)允许吸上真空高度(也叫允许吸水高度)H_s：它表示该水泵吸水能力的大小，也是确定水泵安装高度的依据。在安装水泵时，其实际吸水高度 $H_{吸}$(见图 8-1)与吸水管路损失扬程 $H_{损}$ 的和，应小于允许吸上的真空高度。如果吸水高度超过允许吸上高度，就要产生汽蚀，甚至吸不上水来。1 个大气压等于 $10m$ 水柱，由于水头损失等原因，所以对有吸程的水泵，吸水高度必然低于 $10m$，一般在 $2.5\sim8.5m$ 之间。

(9)比转速 n_s：也叫比速，指水泵的有效功率为 1 马力、扬程为 $1m$ 水柱时，所相当的水泵轴转数。它和水泵的转速不是一回事。比转速的单位为 r/min，可用下式计算：

$$n_s=\frac{3.65n\sqrt{Q}}{H^{3/4}}$$

式中　Q——单吸叶轮的流量(m^3/s)，对于为 sh 型泵，则应取 $Q_{sh}/2$ 代入；

　　　H——单吸叶轮的扬程(m)。

对同一类型的水泵，扬程越高、流量越小，则比转速越低；水泵在相同的转速、流量下，则比转速高的适合在低扬程下工作；水泵在相同的转速、扬程下，比转速高的流量大；在相同的扬程、流量下,则比转速高的水泵的转速也高。离心泵的比转速在 300 以下,混流泵的比转速在 300～500 之间,轴流泵的比转速在 500 以上。

二、水泵的特性曲线

水泵做功能力的大小可以用流量 Q 及扬程 H 的大小来反映。在一定的转速下,一台水泵的流量 Q 与扬程 H 之间有一个对应的关系。这个关系用 Q—H 坐标图来表示,即为水泵的 Q—H 性能曲线。同样有流量 Q 与轴功率 N 的 Q—N 曲线、流量 Q 与效率 η 的 Q—η 曲线。8sh-6 型水泵的特性曲线如图 8-2 所示。

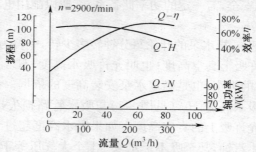

图 8-2　8sh-6 型水泵的特性曲线

由图 8-2 可见,在某一对应 Q—H 值下运行时,水泵将有最高的效率,这时的 Q、H、η 值即为该台水泵的该定参数。水泵的运行点是由其特性曲线与管道特性曲线的交点来确定的。

水泵的能力是由流量及扬程决定的。流量由供水负荷决定。

在开式管路方式下,在由接水池向高处水池扬水的场合,总扬程为泵的进口水位与出口水位的高度差(实际扬程)和管路、接头、阀门等处的水头损失之和。

在闭式管路方式下,在空调设备组成的循环管路中,则没有实际扬程。这时泵的总扬程为管路、接头、阀门及管路中其他装置的助力所造成的损失扬程之和。

三、农用水泵的分类、型号、性能及适用范围

农用水泵的分类、型号、性能及适用范围见表 8-1。

表 8-1　部分农用水泵的分类、型号、性能及适用范围

种　类	型　号	型号说明	扬程及流量	性能及适用范围
卧式离心泵	B	单级单吸悬臂式离心泵	扬程 8～98m 流量 4.5～360m³/h	流量小，扬程较高。适用于山区丘陵排灌；体积小，便于移动使用；出水口方向可根据需用调整角度
	S	单级双吸卧式离心泵	扬程 10～140m 流量 126～3420m³/h	扬程较高，流量较大，适用于丘陵高原地排灌；体积大，最好固定使用，检修方便
	D	单吸多级卧式离心泵	扬程 14～300m 流量 10.8～126m³/h	适用于中小面积、高扬程灌溉，也可用于工厂、矿山给排水
轴流泵	ZLB	轴流泵立式半调节叶片	扬程 2～8m 流量 300～5750m³/h	流量大，扬程低，适用于平原河网圩区的大面积灌溉和排涝，扬程在 5m 左右时，使用 Z 型泵较适宜
	ZWB	轴流泵卧式半调节叶片		
	ZXB	轴流泵斜式半调节叶片		
	WZL	出水室为蜗工结构苏排轴流泵立式	扬程 1.7～1.85m 流量 3780～11720m³/h	出水室至砖石、混凝土等代替铸铁弯管的轴流泵，比转速高，扬程较低，流量较大，适用于湖田和低洼圩区的排涝、盐碱地冲洗和小流域补水翻水。其结构简单，造价便宜
混流泵	HB	单级单吸悬臂式混流泵	扬程 2.5～9.4m 流量 155～2180m³/h	结构简单，适合皮带传动适用于平原中等灌区
	丰	单级单吸卧式混流泵	扬程 4～20m 流量 534～2783m³/h	

续表 8-1

种类	型号		型号说明	扬程及流量	性能及适用范围
井用泵	JD		多级立式半开式叶轮深井泵	扬程 25～150m 流量 10～490m³/h	专用于从井中抽水进行灌溉的水泵。分深井泵和浅井泵。深井泵：结构较复杂，流量和扬程选择范围较广，运转比较可靠，但安装、检修较困难，价格较贵，对井的质量要求较高。适用于井中水面离地面较深的地区
	J		多级立式离心式深井泵	扬程 24～120m 流量 35～204m³/h	
	J(井龙)		机井用泵	扬程 11～31m 流量 30～148m³/h	浅井泵：结构简单，运转可靠，工作效率高，适用于井中水面离浅井
	农井		陕农用机井泵	扬程 30～70m 流量 30～50m³/h	移动方便，整个电泵可浸在水中工作，省去了泵房及水受一般水吸程的限制，广泛应用于农田排灌、浅井提水
潜水泵	JQB		潜水电泵	扬程 3.1～28m 流量 10～288m³/h	
	NQ		农用潜水电泵	扬程（单级）12.5m 流量 20～80m³/h	结构较简单，便于维修。电机采用防水绝缘号线，可向电机内充以纯净的清水。电机转子在水中转动，散热较好。NQ型主要用于农田排灌提水
	JQ		深井潜水电泵	扬程 17～149.5m 流量 10～600m³/h	

第二节 农用水泵的选择

水泵的正确选择涉及投资、经济运行、效率等综合因素。水泵的选择主要是确定泵型、技术参数及配套电动机的功率等。

一、水泵电动机功率的选择与实例

水泵电动机的功率可按以下公式计算。

1. 水泵轴功率计算

水泵轴功率是指在单位时间内电动机通过轴传给泵的能量。

$$N = \frac{\gamma Q H}{1000 \eta}$$

式中　N——水泵轴功率（kW）；

　　　γ——水的重度，一般情况可取 $\gamma = 9810 \text{N/m}^3$；

　　　Q——水泵的流量（m^3/s），$1 \text{m}^3/\text{s} = 10^3 \text{L/s}$；

　　　H——水泵的扬程（m）；

　　　η——水泵效率，一般为 $0.6 \sim 0.84$，实际数值以制造厂提供的数据为准。

2. 电动机输出功率计算

$$P_2 = \frac{N}{\eta_t} = \frac{\gamma Q H}{1000 \eta \eta_t}$$

当电动机与水泵直联传动时，$\eta_t = 1$，则

$$P_2 = N = \frac{\gamma Q H}{1000 \eta}$$

式中　P_2——电动机输出功率（kW）；

　　　η_t——传动装置效率。当电动机与水泵直联传动；$\eta_t = 1$；联轴器传动，$\eta_t = 0.98$；三角皮带传动，$\eta_t = 0.95 \sim 0.96$；平皮带传动，$\eta_t = 0.92$；平皮带半交叉传动，$\eta_t = 0.9$。

3. 电动机输入功率计算

$$P_1 = \frac{P_2}{\eta_d} = \frac{\gamma QH}{1000\eta\eta_d\eta_t}$$

当电动机与水泵直联传动时，$\eta_t = 1$，则

$$P_1 = \frac{\gamma QH}{1000\eta\eta_d}$$

式中　P_1——电动机输入功率（kW）；

　　　η_d——电动机效率。一般中小型电动机，$\eta_d = 75\% \sim 85\%$；大型电动机，$\eta_d = 85\% \sim 94\%$，实际值以制造厂提供的数据为准。

4. 水泵配套电动机设计功率计算

设计功率要考虑储备系数（余裕系数）K，因此水泵配套电动机的设计功率为

$$P = KP_2 = K\frac{N}{\eta_t}$$

式中　P——水泵电动机设计功率（kW）；

　　　P_2——水泵电动机输出功率（kW）；

　　　K——功率储备系数，见表8-2；

其他符号同前。

表 8-2　功率储备系数

水泵功率(kW)	<5	5～10	10～50	50～100	>100
K	2～1.3	1.3～1.15	1.15～1.10	1.15～1.05	1.05

当水泵的型号规格选定以后，所配电动机的功率，如有配套表，可直接从表中查得；如没有配套表可查，则可按以上介绍的计算公式计算。

【实例】 有一台 BA 型离心泵，铭牌标示：流量 Q 为 25L/s，总扬程 H 为 20m，效率 η 为 78%，转速为 2900r/min，采用法兰传动（直联）。试选择配套的电动机。

解 直联传动，其传动效率 $\eta_t = 1$；按表8-2，取功率储备系数 $K =$

1.2。水的重度 $\gamma=9810N/m^3$，流量 $Q=25L/s=25\times10^{-3}m^3/s$。

水泵轴功率

$$N=\frac{\gamma QH}{1000\eta}=\frac{9810\times25\times10^{-3}\times20}{1000\times0.78}=6.29(kW)$$

配套电动机功率

$$P=K\frac{N}{\eta_t}=1.2\times\frac{6.29}{1}=7.5(kW)$$

可采用 Y160M1-2 型 7.5kW、2930r/min 异步电动机。

二、水泵电能消耗计算

【实例】 某水泵站的有效扬程为 150m，当从下部贮水池中抽出 $5\times10^5 m^3$ 的水时，需消耗多少电能？设水泵效率为 80%，电动机效率为 92%。水泵与电动机为直联传动，并设排水时有效扬程与效率不变。

解 设有效扬程为 $H(m)$，抽水量为 $Q(m^3/s)$，水泵效率为 η，电动机效率为 η_d，传动效率为 η_t，则电动机输入功率为

$$P_1=\frac{\gamma QH}{1000\eta\eta_t\eta_d}$$

设电动机运转 t 小时才能将贮水池中的水 $V=5\times10^5 m^3$ 抽出，故

$$V=Q\times3600t$$

将 $Q=\frac{V}{3600t}$ 代入前式，得

$$P_1=\frac{\gamma VH}{1000\times3600t\eta\eta_t\eta_d}$$

所以运转 t 小时，抽出 $5\times10^5 m^3$ 水量所消耗的电能 A 为

$$A=P_1t=\frac{\gamma VH}{1000\times3600\eta\eta_t\eta_d}$$

$$=\frac{9810\times5\times10^5\times150}{1000\times3600\times0.8\times1\times0.92}$$

$$=2.78\times10^5(kW\cdot h)$$

三、根据电动机功率选配水泵的计算与实例

如果已有一台电动机,欲配水泵选用,可以按下列步骤进行选择。

(1)按下式估算出水泵的流量

$$Q=\frac{102\eta P_{e}}{KH}$$

式中　Q——水泵的流量(L/s),$1L/s=3.6m^{3}/h$;

　　　　η——欲配水泵的效率,一般水泵取 $0.6\sim0.84$;

　　　　P_{e}——已有电动机的额定功率(kW);

　　　　K——功率储备系数,为 $1.1\sim1.2$;

　　　　H——水泵扬程(m),可根据地形条件等初步确定;

　　　　γ——水的重度(N/m^{3})。

(2)按预计的扬程 H 和估算的流量 Q,就可按前面介绍的方法初选水泵。

(3)根据初选水泵的性能再对上面估算的流量、效率等数据进行核对,必要时再作一次精确的复选,以选出较合理的泵型。

【实例】　有一台 Y250M-2 型 55kW 异步电动机。初步确定水泵扬程 65m,试选配合适的水泵。

解　设水泵的效率为 0.72,取功率储备系数 $K=1.2$,则水泵的流量为

$$Q=\frac{102\eta P_{e}}{KH}=\frac{102\times0.72\times55}{1.2\times65}=51.8(L/s)=186(m^{3}/h)$$

根据 $H=65m$、$Q=186m^{3}/h$,可选用 6sh-6 型双级离心泵。该泵的额定参数为:

流量:$198m^{3}/h$,扬程:70m,转速:2930r/min,效率 0.72。

四、农用水泵快速选型表

根据所需流量和扬程,可直接从表 8-3 中选出合适的水泵型号规格。快速选型表是概括诸如水泵在高效率区工作,投资省等若干综合因素而制成的。

表 8-3　水泵快速选型表

流量 (m³/h)	扬程 (m)									
	3~5	5~7	7~10	10~15	15~20	20~25	25~30	30~40	40~50	50~70
36	4B20 n=1450	4B35A n=1450	3B19B $1\frac{1}{2}$B17B n=1450	3B19A $1\frac{1}{2}$17A	3B19 $1\frac{1}{2}$B17	2B31A 2B31B 3B33A	2B31 3B33 2.2JN4	3B33	3B57A	3B57
45	4B20 n=1250	(4B35A) n=1450	(4B54A) n=1450	4B15A	4B15		3B33	3B57A	3B57	3B57
72	4B15A n=1450	(4B35) n=1450	4B15A	4B20A	4B20A	4B20	4B35A 10JN6	4B35	4B45A 4B54	4B54
90	5JN33	(4B15) n=2200	4B15	4B20A 22JN10	4B20	4B20	4B35A	4B35	4B45A 4B54	4B54
108			4B15	6B13A	4B20 6B20A	4B35A 6B33B	4B35 6B33A	4B54A	4B54	4B91A
125			5B13A	6B13	6B20A	6B33B 6B20	6B20 6B33A	6B33	6sh-9A	4B91A 6sh-6A
144			6B13A	6B20A 6B13 10JN12	6B33B	8B29	6B33A	6B33	6sh-9A 6sh-9	6sh-6A

续表 8-3

流量 (m³/h)	扬程 (m)									
	3~5	5~7	7~10	10~15	15~20	20~25	25~30	30~40	40~50	50~70
162			6B13A	6B20A 6B13	6B33B 6B20	6B33A	6B33	6B33 6sh-9A	6sh-9	6sh-6A
180				6B20A 6B20	6B33B 6B20	6B33A	6B33	6B33 6sh-9A	6sh-9	8sh-9A
198		2.2JN31	6B13	8B13A	6B20 8B18A	6B33A	8B29A 6B33	6sh-9	6sh-9 9sh-13A	6sh-9A 8sh-13
216			8B13A	8B18A 8B13	8B18	8B29A	8B29	8B29 6sh-9	8sh-13A 8sh-13	8sh-9A
234			8B13A	8B18A 6B13	8B18	8B29A	8B29	8sh-13A	8sh-13A 8sh-13	8sh-9A
252		10JN34	4B13A	8B18A	8B18	8B29A	8B29	8sh-13A	8sh-13	8sh-9A
270			8B13A	8B13	8B18	8B29A	8B29	8sh-13A	8sh-13	8sh-9A
288			8B13A	8B18A 8B13	8B18	8B29A	8B29	8sh-13A	8sh-9A 8sh-13	8sh-9
306			8B13A	18B18A 8B13	8B18	8B29A	8B29	8sh-13A	8sh-9A	8sh-9

续表 8-3

流量 (m³/h)	扬　程　(m)									
	3~5	5~7	7~10	10~15	15~20	20~25	25~30	30~40	40~50	50~70
324			8B13	8B13 10sh—19A	10sh—19A 8B18	8B29A	8B29	8B—13 10sh—9A	8sh—9A	
342				8B18 10sh—19A	10sh—19	8B29 10sh—13A	10sh—13A	8B—13 10sh—9A		
360	10ZXB—70 n=1460			8B18 10sh—19A	10sh—19	10sh—13A	10sh—13A	10sh—9 10sh—9A	10sh—9	
396	10ZXB—70 n=1460	10丰产50		10sh—19A 10丰产24	10sh—19	10sh—13A	10sh—13	10sh—9 10sh—9A		
468	14ZLB—70 n=980	10ZXB—70 n=1460	10丰产50	10sh—19A	10sh—19 10丰产24	10sh—13A	10sh—13	10sh—9A	10sh—9 10sh—9A	
540	14ZXB—70 14ZLB—70 n=980	10ZXB—70 n=1460	10丰产35	10sh—19A 10丰产35	10sh—19 10丰产24 10sh—28A	12sh—19A	10sh—13	10sh—9A	10sh—9 12sh—13A	
612	14ZXB—70 14ZLB—70 n=980	14ZXB—70 n=980	10丰产35	10丰产35	10sh—19 12sh—28 12sh—28A	12sh—19A	12sh—19	10sh—9A	10sh—9	

续表 8-3

流量 (m³/h)	扬程 (m)									
	3~5	5~7	7~10	10~15	15~20	20~25	25~30	30~40	40~50	50~70
720	14ZXB-70 14ZLB-70 $n=980$	14ZXB-70 14ZLB-70 $n=980$	14ZXB-70 14ZLB-70 $n=1460$	12sh-28A	12sh-28	12sh-19A	12sh-19	12sh-13A		
810	14ZXB-70 14ZLB-70 $n=980$	14ZXB-70 14ZLB-70 $n=1460$	14ZXB-70 14ZLB-70 $n=1460$	12sh-28A	12sh-19A 12sh-28	12sh-19	10sh-13A			
900	14ZXB-70 14ZLB-70 $n=980$	14ZXB-70 14ZLB-70 $n=1460$	14ZXB-70 14ZLB-70 $n=1460$	12sh-28	12sh-19A	12sh-19				
990	14ZXB-70 14ZLB-70 $n=980$	14ZXB-70 14ZLB-70 $n=1460$	14ZXB-70 14ZLB-70 $n=1460$	16HB-20	12丰产24	14sh-28				
1080	14ZXB-70 14ZLB-70 $n=980$	20ZLB-70 $n=730$	14ZXB-70 14ZLB-70 $n=1460$	16HB-40	14sh-28A 14sh-28	14sh-28				
1260	20ZLB-70 $n=730$	20ZLB-70 $n=730$	14ZXB-70 14ZLB-70 $n=1460$	20ZLB-70 $n=980$	14sh-28	14sh-19A 14sh-28				

续表 8-3

流量 (m³/h)	扬程 (m) 3~5	5~7	7~10	10~15	15~20	20~25	25~30	30~40	40~50	50~70
1440	20ZLB-70 n=730	20ZLB-70 n=730	14ZXB-70 14ZLB-70 n=1460	20ZLB-70 n=980	14sh-28	14sh-28				
1620	20ZLB-70 n=730	20ZLB-70 n=730	20ZLB-70 n=980	20ZLB-70 n=980						
1800	20ZLB-70 n=730 28ZLB-100 n=730	20ZLB-70 n=730 20ZLB-100 n=980	20丰产50 20ZLB-70 n=980 20HB-40	16丰产35						
2520	28ZLB-100A n=580 32ZLB-100B	28ZLB-70 n=585 32ZLB-85	28ZLB-70 n=735 20丰产50							
3600	28ZLB-85 n=585 32ZLB-100B n=480	28ZLB-70 n=585 28ZLB-85 n=730	24丰产50 28ZLB-70 n=730	32丰产50						
7200	40ZLB-85 n=360 36ZLB-70 n=480 20ZLB-85 n=360	40ZLB-85 20ZLB-85 n=360	40ZLB-85							

注：B型、BA型为老产品，已被 IB、IS 型所取代。

五、深井泵的选择与实例

1. 选择深井泵所需的资料

（1）测出井的实际深度 H_s、静水位 H_j、水深 H 和井孔直径，如图 8-3 所示。

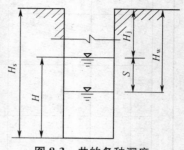

（2）根据抽水试验，求出该井的预计最大出水量 Q_{max} 和相应的最大水位降 S_{max}，并求出单位流量时的水位降 S_q，即 $S_q = S_{max}/Q_{max}$。

图 8-3　井的各种深度

如果缺乏准确的抽水试验资料，Q_{max} 可按下式估算

$$Q_{max} = \frac{(2H - S_{max})S_{max}}{(2H - S)S} Q$$

式中　　H——井中水深(m)；

　　　　Q——在水位稳定时，一次抽水试验的出水量(m^3/h)；

　　　　S——对应出水量 Q 的水位降，即从静水位到稳定水位间的距离(m)，$S = H_w - H_j$；

　　S_{max}——井的最大水位降(m)，一般为 $H/2$；

　　Q_{max}——对应于 S_{max} 的预计最大出水量(m^3/h)。

2. 选择的步骤

（1）确定深井泵的型号。根据机井孔直径和井深，初步选定深井泵的型号。当井孔直径为 200mm 时，只能选用 8JD 型或 SD8 型以下的深井泵，以保持井壁与泵有足够的间隙。

（2）求水位降。根据所选水泵型号，参照产品样本，查出其额定流量 Q_e，按下式求出此出水量时的水位降

$$S_M = S_q Q_e$$

式中　　S_M——水位降(m)。

同时，为了防止井中水位降落过大而造成井的坍塌或淤积，S_M 应满足 $S_M \leqslant H/2$ 的条件。

（3）求动水位 H_d 的深度。按下式求出相应的动水位深度

$$H_d = H_j + S_M$$

（4）算出深井泵在井中输水管的总长度。计算公式为

$$L = H_d + (1 \sim 2)$$

式中 L——输水管的总长度（m）。

求得的 L 值不应大于该型号深井泵在产品样本中所给出的"输水管放入井口最大长度"。

（5）求总损失扬程。根据输水管直径和流量，从图 8-4 中查出每 10m 长输水管的摩擦损失水头 h 值，则输水管的总损失扬程为

$$\Delta H_z = 0.1hL$$

式中 ΔH_z——输水管总损失扬程（m）。

（6）求提水所需扬程。计算公式为

$$H_x = H_d + \Delta H_z$$

式中 H_x 指深井泵扬水至井口地面所需的扬程。如果将水抽至高于地面的位置，则上式中还要加上高出地面一段的管路输水摩擦损失。

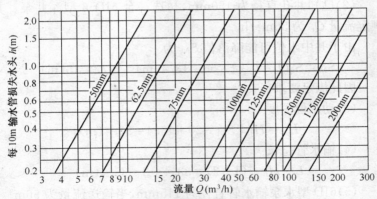

图 8-4　深井泵输水管输水摩擦损失曲线

（7）确定叶轮级数和水泵扬程。根据求出的所需扬程 H_x，查产品样本，确定该泵叶轮的级数，使水泵的额定扬程 H_e 不小于

H_x,即 $H_e = KH_x$。式中 K 为储备系数,一般取 $1.1 \sim 1.2$。

【实例】 某井深度 H_s 为 50m,静水位 H_j 为 20m,井孔直径为 150mm。已知当出水量 Q 为 $30m^3/h$ 时,相应的稳定水位降 S 为 6m,要求将水打到高于地面 H' 为 5m 的水塔内。试选择合适的深井泵。

解 (1)最大可能出水量 Q_{max}。井中水深

$$H = H_s - H_j = 50 - 20 = 30(m)$$

井的最大水位降

$$S_{max} = H/2 = 30/2 = 15(m)$$

$$Q_{max} = \frac{(2H - S_{max})S_{max}}{(2H - S)S}Q$$

$$= \frac{(2 \times 30 - 15) \times 15}{(2 \times 30 - 6) \times 6} \times 30$$

$$= 62.5(m^3/h)$$

单位流量的水位降为

$$S_q = S_{max}/Q_{max} = 15/62.5 = 0.24(m/m^3/h)$$

(2)已知井孔直径为 150mm,初选一台 6JD56 型深井泵。其额定流量 Q_e 为 $56m^3/h$。

由于井中水位可能降落值 S_M 为

$$S_M = S_q Q_e = 0.24 \times 56 = 13.4(m) < H/2 = 15(m)$$

因此满足要求。

(3)动水位深度

$$H_d = H_j + S_M = 20 + 13.4 = 33.4(m)$$

(4)输水管总长

$$L = H_d + (1 \sim 2) = 33.4 + 2 = 35.4(m)$$

(5)6JD 型水泵输水管直径为 115mm,当输送流量为 $56m^3/h$ 时,每 10m 管长摩擦损失由图 8-4 可查得为 $h = 0.75m$,故输水管总长为 35.4m 时的摩擦损失为

$$\Delta H_z = 0.1hL = 0.1 \times 0.75 \times 35.4 = 2.7(m)$$

（6）所需扬程为

$$H_x = H_d + \Delta H_z + H' = 33.4 + 2.7 + 5 = 41.1(\text{m})$$

因此

$$H_e = 1.1H_x = 1.1 \times 41.1 = 45.2(\text{m})$$

查产品样本，选用叶轮级数为 8 级，即 6JD56×8 型深井泵。其扬程为 64m（>41.1m），流量为 56m³/h，转速为 2900r/min，轴功率为 14.38kW。

第三节　水泵节电措施及水泵节电改造与实例

一、水泵节电措施

水泵节电措施有：

（1）采用高效节电水泵和高效低损耗电动机（如 Y 系列电动机），并要提高传动装置的效率。

如 12HBC$_2$-40 型混流泵与老式丰产 12″混流泵比较，效率可提高 3%～4%；QJ 型井用潜水泵与老式 NQ 型潜水泵比较，效率可提高 3%～14%。上述两种泵，以年运行 100 天计算，均可节电 1200kW 左右。

（2）正确选择水泵电动机的功率，防止"大马拉小车"。更换容量过大的水泵电动机。

当电动机功率远大于实际需要时，可用更换电动机的方法节电。

（3）选择合理的扬程。

当水泵的扬程留有过多余量时，会浪费电能，因此应合理确定水泵的运行点的扬程。

（4）减小管道阻力。

消除管道上多余的管件和不必要的转弯及锐角，以减小管道阻力，降低输送水的单位耗电量。减小管道阻力的方法有：

①管道设计要合理。

②增大管径或采用双管排水降低流速。

③尽可能缩短管道长度,减少接头、弯头和阀门,尤其要避免锐角的出现。

④提高管道内壁的光洁度或加涂层。

⑤及时清除管道内壁污垢。

(5)水泵调速节电。

水泵的耗电量与机组的转速的三次方成正比,所以根据实际需要的负荷状况,改变机组转速,可大大节约电能。采用泵调速措施,初期投资较大,但节电效果显著,尤其适用于大容量水泵。要注意,扬程越大,阻力曲线越平,即使转速稍有变化,流量也会大幅度变动,且节电效果较差。

(6)改造水泵叶轮。

当使用中的泵流量比实际所需要的流量大,而又不能采用调速控制或调速装置价高不合算时,可将原有泵的叶轮车削一段或更换叶轮,以降低流量及减小扬程,以降低水泵的运行电耗。

(7)多级泵采用抽级运行。

如果多级泵有多余压力,可抽去 1～2 级,达到提高效率、减少损耗的目的。抽 1 级可以拆中间的任意 1 级,抽 2 级时拆中间 2、4 级或 3、5 级均可,首末二级不抽。

二、水泵变频调速改造实例

1. 几种调节水泵流量方式的比较

当泵出口压力高于需要值时,若采用调节阀门(节流阀门)的方法调节流量,则调节阀门上的电能损耗为

$$\Delta N = \frac{Q \Delta H}{1000 \eta \eta_{\mathrm{d}} \eta_{\mathrm{t}}}$$

式中　ΔN——调节阀门上的电能损耗(kW);

　　　ΔH——富裕扬程,即调节阀门上的压降(Pa);

其他符号同前。

由于风机、水泵类负荷属于平方转矩负荷,即转矩 M 与转速 n 的平方成正比,即 $M \propto n^2$,而电动机轴的输出功率 $P \propto Mn \propto n^3$,所以当电动机的转速稍有下降时,电动机功率损耗就会大幅度地下降,耗电量也大为减少。也就是说,如果通过变频调速控制水泵流量,将会收到显著的节电效果。

阀门调节流量、滑差电动机调节流量和变频器调节流量的节电效果比较,见表8-4。

表8-4　几种调节水泵流量的节电效果比较

项　目		100%流量	阀门调节	滑差电动机调节	变频器调节
系统输出功率(kW)		48.9	21.1	21.1	21.1
系统损耗(kW)	阀门	—	18.4	—	—
	泵	12.6	16.1	6.6	6.6
	电动机	5.9	5.2	3.8	4.6
	起动器/控制器	0.15	0.15	14.8	3.3
输入功率(kW)		67.7	61.0	46.4	35.6
每年能源费用*		10832	9760	7424	5693

*　电动机功率为750kW,负荷率 $\beta = 75\%$,每年运行时间4000h。电价 δ 为4美分/kW·h。

2. 水泵由节流控制改为变频调速控制时变频器容量的选择与实例

当将节流控制改为变频调速控制时,变频器的容量可按下式计算

$$P = K_1(P_1 - K_2 Q \Delta p)$$

式中　P——变频器容量(kW);

K_1——电动机和水泵调速后效率变化系数,一般取 1.1~1.2;

P_1——节流运行时电动机实测功率(kW);

K_2——换算系数,取0.278;

Q——水泵实测流量（m³/h）；

Δp——水泵出口与干线压力差（MPa）。

【实例】　某原料泵,型号 150×100VPCH17W,额定扬程 H 为1200m,额定流量 Q 为 70m³/h。配用电动机的额定功率为 380kW,额定电压为 380V,额定电流为 680A。实测数据如下:电动机功率 P_1 为 321kW,泵出口压力 p 为 11.5MPa,流量 Q 为 60m³/h,泵出口与干线压力差 Δp 为 3.5MPa。试选择变频器的容量。

解　$P = K_1(P_1 - K_2 Q \Delta p)$
$= 1.15 \times (321 - 0.278 \times 60 \times 3.5)$
$= 302(kW)$

可选用额定容量为 315kW 的变频器。

该泵采用变频调速后,电动机运行频率在 42Hz 左右,起动电流和负荷电流都大大降低,节电效果显著。经测试,功率仅 196kW,节电率约为 39%。

三、水泵叶轮改造方法

1. 车削或更换叶轮

当使用中的泵流量比实际所需要的流量大而又不能采用调速控制时,可将原有泵的叶轮车削一段或更换叶轮,这时泵的相对性能将按下列近似关系式改变(假设原来的叶轮出口宽度 b 在出口附近不变):

$$Q_2 = Q_1 \left(\frac{D_2}{D_1}\right)^2 ; \quad H_2 = H_1 \left(\frac{D_2}{D_1}\right)^2 ; \quad N_2 = N_1 \left(\frac{D_2}{D_1}\right)^4$$

改造后电动机的输入功率为

$$P_1 = \frac{N_2}{\eta_d \eta_t}$$

式中　D_1、D_2——改造前、后泵的叶轮外径,要求 $D_2/D_1 > 0.8$;
其他符号同前。

改造后的叶轮直径为:

$$D_2 = D_1 \sqrt{\frac{Q_2}{Q_1}}$$

上述改造只限于离心泵。

A 型和 B 型泵,叶轮加工后的特性改变见表 8-5。A 型属于低比转数泵。B 型属于中高比转数泵。按表中公式求得的各值是近似值,为了避免过量切削,建议逐步切削。

很多泵的叶轮处于 A 型和 B 型之间,加工时的性能改变可以这两种类型的泵作参考。

2. 抽去叶轮叶片(改变级数)

该方法不能改变流量,只能改变扬程,即有下列关系式:

$$Q_2 = Q_1 \ ; \ H_2 = H_1 \frac{Z_2}{Z_1} \ ; \ N_2 = N_1 \frac{Z_2}{Z_1}$$

表 8-5 叶轮加工后泵特性的改变表

叶轮形状 性能	按叶轮出口宽度划分	
	A 型	B 型
加工后的流量 Q_2	$Q_1 \left(\dfrac{D_2}{D_1}\right)^2$	$Q_1 \left(\dfrac{D_2}{D_1}\right)$
加工后的扬程 H_2	$H_1 \left(\dfrac{D_2}{D_1}\right)^2$	$H_1 \left(\dfrac{D_2}{D_1}\right)$
加工后的轴功率 N_2	$N_1 \left(\dfrac{D_2}{D_1}\right)^4$	$N_1 \left(\dfrac{D_2}{D_1}\right)^3$

此法也只限于离心泵。抽出前段叶片比抽出后段叶片效率降低得少。

四、更换功率过大的水泵电动机节电计算

当电动机功率过大于实际需要时,可以更换电动机的方法节电。

(1)更换电动机功率的确定。先根据电动机的实测电流 I_1 从电动机负载特性曲线上查出电动机的输入功率 P_1、输出功率 P_2 和功率因数 $\cos\varphi_1$。

然后根据输出功率 P_2 选择一台更换用的电动机,其额定功率可按下式确定:

$$P_e=(1.1\sim1.2)P_2$$

式中　　P_e——更换后电动机的额定功率(kW);

　　　　P_2——原来的电动机实际输出功率(kW)。

(2)更换电动机后节电量的计算。先用原电动机的实际输出功率 P_2 从更换电动机的负载曲线上查出电流 I_2、输入功率 P_1' 和功率因数 $\cos\varphi_2$。然后由下式求得所节约的有功功率:

$$\Delta P=P_1-P_1'$$

所节约的无功功率为

$$\Delta Q=P_1\tan\varphi_1-P_1'\tan\varphi_2$$

(3)年节电量的计算。

$$\Delta A=(\Delta P+\Delta QK)t$$

式中　　ΔA——年节电量(kWh);

　　　　K——无功经济当量;

　　　　t——水泵年运行时间(h)。

(4)投资回收年限的计算。

购买新电动机的费用(电动机价格)设为 Y(元),更换下来的电动机剩余价值设为 C(元)。不考虑利率变化和安装费用,投资收回年限为

$$T=\frac{Y-C}{A\delta}$$

式中　　T——投资收回年限(年);

δ——电价(元/kW·h),可取 0.5 元/kW·h。

一般要求在 5 年内收回全部投资,收获得较好的经济效率。

五、农用水泵电动机无功补偿容量的计算与实例

农用水泵电动机就地无功补偿容量可按以下公式计算。

1. 计算公式一

$$Q_0 < Q_c < Q_e$$

式中　Q_c——单机无功补偿容量(kvar);

　　　Q_0——电动机空载无功负荷(kvar),$Q_0 = \sqrt{3}U_e I_0 \sin\varphi_0$;

　　　Q_e——电动机负载额定无功负荷(kvar),$Q_e = \sqrt{3}U_e I_e \sin\varphi_e$;

　　$\sin\varphi_0$——电动机在空载状态下的功率因数角的正弦值;

　　$\sin\varphi_e$——电动机在负载状态下的功率因数角的正弦值;

　　　其他符号同前。

2. 计算公式二

对于 100kW 以下的排灌用电动机,也可按下式估算:

$$Q_c = (0.5 \sim 0.7)P_e$$

式中　P_e——电动机的额定功率(kW);

　　　Q_c——同前。

【实例】 机泵站有一台水泵,采用 Y280S-8 型电动机,其额定功率 P_e 为 37kW,额定电压 U_e 为 380V,额定电流 I_e 为 78.7A,额定功率因数 $\cos\varphi_e$ 为 0.79,又已知其空载电流 I_0 为 21A,空载功率因数 $\cos\varphi_0$ 为 0.2,试求水泵的无功补偿容量。

解 (1)按公式一计算:

电动机空载无功负荷为

$$Q_0 = \sqrt{3}U_e I_0 \sin\varphi_0 = \sqrt{3} \times 0.38 \times 21 \times 0.98 = 13.5(\text{kvar})$$

电动机负载额定无功负荷为

$$Q_e = \sqrt{3}U_e I_e \sin\varphi_e = \sqrt{3} \times 0.38 \times 78.7 \times 0.61 = 31.8(\text{kvar})$$

因此,无功补偿容量 $Q_c = 14 \sim 31$kvar 之间。

（2）按公式二计算：

$$Q_c=(0.5\sim0.7)P_e=(0.5\sim0.7)\times37=18.5\sim25.9(\text{kvar})$$

因此，无功补偿容量可选择20kvar左右。

六、水泵电动机防空抽节电、保护线路

如果水泵将池内的水抽干，水泵仍在运转，不但浪费电能，而且如果过载保护失灵时，还可能烧毁电动机。图8-5所示的保护线路能避免此种情况的发生。

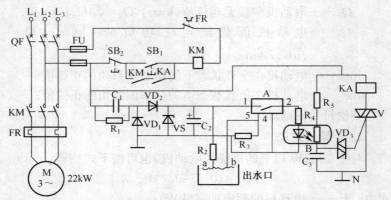

图8-5　水泵电动机防空抽节电保护线路

1. 工作原理

合上断路器QF，按下起动按钮SB_1，接触器KM得电吸合，水泵开始抽水。这时水从出水口流出，安装在出水口的电极a、b被水短接，开关电路A被触发导通，光耦合器B中的发光二极管发光，B中的光敏元件受光后阻值变小（如光敏电阻型）或导通（如光敏双向二极管型或光敏三极管型），双向触发二极管VD_3击穿，双向晶闸管V触发导通，中间继电器KA得电吸合，其常开触点闭合，接触器KM自锁。

当池中的水被抽干后，电极a、b两端成开路，开关电路A被置于"0"而截止，双向晶闸管V关断，KA失电释放，其常开触点断

开,KM 失电释放,水泵停止运行。

该线路采用电容 C_1 降压、二极管 VD_1 和 VD_2 整流、电容 C_2 滤波、稳压管 VS 稳压,向开关电路 A 提供直流工作电压。

2. 元件选择

电器元件参数见表 8-6。

表 8-6　电路元件参数表

序号	名　　称	代　号	型号规格	数　量
1	断路器	QF	TH-100　$I_{dz}=50A$	1
2	熔断器	FU	RL1-15/5A	2
3	热继电器	FR	JR16-60/3　40～63A	1
4	交流接触器	KM	CJ20-40A　380V	1
5	中间继电器	KA	JZ7-44　220V	1
6	按钮	SB_1	LA18-22(绿)	1
7	按钮	SB_2	LA18-22(红)	1
8	双向晶闸管	V	KS5A　600V	1
9	双向触发二极管	VD_3	2CTS	1
10	二极管	VD_1、VD_2	1N4001	2
11	稳压管	VS	2CW108　$U_z=9.2～10.5V$	1
12	大功率开关集成电路	A	TWH8778	1
13	光耦合器	B	TIL112	1
14	碳膜电阻	R_1	TR-1MΩ　1/2W	1
15	碳膜电阻	R_2	RT-20kΩ　1/2W	1
16	金属膜电阻	R_3	RJ-33kΩ　1/2W	1
17	金属膜电阻	R_4	RJ-560Ω　1/2W	1
18	金属膜电阻	R_5	RJ-360Ω　1/2W	1
19	电解电容器	C_2	CD11　220μF　16V	1
20	电容器	C_1	CBB22　1.5μF　630V	1
21	电容器	C_3	CBB22　0.1μF　160V	1

3. 调　试

暂不接入电动机,先试验控制电路工作是否正常。接通电源,将电极 a、b 插入水中(注意保持几厘米的距离),用万用表测量大功率开关集成电路 A 的①、⑤脚之间的电压,应约有 10V 直流电压,调整电极 a、b 之间的距离,使 A 的②、④脚之间约有 10V 直流电压,继电器 KA 吸合(若 KA 不吸合,可适当减小电阻 R_2 的阻值)。这时按下水泵的起动按钮 SB_1,接触器 KM 应吸合。如果 A 的②、④脚之间输出直流电压正常,而继电器 KA 不吸合,应检查光耦合器 B 是否良好,晶闸管 V 和双向触发二极管 VD_3 是否良好。另外,可适当调整电阻 R_5 的阻值。

然后将电极 a 或 b 脱离水面,KA、KM 应释放。

以上试验正常后,再接入水泵电动机在现场试运行。

第四节　　水泵参数现场测试方法 与计算实例

本节介绍的水泵参数测试方法适用于离心泵、混流泵和深井泵等;输送的介质以工业所允许使用的清水及物理性质类似于清水的液体为限,工作介质温度 80℃以下。

水泵测试主要是测量水泵的能耗和效率。

一、测试图及测试仪表的配备

1. 水泵测试图(见图 8-6)

2. 测量仪表及准确度

(1)流量计。有多普勒超声波流量计,时频法超声波流量计(SP-Ⅰ型)。

(2)压力计。有液柱式压力计(标准 U 型水银差压计),弹簧压力计[标准压力表(YB 型)或标准压力真空表(YZ 型)],0.5～1 级;压力变送器与数字显示测压仪(MYD-2 压力传感器,配用 XJ-

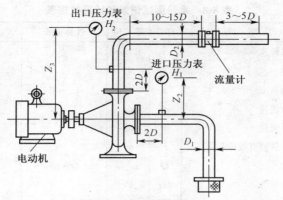

图 8-6　水泵测试示意图

60 巡回检测仪测压装置),0.2 级及 CECY 型电容式压力变送器配 4～20mm 数字式电压表装置,0.25 级。

(3)测速仪。有接触式转速表(HMZ——定时式转速表),激光测速仪、电磁感应式测速仪、TM-2011 光电数字显示转速表。

(4)测功计。有天平式测功计,扭转式测功计。

上述仪表的准确度应符合表 8-7 的要求。

表 8-7　测量仪表的准确度

测量仪表	准确度范围(%)	测量仪表	准确度范围(%)
流量	±3	功率	±2
扬程	±2	转速	±2

(5)电流表、电压表、功率因数表等准确度等级 0.5～1 级;电流互感器的准确度要求 0.2～0.5 级。

二、水泵测试记录和计算数据

测试前,记下水泵的型号规格、流量、扬程、转速、效率、轴功率、生产厂家、出厂日期,以及配套电动机的型号规格、容量、电压、电流、转速、接法、绝缘等级、生产厂家、出厂日期等。

水泵测试记录和计算数据表参考表 8-8。

表 8-8　水泵测试记录和计算数据表

序号	项　目	符号	单　位	计算公式	备　注
1	水泵转速	n	r/min		
2	水温	t	℃		
3	水的重度	γ	N/m^3		
4	进口流速	v_1	m/s		
5	出口流速	v_2	m/s		
6	出口管道有效面积	F	m^2		
7	流量	Q	m^3/s	$Q = vF$	
8	进口压力	H_1	Pa		
9	出口压力	H_2	Pa		
10	位差	ΔZ	m	$\Delta Z = Z_3 - Z_2$	
11	水泵扬程	H	m		
12	电动机电压	U	V		
13	电动机电流	I	A		
14	电动机功率因数	$\cos\varphi$			
15	电动机输入功率	P_1	kW	$P_1 = \sqrt{3}\,UI\cos\varphi$	
16	电动机效率	η_d			直接传动时
17	传动效率	η_t			$\eta_\mathrm{t} = 1$
18	水泵轴功率	N	kW	$N = P_1\eta_\mathrm{d}\eta_\mathrm{t}$	
19	水泵额定转速	n_e	r/min		
20	换算规定转速下的流量	Q_0	m^3/s	$Q_0 = \dfrac{n_0}{n}Q$	$n_0 = n_\mathrm{e}$
21	换算规定转速下的扬程	H_0	m	$H_0 = \left(\dfrac{n_0}{n}\right)^2 H$	$n_0 = n_\mathrm{e}$
22	换算规定转速下的轴功率	N_0	kW	$N_0 = \left(\dfrac{n_0}{n}\right)^2 N$	$n_0 = n_\mathrm{e}$
23	水泵效率	η	%	$\eta = \dfrac{\gamma QH}{1000N}\times 100\%$	分别用 Q_0、H_0、N_0 代入式中
24	电能利用率	η_y	%	$\eta_y = \dfrac{N_{yx}}{P_1} = \eta\eta_\mathrm{d}\eta_\mathrm{t}$	
25	水泵单耗	α	kWh/m^3	$\alpha = \dfrac{P_1}{3600Q}$	

【实例】 某水泵测试记录见表 8-9～表 8-11。试计算有关参数及效率和水泵单耗。

(1)水泵铭牌和配用电动机铭牌。

①水泵铭牌见表 8-9。

表 8-9 水泵铭牌号

型号 4BA-12A 离心泵			
流 量	23.6L/s	—	—
扬 程	28.6m	吸程	6m
转 速	2900r/min	效率	76%
轴功率	8.71kW	—	—
配用功率	13kW	—	—
制造厂	浙江省江山水泵厂	制造日期	1986 年

②配用电动机铭牌见表 8-10。

表 8-10 配用电动机铭牌号

三相异步电动机			
型 号	JO₂L-52-2	接 法	△
功 率	13kW	绝 缘	—
转 速	2920r/min	频 率	50Hz
电 压	380V	—	—
电 流	25.2A	—	—
制造厂	浙江省嵊电机厂	制造日期	1986 年

(2)测试数据。水泵测试图见图 8-7。测试数据见表 8-11。

解 有关参数及效率和水泵单耗计算如下：

流量 $Q = \dfrac{F\Delta h}{T}$

$$= \dfrac{2.494 \times 1.655}{315} = 0.0131(\text{m}^3/\text{s})$$

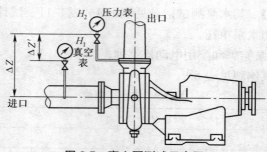

图 8-7 离心泵测试示意图

表 8-11 测试数据

序号	项 目	符 号	单 位	数 值
1	进口管内径	D_1	m	0.08
2	进口管截面积	F_1	m^2	0.00503
3	出口管内径	D_2	m	0.069
4	出口管截面积	F_2	m^2	0.00374
5	进口压力表位高	Z_1	m	0.82
6	出口压力表位高	Z_2	m	2.82
7	表位差	ΔZ	m	$2.82-0.82=2$
8	进口压力	H_1	Pa	-1176.8
9	出口压力	H_2	Pa	32.36×10^4 Pa
10	测点流体温度	t	℃	32
11	测点流体重度	γ_t	N/m^3	9761
12	水箱内径	D	m	1.782
13	水箱截面积	F	m^2	2.494
14	测试前水箱水位	h_1	m	1.05
15	测试后水箱水位	h_2	m	2.705
16	水位变化高度	Δh	m	$2.705-1.05=1.655$
17	水泵转速	n	r/min	2920
18	电动机电压	U	V	400

续表 8-11

序号	项　目	符　号	单　位	数　　值
19	电动机电流	I	A	18.63
20	电动机输入功率	P_1	kW	9.35（二瓦特计）
21	电动机效率	η_d		0.877
22	传动效率	η_t		0.98
23	测试用时间	T	s	315

进口流速　$v_1 = \dfrac{Q}{F_1} = \dfrac{0.0131}{0.00503} = 2.604(\text{m/s})$

出口流速　$v_2 = \dfrac{Q}{F_2} = \dfrac{0.0131}{0.00374} = 3.503(\text{m/s})$

扬程（注意进口压力为负值）

$$H = \frac{H_2 - H_1}{\gamma_t} + \frac{v_2^2 - v_1^2}{2g} + \Delta Z$$

$$= \frac{323600 + 1176.8}{9761} + \frac{3.503^2 - 2.604^2}{2 \times 9.81} + 2$$

$$= 35.55(\text{m})$$

说明：如果进口压力为正值，则上式中的 ΔZ 值用 $\Delta Z'$ 值代之（见图 8-7）。

有用功率　$N_{yx} = \dfrac{\gamma_t QH}{1000}$

$$= \frac{9761 \times 0.0131 \times 35.55}{1000}$$

$$= 4.55(\text{kW})$$

水泵轴功率　$N = P_1 \eta_d \eta_t$

$$= 9.35 \times 0.877 \times 0.98$$

$$= 8.036(\text{kW})$$

水泵效率　$\eta = \dfrac{N_{yx}}{N} \times 100\%$

$$=\frac{4.55}{8.036}\times100\%=56.6\%$$

电能利用率　$\eta_y=\dfrac{N_{yx}}{P_1}\times100\%$

$$=\frac{4.55}{9.35}\times100\%=48.7\%$$

水泵单耗　$\alpha=\dfrac{P_1}{3600Q}=\dfrac{9.35}{3600\times0.0131}=0.198(kW\cdot h/m^3)$

第九章 电焊机和接触器节电技术与实例

第一节 电焊机节电措施及电焊机节电改造与实例

一、电焊机节电措施

电焊机节电措施有:

(1)采用节能型电焊机。淘汰耗能大、性能差、耗材多、噪声大的电焊机,合理改进老产品结构,大力推广联合设计产品。

(2)合理选择电焊机。不同的电焊机适用场合是不同的,而能耗也不同。因此应根据焊接金属、工艺条件、加工要求等加以正确的选择。

(3)选择合理的焊接方法,降低电焊机容量。选择合理的焊接方法,能降低电焊机的容量,可节约电能。如 TIG 焊接、CO_2 气体保护焊接、等离子气体电弧焊接等,比包剂焊接、无气体保护电弧焊接的额定输入功率要小。

(4)合理选择电焊机的电缆截面,缩短电缆长度,减少线损。电焊机工作时,一、二次电缆中均有电流通过,电缆中有线损。尤其是二次电缆,通过的电流很大,如果截面选择过小,电缆发热严重,损耗会很大;如果电缆太长,压降很大,线损也很大。正确的做法是:宁可使用较长的一次电缆,也要缩短二次电缆的长度。因为一次电缆中的电流小,因而线损也小。

(5)安装补偿电容。由于交流弧焊机的功率因数很低(0.45～0.60),因此有必要安装电容器进行无功补偿。采用无功补偿,还可降低电焊机的容量。

（6）提高焊接电流和减少不必要的焊接量。焊接电流越大，通电时间越短，焊接部位的散热越小，电焊机的电能消耗相应降低。

不必要的焊接量或需二次补偿都会增加电耗。如焊接厚钢板时，应采用开槽口（坡口）焊，这样可减少不必要的焊接量。

（7）采用空载自停装置。电焊机的平均使用率非常低，为了降低不焊接时的无谓电耗，可采用空载自停装置。但须指出，电焊机空载自停装置的节电效果是有限的，因此设计空载自停装置应尽量简单，成本要低。

二、正确选择电焊机的初、次级电缆节约用电

电焊机的初级电缆很长，次级电流很大，如果初、次级电缆选择不当（尤其是次级），都会造成电能的浪费。

初级电缆一般采用 500V 单芯或多芯橡皮软线，如 YHC 型、BXR 型。对于一般长度的单芯电缆，电流密度可取 $5\sim10A/mm^2$。如用三芯、敷设在管道内或长度较大时，可取 $3\sim6A/mm^2$。当然还要满足电压降的要求，即不超过 10％，尽量控制在 5％以内。

次级焊接导线可用 YHH 型电焊皮套电缆及 YHHR 型特软电缆。20m 以下时，电流密度可取 $4\sim10A/mm^2$。一般要求焊接回路导线压降应小于 4V，即约小于电焊机次级电弧电压的 10％。当然为了节电，应尽可能使该压降小些。

焊接导线的截面积与电流、导线长度的关系见表 9-1。

表 9-1　焊接导线截面积与电流、导线长度的关系

导线截面积（mm²）　导线长度（m）　电流（A）	20	30	40	50	60	70	80	90	100
100	25	25	25	25	25	25	25	28	35
150	35	35	35	35	35	50	60	70	70
200	35	35	35	50	60	70	70	70	70
300	35	50	60	60	70	70	70	85	85

续表 9-1

导线截面积 (mm^2) ╲ 导线长度 (m) ╲ 电流(A)	20	30	40	50	60	70	80	90	100
400	35	50	60	70	85	85	85	95	95
500	50	60	70	85	95	95	95	120	120
600	60	70	85	85	95	95	120	120	120

三、安装补偿电容器节电改造与实例

如果通过接入移相电容器后将功率因数由 $0.45\sim0.60$ 提高到 $0.60\sim0.70$，则输入视在功率约减少 20%，初级侧配线损耗也降低到约 64%。交流弧焊机接入移相电容器后，按 10 年寿命期限计算，减少的电费相当于焊机的购置费。扣除电容器的费用，其节约的费用还是相当大的。它不仅节约电费，而且改善了供电网路的品质，减少了输配电线路的损耗。

1. 补偿容量的计算

单台交流弧焊机所需电源容量为

$$S_s = \sqrt{FZ_e}\,\beta S_e$$

式中　S_s——电源容量（kV·A）；

$\quad\quad S_e$——电焊机的额定容量（kV·A）；

$\quad FZ_e$——额定负载持续率（暂载率）；

$\quad\quad \beta$——负载率，即考虑电焊机并不总是在最大容量下使用的减少系数，即 $\beta = I_2/I_{2e}$；

$\quad\quad I_2$——电焊机次级电弧电流（A）；

$\quad I_{2e}$——电焊机额定次级电流（A）。

无功补偿容量为

$$Q_C = S_s\left(\sqrt{1-\cos^2\varphi_1} - \frac{\cos\varphi_1}{\cos\varphi_2}\sqrt{1-\cos^2\varphi_2}\right)$$

式中　Q_C——无功补偿容量（kvar）；

$\cos\varphi_1$——补偿前电焊机负载时的功率因数；

$\cos\varphi_2$——补偿后电焊机负载时的功率因数。

对于交流电阻焊机、直流弧焊机，可按以上公式计算的 1/2 选取。

电焊机采用单台电容器补偿时，在空载时都有过补偿的问题，因此最好同时加装防电击节电装置（空载自停装置），以增加节电效果。

2. 交流弧焊机接入移相电容器后降低输入功率的情况见表 9-2。一般可降低 20％左右。

表 9-2　单台交流弧焊机接入移相电容器后降低输入功率之例

额定焊接电流（A）	有无电容器	额定输入功率		输入功率降低量	
		kW	kV·A	kV·A	％
180	有	7.3	10.3	3.4	24.8
	无		13.7		
250	有	10.5	15.1	3.7	19.7
	无		18.8		
300	有	13.4	19.5	5.0	20.4
	无		24.5		
500	有	23.5	35.0	9.0	20.5
	无		44.0		

【实例】　一台 BX2-500 型 380V 单相交流弧焊机，额定容量 S_e 为 42kV·A，负载持续率 FZ_e 为 60％，负载率 β 为 80％，功率因数 $\cos\varphi_1$ 为 0.62，年运行时间 τ 为 1000h，设无功经济当量 K 为 0.1kW/kvar，电价 δ 为 0.5 元/kW·h，电容器价格加安装等综合投资为 40 元/kvar，试求：

（1）补偿后功率因数 $\cos\varphi_2$ 达到 0.85 时的补偿电容器的容量。

（2）年节电量及投资回收年限。

解 (1)补偿电容量的计算。

电焊机所需电源容量为

$$S_s = \sqrt{FZ_e\beta S_e}$$
$$= \sqrt{0.6 \times 0.8 \times 42} = 26(\text{kV} \cdot \text{A})$$

无功补偿容量为

$$Q_C = S_s\left(\sqrt{1-\cos^2\varphi_1} - \frac{\cos\varphi_1}{\cos\varphi_2}\sqrt{1-\cos^2\varphi_2}\right)$$
$$= 26 \times \left(\sqrt{1-0.62^2} - \frac{0.62}{0.85}\sqrt{1-0.85^2}\right) = 10.4(\text{kvar})$$

可选用标称容量为 10kvar、400V 的自愈式电容器。

(2)年节电量和投资回收年限计算。

年节电量为

$$\Delta A_Q = KQ_c\tau = 0.1 \times 10 \times 1000 = 1000(\text{kW} \cdot \text{h})$$

投资回收期限为

$$T = \frac{CQ_C}{\Delta A_Q\delta} = \frac{40 \times 10}{1000 \times 0.5} = 0.8(\text{年})$$

四、电焊机加装空载自停线路节电实例

电焊机的平均使用率非常低,当电焊机没有发生电弧时次级也有很大的励磁电流流过。为了降低不焊接时的无谓电耗,可采用空载自停装置。但加装空载自停装置后,由于交流接触器等控制设备需消耗电能,且接触器触头寿命有一定年限(主触头寿命为10万～15万次,一般3年得更换主触头),因此空载自停装置的综合节电效果是有限的,为此设计的空载自停装置必须尽可能简单,动作可靠,成本低廉。

1. 交流弧焊机空载自停线路之一

线路如图 9-1 所示。

工作原理:合上电源开关 QS,380V 交流电压通过电容 C 加到电焊变压器 T 的初级,在次级感应出 60～70V 电压。控制变压器 TC 为 65/36V,所以在其次级约有 36V 电压。中间继电器 KA

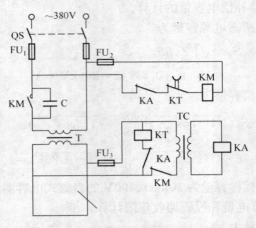

图 9-1　交流弧焊机空载自停线路之一

得电吸合,其常闭触点断开交流接触器 KM 的线圈回路,电焊机处于待焊状态。由于电焊变压器初级串入电容 C,故空载电流很小。

焊接时,电焊变压器 T 的次级电压降至 30～40V,TC 的次级电压也随之下降,中间继电器 KA 欠压释放,其常闭触点闭合,KM 得电吸合,KM 的常闭辅助触点断开,切断控制变压器电源。同时,由于 KA 的常闭触点闭合,时间继电器 KT 的线圈通电,但因欠压而不能吸合,电焊机一直处于工作状态。

停焊时,电焊变压器次级电压回升到 60～70V,时间继电器 KT 吸合,但在延时整定时间之内,其延时断开常闭触点是闭合的,所以 KM 仍吸合。当停焊时间超过延时整定值时,其常闭触点断开,KM 失电释放,使电焊变压器的初级电流大大减小,达到节电的目的。

元件选择:控制变压器 TC 选用 50VA、65/36V;继电器 KA 选用 DZ-644 型,36V;时间继电器 KT 选用 JS7 型,线圈改绕为 65V;电容 C 选用 CJ41 型或 CBB22 型 $2\mu F$、1000V;交流接触器的选用 CJ20-40A，380V，触点可并联使用。

2. 交流弧焊机空载自停线路之二

线路如图 9-2 所示。

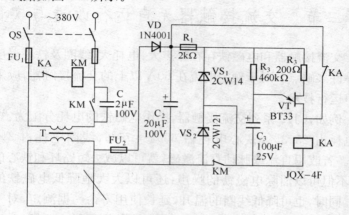

图 9-2　交流弧焊机空载自停线路之二

工作原理：合上电源开关 QS，接触器 KM 得电吸合，其常闭辅助触点断开，主触点闭合，380V 交流电压加在电焊变压器 T 的初级，次级感应出约 80V 电压。该电压经二极管 VD 整流、电容 C_2 滤波、电阻 R_1 限流后，将稳压管 VS_1 和 VS_2 击穿，在 VS_1 两端输出 20V 直流电压，并使单结晶体管 VT 导通，电容 C_3 向继电器 KA 放电，使 KA 吸合，其常开触点闭合自锁，常闭触点断开，接触器 KM 失电释放。380V 交流电源通过电容 C_1 与电焊机初级接通，使电焊机空载电流大大减小，达到节电的目的。这时电焊机次级电压降至 10V 左右，该电压经 VD 整流、C_2 滤波后给继电器 KA 提供直流电源，KA 保持吸合状态。

焊接时，电焊变压器次级被短路，电压降至约零，KA 失电释放，接触器 KM 得电吸合，电焊机进入正常焊接状态。

元件选择：电容 C_1 的选择应使电焊变压器次级电压降为 10V 左右，其耐压大于 1000V；继电器 KA 选用 JQX-4F 型、12V。

调整电阻 R_2 可改变 KA 的延迟吸合时间,一般定为 30s 左右。

第二节　交流接触器无声运行改造与实例

交流接触器和电磁铁存在噪声大、电耗大、线圈及铁心温度较高等许多缺点。对于额定电流在 60A 以上的交流接触器,应采用无声运行技术。

例如,CJ12 系列交流接触器,操作电磁铁的电耗分配为:短路环电耗占 25.3％,铁心电耗占 65％～75％,线圈电耗占 3％～5％。若改用直流或脉动直流激磁,就可以减去短路环和铁心的电耗,不但可以消除电磁铁的噪声,还可以大大地降低电磁铁的电耗。同时,也可降低线圈的温升,延长使用寿命。据测定,对于额定电流为 100～600A 的交流接触器,可节电 93％～99％,对于额定电流为 100A 以下的接触器可节电 68％～92％。

交流接触器和电磁铁改为直流无声运行,通常适用于长期或间断长期工作制的场合,而不适用于频繁操作的场合。

一、电容式交流接触器无声运行改造与实例

1. 典型线路

三种电容式交流接触器无声运行线路如图 9-3 所示。

(1)图 9-3(a)所示线路工作原理。按下起动按钮 SB_1,交流电经二极管 VD_1 半波整流、电阻 R 限流、接触器 KM 的线圈构成回路,KM 得电吸合,其常开触点闭合,电容 C 串入线路中,起到降压作用。松开按钮 SB_1 后,交流接触器进入直流运行。

按下释放按钮 SB_2,接触器 KM 失电释放,其常开触点断开,电路回到初始状态。

注意,在该线路中,起动时接触器线圈中流过很大的起动电流,所以按下按钮 SB_1 的时间不可太长。

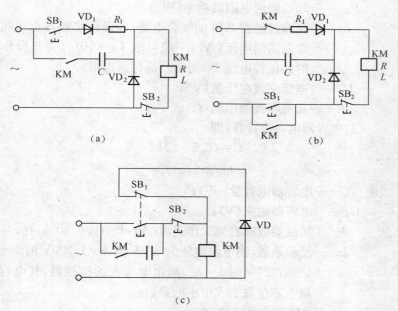

图 9-3 三种电容式交流接触器无声运行线路
(a)线路之一 (b)线路之二 (c)线路之三

(2)图 9-3(c)所示线路工作原理。按下起动按钮 SB_1，交流接触器 KM 接通交流电，为自感电流提供通路，线圈电流的方向不变，KM 吸合，其常开触点闭合，将电容 C 接入线路中。松开按钮 SB_1 后，交流接触器进入直流运行。欲 KM 释放，按下释放按钮 SB_2 即可。

2. 计算公式

(1)起动限流电阻的选择，即

$$R_1 = \frac{0.45U_e}{I_Q} - R$$

$$P_{R_1} = (0.01 \sim 0.015)I_Q^2 R_1$$

式中 R_1——起动限流电阻阻值(Ω)；

P_{R_1}——起动限流电阻的功率(W);

I_Q——交流接触器 KM 的吸合电流,即保证接触器正常起动所需的电流(A),一般可取 $I_Q = 10I_b$(交流操作时的保持电流 I_b,可由产品目录查得);

U_e——电源交流电压值(V);

R——接触器线圈电阻(Ω)。

(2)电容器电容量计算,即

$$C = (6.5 \sim 8)kI$$

$$U_C \geqslant 2\sqrt{2}U_e$$

式中 C——电容器电容量(μF);

U_C——电容器耐压(V);

I——接触器线圈直流工作电流(A),$I = (0.6 \sim 0.8)I_b$;

k——经验系数,当电源电压为 380V 时 $k=1$;220V 时 $k=1.73$;127V 时 $k=3$。额定电流大的接触器,其电容器电容量取上式中小的系数。

(3)整流二极管参数计算,即

$$I_{VD1} = I_{VD2} \geqslant 5I_b \quad U_{VD1} > \sqrt{2}U_e \quad U_{VD2} \geqslant 2\sqrt{2}U_e$$

式中 I_{VD1}、I_{VD2}——二极管 VD_1 和 VD_2 的额定电流(A);

U_{VD1}、U_{VD2}——二极管 VD_1 和 VD_2 的耐压值(V);

I_b、U_e——同前。

【实例】   欲将一只 CJ12B-600/3 型、额定电压为 380V 的交流接触器改为电容式直流无声运行,试选择限流电阻和放电电容及整流二极管。

解   由产品样本查得 CJ12B-600/3 型接触器的技术数据如下:线圈直流电阻 $R = 3.43Ω$,吸合电流 $I_Q = 17.86A$,工作电流 $I_g = I_b = 0.963A$。

(1)起动限流电阻的计算。

$$R_1 = \frac{0.45U_e}{I_Q} - R = \frac{0.45 \times 380}{17.86} - 3.43 = 6.2(Ω)$$

取标称值为 6.2Ω 的电阻。

电阻的功率为

$$P_{R_1}=(0.01\sim0.015)I_Q^2R_1$$
$$=(0.01\sim0.015)\times17.86^2\times6.2$$
$$=19.8\sim29.6(W)$$

因此可选用 RX-6.2Ω、20W 的电阻。

（2）放电电容的计算。取接触器线圈直流工作电流为 $I=0.7I_b=0.7\times0.963=0.674(A)$。

电容容量为

$$C=(6.5\sim8)kI=(6.5\sim8)\times1\times0.674=4.4\sim5.4(\mu F),$$

取标称值为 $4.7\mu F$ 的电容。

电容的耐压为

$$U_C\geqslant2\sqrt{2}U_e=2\sqrt{2}\times380=1074.6(V)$$

因此可选用 CBB22 或 CJ41 型 $4.7\mu F$、1200V 的电容。

（3）整流二极管的选择。

$$I_{VD1}=I_{VD2}\geqslant5I_b=5\times0.963=4.8(A)$$
$$U_{VD1}>\sqrt{2}U_e=\sqrt{2}\times380=537(V)$$
$$U_{VD2}\geqslant2\sqrt{2}U_e=2\sqrt{2}\times380=1074.6(V)$$

因此二极管 VD_1 可选用 ZP5A、600V；VD_2 可选用 ZP5A、1200V。

对不同容量的接触器进行计算，各元件参数如表 9-3 所列，可供选择时参考。具体数值，有可能在试验时稍有变化。

表 9-3　交流接触器无声运行元件参数的选择

型　号	R	C	VD_1	VD_2
CJ1-600/3	4.8Ω 50W	$30\mu F$	5A	5A
CJ1-300/3	8Ω 15W	$10\mu F$	1A	1A
CJ1-150/2	10Ω 5W	$10\mu F$	1A	1A
CJ10-150	15Ω 2W	$2\mu F$	0.3A	0.3A

续表 9-3

型　号	R	C	VD$_1$	VD$_2$
CJ10-100	15Ω 1W	2μF	0.3A	0.3A
CJ12-600/3	5Ω 25W	10μF	5A	5A
CJ12-400	8Ω 15W	10μF	1A	1A
CJ12-250	15Ω 5W	4μF	1A	1A

二、交流接触器无声运行节电效果计算与实例

1. 计算公式

（1）先求出加装节电器前、后的无功功率。

分别测量出加装节电器前、后的输入电流、有功功率等，便可按下式计算加装前、后的无功功率

$$Q_1 = \sqrt{S_1^2 - P_1^2} = \sqrt{(UI_1)^2 - P_1^2}$$

$$Q_2 = \sqrt{S_2^2 - P_2^2} = \sqrt{(UI_2)^2 - P_2^2}$$

式中　　　　Q_1、Q_2——加装节电器前、后的无功功率（var）；

S_1、S_2；P_1、P_2；I_1、I_2——加装节电器前、后的视在功率、有功功率

和输入电流（V·A、W、A）；

U——交流电压（有效值）（V）。

（2）求全年节电量。

$$\Delta A = [(P_1 - P_2) + K(Q_1 - Q_2)] \cdot T \times 10^{-3}$$

式中　ΔA——年节电量（kWh）；

K——无功经济当量，可取 0.06～0.1，离供电电源越远，

K 值越大；

T——接触器年运行小时数。

【实例】　有一 CJ12-400A、380V 交流接触器，试计算改造成电容式无声运行后的节电效果。

解　经实际测试，改造前后的有关数据见表 9-4。

表9-4 加装节电器前、后的实测值

项　目	有功功率(W)	电流(A)	电源电压(V)	无功功率(var)
未装节电器	95	1.06	380	391.4
加装节电器	1.6	0.011	380	3.86

其中：$Q_1 = \sqrt{S_1^2 - P_1^2} = \sqrt{(380 \times 1.06)^2 - 95^2} \approx 391.4(\text{var})$

$Q_2 = \sqrt{S_2^2 - P_2^2} = \sqrt{(380 \times 0.011)^2 - 1.6^2} \approx 3.86(\text{var})$

节约有功功率：$\Delta P = P_1 - P_2 = 95 - 1.6 = 93.4(\text{W})$

节约无功功率：$\Delta Q = Q_1 - Q_2 = 391.4 - 3.86 = 387.54(\text{var})$

设无功经济当量 $K = 0.08$，年运行 7200h，则年节电量为：

$$\Delta A = (\Delta P + K \Delta Q) T \times 10^{-3}$$
$$= (93.4 + 0.08 \times 387.54) \times 7200 \times 10^{-3}$$
$$\approx 895.7(\text{kW} \cdot \text{h})$$

按电价 0.5 元/kWh 计算，全年节约电费为：

$$0.5 \times 895.7 = 447.8(元)$$

根据上述计算方法，几种规格的接触器加装无声运行节电器后的年经济效益，见表9-5。

表9-5 电容式节电器的节电效果

接触器型号	线圈消耗功率				节省功率		节电量(kWh/年)	节约电费(元/年)
	未装		装		有功(W)	无功(var)		
	有功(W)	无功(var)	有功(W)	无功(var)				
CJ12-100	30	129	3	-45	27	174	266	133
CJ12-150	43	159	4	-45	39	204	367	184
CJ12-250	59	174	6	-91	53	265	497	249
CJ12-400	103	450	8	-181	95	631	958	479
CJ12-600	90	388	8	-272	82	660	878	439

注：电价以 0.5 元/kWh 计算；无功当量 K 取 0.06；每天工作 24h，全年工作 300 天。

三、交流电磁铁无声运行改造实例

交流电磁铁与交流接触器的工作原理相同,只是交流电磁铁吸力和损耗较大而已。

交流电磁铁直流无声运行的线路如图 9-4 所示。

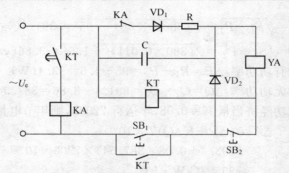

图 9-4 交流电磁铁直流无声运行线路

1. 工作原理

按下启动按钮 SB_1,时间继电器 KT 和交流电磁铁 YA 立即吸合并通过 KT 的瞬时常开触点自锁。当 KT 延时闭合常开触点闭合时,中间继电器 KA 吸合,其常闭触点断开,电磁铁 YA 投入正常的直流无声运行状态。

由于中间继电器的触点容量有限,如果用于功率大的交流电磁铁,可采用接触器代替 KA。

2. 元件选择

对于不同型号的交流电磁铁,各元件参数可参见表 9-6 选择。

表 9-6 交流电磁铁直流运行各元件参数的选取

| 型 号 | 电压 (V) | 吸力 (N) | 保持电流(A) | | C (μF) | VD_1 (A) | VD_2 (A) | R (Ω) |
			交流	直流				
MQ1-5151	380	245	1.05	1	6	3	3	12
MQ2-15	380	147	0.84	0.78	5	3	3	12
MQ1-5131	380	78	0.28	0.23	1.5	1	1	12

续表 9-6

型　号	电压 （V）	吸力 （N）	保持电流（A）		C （μF）	VD_1 （A）	VD_2 （A）	R （Ω）
			交流	直流				
MQ1-5121	380	49	0.21	0.15	1	1	1	30
MQ2-5102	380	29	0.36	0.30	2	1	1	30
MQ2-5111	380	29	0.165	0.135	1	1	1	12
MQ1-5101	380	15	0.11	0.085	0.5	0.5	0.5	12
MZD1-100	380	—	0.72	0.63	4	3	3	12
MZD1-200	380	—	3	2.6	1.6	5	5	10
MZD1-300	380	—	4	3.4	20	5	5	3
MQ1-5141	380	147	1	0.8	5	3	3	10
MQ1-5141	220	147	2.2	1.9	20	5	5	3
MQ1-6121	220	49	0.4	0.38	4	1	1	10
MQ1-5121	220	49	0.44	0.36	4	1	1	5
MQ1-5111	220	29	0.385	0.36	4	1	1	5
MQ1-5101	220	15	0.23	0.18	2	1	1	5
MQ1-5102	220	29	0.88	0.66	8	3	3	5

第十章　电加热节电技术与实例

第一节　远红外加热基本知识

一、远红外加热的特点及加热温度和照射距离的选择

1. 远红外加热的特点

远红外加热是一种辐射加热方式。当远红外线（电磁波）射到物体表面时，一部分在物体表面被反射，其余部分就射入物体内部，而射入物体的远红外线中的一部分透过物体，余下部分被物体吸收，产生激烈的分子和原子共振现象，并转变为热能，使物体温度升高。

红外线按波长可分为近红外线、中红外线和远红外线三部分。波长为 $0.78\sim1.4\mu m$ 的为近红外线，$1.4\sim3\mu m$ 的为中红外线，$3\sim1000\mu m$ 的为远红外线。从红外加热技术领域来讲，绝大多数被加热干燥的高分子材料、有机材料等对波长为 $3\sim25\mu m$（尤其在 $3\sim16\mu m$）范围内的红外线有较强的吸收能力。而对其他波段的红外线吸收能力较弱，加热的效果不很明显。

自 20 世纪 70 年代发展起来的远红外加热技术，具有显著的节电效果，已广泛应用于各种有机物质、高分子物质及含水物质的加热和干燥。其加热设备效率，对于密封加热炉可达 60%～85%，节电效果普遍能达到 30%以上。

影响远红外加热效果的主要因素有：

（1）所选用的远红外辐射元件的材质及涂料，其辐射的波长是否与被加热设备匹配。

（2）远红外辐射元件表面温度的选择是否适当。

（3）远红外加热炉的设计是否合理。

（4）远红外辐射元件与被加热物的距离是否合适。

2. 远红外辐射元件表面温度的选择

由于远红外辐射元件的全辐射量与其表面绝对温度的 4 次方成正比（$W=\sigma T^4$），所以元件表面温度越高，辐射能量越大。但元件表面温度越高，单色辐射强度的峰值波长要向短波长方向移位。因此要想提高长波远红外区的辐射强度，不能只用提高温度的办法来实现。

据测试，当元件温度在 200℃ 以下时，对流散热损失在 50% 以上，辐射能量密度低，加热速度慢，红外涂层的效果只能在 10% 左右。当温度在 400℃～600℃ 之间时，主辐射波长在 3.3～4.3μm 之间，辐射能量密度在 1～3W/cm² 之间，有效辐射能量在 80% 左右，加热干燥效果好，是有利的辐射温度。

在选择辐射元件的表面温度时，要考虑匹配辐射能 E_λ、匹配辐射率 K_λ 和使用寿命 τ，三个因素并使三项指标都达到最佳。一般认为，对含水物质以及 OH 基、NH 基物质，如粮食、木材、食品、纺织品、氨基漆、电泳漆等，对 3μm 附近辐射波长有较强的吸收能力，辐射元件温度以 600℃～800℃ 为宜；而对于聚乙烯、聚丙烯、聚氯乙烯、沥青漆等，辐射波长 4μm 以上有大量吸收峰的物质辐射元件温度以 400℃～500℃ 为宜。

3. 被加热物的最佳加热温度和最佳照射距离的确定

为了最有效地加热被干燥的物体，应选择最佳加热干燥温度和最佳辐照距离。

（1）最佳加热干燥温度的确定。被加热物的最佳加热干燥温度一般由试验确定，它与辐射元件的数量、辐照距离、元件功率、布置、温度分布及加热速度等有关。几种被加热物的最佳加热干燥温度和时间见表 10-1。

（2）最佳照射距离的确定。在不影响辐射能量均匀分布及产

表 10-1　几种被加热物的最佳加热干燥温度和时间

被加热物名称	醇酸磁漆	1032 绝缘清漆	1010 沥青漆	谷　物	木　板
最佳加热温度(℃)	110~130	150~170	180~200	45~55	80~90
最短辐射时间	1.3min	1.5min	3min	0.5~1min	20~50h

品质量的情况下,只要工艺技术条件允许,辐射元件与被加热物之间的距离越近效率越高。但距离过近会产生热量分布不均匀的问题。根据实践经验,辐射元件到被加热物的距离 h 与辐射元件相互之间的距离 l 的比值 $h/l=0.6$ 较好。照射距离一般在 150mm 以上,但最远不超过 400mm。当平板状物体以传送的方式在炉道中移动时,可使照射距离缩小到 50mm,并加快传送速度。

二、常用远红外辐射元件、辐射涂料和辐射器

1. 常用的远红外辐射元件

(1)碳化硅板。在天然或人造的单晶体粉状 SiC 中加入黏土(黏合作用)烧结而成。其表面涂有辐射涂料,是一种良好的远红外辐射元件。要求 SiC 含量达 60%~70%,当含量低于 60% 时,辐射率将显著下降。其优点是:在 930℃ 时 10μm 波长的辐射率相当于黑体辐射率的 80%~90%,表面温度可达 1100℃~1700℃;使用寿命较长,转换效率高。缺点是:抗机械振动性能差,热惯性大,升温时间长(达到工作温度时间需 40~60min)。

(2)氧化镁管。电热管采用适当直径、长度的金属管,重要用途的电热管选用 ICr18Ni9Tiφ18mm 不锈钢管。根据辐射器的额定功率绕电热丝,把绕好的电热丝装入金属管内并填以氧化镁粉。金属管表面涂有辐射涂料,涂层厚度不超过 0.3mm。这种辐射元件的特点是机械强度高,适用于硝石、油、水、酸、碱等工业生产的加热系统。

(3)LHMG 型高硅氧灯。在普通碘钨灯表面烧结一层黑色高硅氧玻璃粉料而成。由于这种元件的近红外光谱较多,远红外光

谱相对较少,因此效率不高。

(4)DYF 铁锰酸稀土钙高辐射涂层电阻带。表面温度低于 500℃,辅助装置复杂,效率不高。

(5)MTY 埋入式陶瓷元件。系仿德国 EISTEIN 公司产品制造,规格较齐。将发热丝埋入在陶瓷基体中并烧结成一体,表面涂有高辐射层,功率为 0.2～1.2kW,表面温度一般低于 500℃这种元件表面光洁、白质,适用于食品、医药加工。缺点是在高温下辐射率和导热系数减小,效率降低。

(6)TIR 半导体元件。以多晶半导体为发热体,涂敷远红外辐射层,两端涂有银电极。它只适用于 300℃以下加热场合,转换效率较高。

(7)SHQ 乳白石英元件。采用乳白石英制成远红外转换元件,工作时吸收电热丝发射的可见光和近红外光,转换成远红外辐射。功率为 0.2～5kW,表面温度为 200℃～850℃。其转换效率较高、热惯性小、升温快(达到工作温度时间只需 8～15min)、寿命长,广泛用于各类物品的加热干燥,特别适用于医药、试验室、要求无污染的环境,以及含酸碱等腐蚀性物质的加热干燥场合。

(8)准黑体不锈钢平板辐射器。具有较好的高温特性,但转换效率不及 TIR 半导体元件和 SHQ 乳白石英元件。

2. 常用的远红外辐射涂料

在辐射元件表面涂上一层远红外辐射涂料,以增加表面粗糙度,能有效地提高表面的全辐射率,并能改变辐射元件的辐射特性,使之与被加热干燥物质的吸收特性一致,从而提高加热干燥效率,节约电能。

(1)典型的远红外辐射涂料。

①锆汰系。由 ZrO_2 97.5％～5％加 TiO_2 2.5％～95％制成。

②三氧化二铁系。是 $\alpha\text{-}Fe_2O_3$ 和以 $\gamma\text{-}Fe_2O_3$ 为主体的辐射涂料。

③碳化系。多数以 60％以上 SiC 和 40％以上黏土烧结成碳

化硅板,或以 SiC 为主配以其他材料制成。

④稀土系。如由铁锰酸稀土钙等组成的复合涂料,或将某些稀土材料烧结在碳化硅元件表层,以提高其辐射率。

⑤锆英砂系。以锆英砂(以含 67% ZrO_2 和 31% SiO_2 为主)添加其他金属氧化物,组成浅黑色的锆系辐射涂料。

⑥镍钴系。以 Ni_2O_3 和 Co_2O_3 为主的涂料。

⑦沸石分子筛系。是一种适用于脱水处理的选择性涂料,其辐射特性与水的吸收特性非常相近。其辐射波长一般在 $2.6\sim 3\mu m$、$5.5\sim 6.5\mu m$ 和 $8\sim 12.5\mu m$ 处,水对其有很强的吸收能力,加热干燥效率很高。

(2)常用辐射涂料按辐射波长分类。

①长波涂料:是指在 $5\mu m$ 以内辐射率降低与 $6\mu m$ 以外长波部分辐射率很高的涂料,如锆系、锆汰系。

②近全波涂料:是指在远红外实效区 $2.5\sim 15\mu m$ 全波段内辐射率较高的涂料,如碳化硅系、沈混一号和稀土系等。

③短波涂料:是指在 $3.5\mu m$ 以内有很高辐射率的涂料,如沸石分子筛系、高硅氧和半导体氧化钛涂料等。

④中高温涂料:当金属加热温度高于 600℃时,一些涂料(如纯 SiC)会有较好的效果;当加热温度达 1000℃时,另一些涂料(如镍钴系和二硅化钼等)有较好的效果。

3. 常用的远红外辐射器

常用的几种远红外辐射器的性能见表 10-2。

表 10-2　常用的几种远红外辐射器的性能

特　性	电加热					煤气加热	
	红外线	石英碘钨灯	镍铬合金丝石英辐射器	管状加热器	板状加热器	陶瓷穿孔板	反射型
工作温度（℃）	1650～2200	1650～2200	760～980	400～600	200～590	760～920	760～1200

续表 10-2

特　性	电　加　热					煤气加热	
	红外线	石英碘钨灯	镍铬合金丝石英辐射器	管状加热器	板状加热器	陶瓷穿孔板	反射型
峰值能量波长（μm）	1.5～1.15	1.5～1.15	2.8～2.6	4.3～3.3	6.0～3.2	2.8～2.5	2.8～2.2
最大功率密度（W/cm^2）	1	5～8	4～5	2～4	1～4	—	—
平均寿命	5000小时	5000小时	几年（中波石英灯）	几年	几年	几年	几年
工作温度时的颜色	白	白	樱桃红	淡红	暗色	深红	鲜红
抗冲击稳定性 机械冲击	差	中	中	优	不一	优	差
抗冲击稳定性 热冲击	差	优	优	优	良	优	优
时间响应 加热	秒级	秒级	分级	分级	十分级	分级	分级
时间响应 冷却	秒级	秒级	分级	分级	十分级	分级	分级

碳化硅远红外加热器的型号、规格见表 10-3。

表 10-3　碳化硅远红外加热器的型号、规格

名称	型　号	规格（mm×mm×mm）	功率（W）	用　途
板式	HT-1	240×160×11	800～1000	用于金属表面油漆的烘烤、印刷；皮革、食品的加热与脱水
	HT-2	330×240×14	2000～2500	
	HT-3	330×240×18	2000～2500	
	HT-4	1000×50×18	1000～1200	
	HT-5	400×250×18	2500	
	HT-6	800×50×18	1000	
	HT-7	280×135×12	1200	
	HT-8	720×180×14	2500	

续表 10-3

名称	型　号	规格 （mm×mm×mm）	功率 （W）	用　途
加热器	JRQ-K61	250×170×40	800～1000	用于各种油漆的烘烤；蔬菜、食品的脱水、加热塑料加热
	JRQ-K62	280×135×40	1000～1200	
	JRQ-K63	330×240×40	2000～2500	
	JRQ-K64	736×196×50	2500	
	JRQ-K65	1410×52×28	1200	
加热管	JRG-1	420×25×10	500	用于小型烘道、烘箱、橡胶压机；皮革、食品、油漆的烘干
	JRG-2	500×25×10	600	
	JRG-3	600×25×10	600	
	JRG-4	800×25×10	800	
	JRG-5	1000×25×10	800～1000	
	JRG-6	1200×25×10	1000	
	JRG-7	340×25×15		
	JRG-8	490×25×15		
	JRG-9	650×25×15		
	JRG-300	300×16×15	300W 组装	
加热圈	HC-01	$\phi 80 \times 50$	600	用于各种挤塑机、注塑机、橡胶挤出机
	HC-02	$\phi 90 \times 50$	600	
	HC-03	$\phi 95 \times 50$	800	
	HC-04	$\phi 100 \times 50$	800	
	HC-05	$\phi 80 \times 70$	800	
	HC-06	$\phi 90 \times 70$	800	
	HC-07	$\phi 100 \times 70$	1000	
	HC-08	$\phi 80 \times 100$	1000	
	HC-09	$\phi 90 \times 100$	1000	
	HC-10	$\phi 100 \times 100$	1200	
	HC-11	$\phi 120 \times 100$	1500	

三、常用耐火材料和保温材料

常用耐火材料和保温材料的性能见表 10-4～表 10-6。

表 10-4 常用耐火材料的主要性能

材 料		体积密度 γ (g/cm³)	耐火度 (不低于℃)	常温耐压强度 (MPa)	最高使用温度 (℃)	导热系数 λ (kJ/m·h·℃)	比热 C [(kJ/kg·℃)]
轻质黏土砖	QN-1.3b	1.3	1710	4.41	1300	$1.47+1.26 \times 10^{-3}t_p$	$0.84+0.26 \times 10^{-3}t_p$
	QN-1.3b	1.3	1670	3.43	1300	$1.47+1.26 \times 10^{-3}t_p$	$0.84+0.26 \times 10^{-3}t_p$
	QN-1.0	1.0	1670	2.94	1250	$1.05+0.92 \times 10^{-3}t_p$	$0.84+0.26 \times 10^{-3}t_p$
	QN-0.8	0.8	1670	1.96	1250	$0.75+1.55 \times 10^{-3}t_p$	$0.84+0.26 \times 10^{-3}t_p$
	QN-0.4	0.4	1670	0.59	1150	$0.33+0.59 \times 10^{-3}t_p$	$0.84+0.26 \times 10^{-3}t_p$
普通黏土砖		1.8~2.2	1610~1730	12.26~14.71	1400	$2.51+2.30 \times 10^{-3}t_p$	$0.84+0.26 \times 10^{-3}t_p$
普通高铝砖		2.3~2.75	1750~1790	39.23	1500	$7.54+6.70 \times 10^{-3}t_p$	$0.84+0.234 \times 10^{-3}t_p$
泡沫高铝砖		<0.8	<1770	0.59~2.94	1150~1300	—	$0.84+0.234 \times 10^{-3}t_p$
刚玉制品		2.6~3.4	>1900	>49.03	1800	$7.54+6.70 \times 10^{-3}t_p$	$0.80+0.419 \times 10^{-3}t_p$
泡沫氧化铝砖		<0.8	>1900	0.59~2.94	1350	—	$0.80+0.419 \times 10^{-3}t_p$
石墨制品		1.6	>3000	19.61~29.42	2000	—	—
碳化硅制品		2.4	2000~2100	—	1500	1000℃时,38.52 1200℃时,33.49	$0.96+0.147 \times 10^{-3}t_p$

注:t_p——平均温度℃。

表 10-5　耐火绝热材料的导热系数

耐火绝热材料名称	导热系数[kJ/(m·h·℃)]
黏土质砖	1.099
耐火绝热砖	0.158
陶质纤维	0.185
绝热材料Ⅰ	0.097
绝热材料Ⅱ	0.044

表 10-6　常用保温绝热材料的物理特性

序号	材料名称	容重 r (kg/m³)	导热系数 λ [kJ/(m·h·℃)]	导温系数 $a \times 10^3$ (m²/h)	比热 C [kJ/(kg·℃)]	质量湿度(%)
1	泡沫混凝土	525	0.398	0.79	0.963	0
2	加气混凝土	545	0.544	0.97	1.172	4.8
3	粉煤灰混凝土	640	0.754	0.87	1.340	12.5
4	耐热混凝土	296	0.310	0.91	1.172	—
5	浮石藻混凝土	729	0.628	0.77	0.837	0
6	玻璃棉混凝土	232	0.276	1.39	0.879	0
7	聚苯乙烯混凝土	538	0.670	0.90	1.340	13.7
8	锯木屑混凝土	705	0.712	1.21	0.837	
9	木屑硅制土砖	590	0.502	0.89	0.921	
10	珍珠岩粉料	44	0.151	2.00	1.591	0
11	水泥珍珠岩制品	400	0.327	0.93	0.879	0
12	沥青珍珠岩制品	285	0.356	0.82	1.507	
13	乳化沥青珍珠岩制品	304	0.301	0.68	1.465	—
14	水玻璃珍珠岩制品	310	0.356	1.08	1.047	1.9
15	硅石粉料	278	0.327	0.88	1.340	
16	沥青硅石制品	450	0.586	0.63	2.093	26.7
17	水泥硅石制品	347	0.544	1.34	1.172	7.9
18	白灰硅石制品	408	0.879	1.29	1.675	—
19	水玻璃硅石制品	430	0.461	1.32	0.795	

续表 10-6

序号	材料名称	容重 r (kg/m³)	导热系数 λ[kJ/ (m·h·℃)]	导温系数 $a \times 10^3$ (m²/h)	比热 C[kJ/ (kg·℃)]	质量湿度 (%)
20	乳化沥青硅石制品	473	0.586	0.91	1.340	—
21	玻璃棉	100	2.093	2.78	0.754	—
22	树脂玻璃棉板	57	1.465	2.13	1.214	—
23	沥青玻璃棉	78	0.155	1.81	1.089	—
24	火山岩棉	80~110	0.147~0.180	—	—	—
25	硅酸铝纤维	140	0.193	1.41	0.963	—
26	矿渣棉	180	0.151	—	—	—
27	沥青矿棉板	300	0.335	1.48	0.754	—
28	酚醛矿棉板	200	0.251	1.67	0.754	—
29	碎石棉	103	0.176	—	—	—
30	石棉水泥板	300	0.335	1.33	0.837	—
31	硅藻土石棉板	810	0.502	0.39	1.633	—
32	石棉菱苦土	870	1.59	1.97	0.921	—
33	泡沫石膏	411	0.586	1.67	0.837	—
34	泡沫玻璃	140	0.188	1.51	0.879	—
35	聚苯乙烯硬塑料	50	0.113	1.07	2.093	—
36	脲醛泡沫塑料	20	0.167	5.71	1.465	—
37	聚氨酯泡沫塑料	34	0.147	2.15	2.010	—
38	聚异氰脲酸泡沫塑料	41	0.117	1.64	1.717	0
39	聚氯乙烯泡沫塑料	190	0.209	0.75	1.465	—
40	矿渣棉板	322	0.155	0.57	0.837	—
41	锯木屑	250	0.335	0.53	2.512	—

注:测定温度为常温。

第二节　远红外电热炉的设计与改造实例

一、远红外电热炉的设计原则

远红外电热炉可制成箱体式、也可制成隧道式。箱体式适用于小批量生产使用,隧道式适用于大批量、连续生产使用。

远红外电热炉的参数设计和辐射器的布局是根据被加热物体的形状、大小、温度和距离等因素来确定的。

辐射器可配置在上部、下部或两侧面,也可采用混合配置。烘道两端可适当地少装或不装辐射器,而充分利用烘道内的余热,即节省能源,又可使出烘道的工件温度降低。

如果工件形状复杂,会产生辐射"阴影",严重影响加热的均匀性。这时,可采用反光和集光措施等辅助,补救辐射的不均匀。有时在烘道(烘箱)的内壁表面贴高反射率的材料(如抛光铝皮,其辐射率 ε 极低),则可充分利用辐射的能量。

为充分发挥炉壁的反射作用,可有意识地将辐射器交叉错开,使炉内温度更趋均匀。

为了提高加热炉的热效率,节约用电,可采取以下措施:

(1)炉体保温。保温好坏与保温材料关系很大。一般保温厚度为 50～300mm。炉体上部保温要比下部保温加强一些。常用的耐火及保温材料见表 10-5～表 10-7。

(2)加强反射效果。有试验数据如下:距离元件 250mm 处的辐射强度为 1691.5kJ/($m^2 \cdot$ h);在元件后面加玻璃镜的辐射强度为 1691.5kJ/($m^2 \cdot$ h);在元件后面加粗铝板的辐射强度为 2708.9kJ/($m^2 \cdot$ h);在元件后面加抛光铝板的辐射强度为 2817.7kJ/($m^2 \cdot$ h)。

可见,采用抛光铝板可增大辐射强度 60% 以上。

图 10-1 为可调节辐射距离的化学设备工业干燥炉。图 10-2 为远红外烘箱(植绒织物处理)的结构布置。

二、远红外面包烘烤炉的设计实例

试设计一台远红外面包烘烧炉。已知烘烤面粉量为 450kg/h,相应的砂糖及配料用量为 180kg/h,水分总含量为 418.5kg/h,水分蒸发量为 180kg/h。上述各原料调和后做成面包坯放放在铁盘中,250 盘/h,相当于 4.166 盘/min。

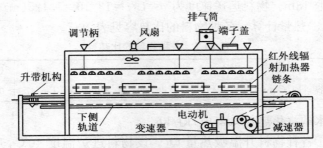

图 10-1　可调节辐射距离的工业干燥炉

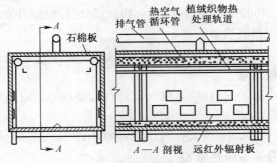

图 10-2　远红外烘箱的结构

解　(1)照射面电功率的确定。经小试验炉多次烘烤试验表明:炉膛温度为 150℃～160℃;烘烤时间为 16min;照射距离为面火 120～150mm,底火 100～120mm;照射面平均电功率(总耗用功率÷炉膛被照射面截面积)为 1～1.2W/cm²。

(2)炉体长度计算。选用链条式单层,炉膛上下横排远红外电热管。炉膛宽 1.5m,高 0.5m,每米炉长可容纳四盘面包,即$n_i=4$ 盘/m。

根据试验得烘烤时间为 $t=16$min,即物料要在炉内运行 16min。所以,炉膛内最上要容纳面包盘数为:$n=4.166\times16=66.66$(盘)。因此炉膛最小长度为 $L=n/n_i=66.66/4=16$(m),

实际取 18m。物料运送速度为 $v=L/t=18/16=1.125(\mathrm{m/min})$。

(3)热量计算。各种物料的比热容见表 10-7。

表 10-7　各种物料的比热容

物　料	水	水蒸气	面　粉	糖	钢　铁
比热容 $c[\mathrm{kJ/(kg \cdot ℃)}]$	4.1868	2.0097	2.0934	1.6747	0.5024

水的汽化热 $q=2256.7\mathrm{kJ/kg}$。

①各种物料升温吸热量 Q_1。设物料进炉温度 40℃,升温终点 100℃,则

面粉吸热量

$$450 \times 2.0934 \times (100-40)=56521.8(\mathrm{kJ/h})$$

糖及配料吸热量

$$180 \times 1.6747 \times (100-40)=18087(\mathrm{kJ/h})$$

水分吸热量

$$418.5 \times 4.1868 \times (100-40)=105130.5(\mathrm{kJ/h})$$

合计

$$Q_1=179739(\mathrm{kJ/h})$$

②水分蒸发吸热量 Q_2。

$$Q_2=180 \times 2256.7=406206(\mathrm{kJ/h})$$

③水分蒸发后水蒸气继续升温至炉温 150℃时吸热量 Q_3。

$$Q_3=180 \times 2.0097 \times (150-100)=18087(\mathrm{kJ/h})$$

④铁盘升温吸热量 Q_4。铁盘数量为 250 个/h,质量为 2.5kg/个,铁盘升温至炉温 150℃。

$$Q_4=2.5 \times 250 \times 0.5024 \times (150-40)=34540(\mathrm{kJ/h})$$

⑤传送链条升温吸热量 Q_5。链条质量为 2.68kg/m,共四条;链条速度 1.12m/min,升至炉温 150℃。

$$Q_5=(2.68 \times 4 \times 1.12 \times 60) \times 0.5024 \times (150-40)$$
$$=39811.3(\mathrm{kJ/h})$$

⑥总的计算吸热量 Q_{js}。

$$Q_{js} = Q_1 + Q_2 + Q_3 + Q_4 + Q_5 = 678383 (kJ/h)$$

⑦总的实际耗热量 Q。

$$Q = 1.1Q_{js} = 1.1 \times 678383 = 746221 (kJ/h)$$

(4)烘烤炉电热容量 P 计算

$$P = \frac{Q}{3600\eta} = \frac{746221}{3600 \times 0.85} = 243.9 (kW)$$

(5)实际安装容量计算。选 $\phi 8.5 \times 1500$ 远红外电热管 200 支,每支 1.2kW,共计 240kW。

这个容量相当于照射面平均电功率为 $0.9W/cm^2$,与试验所得数据 $1 \sim 1.2W/cm^2$ 相近,基本满足要求。

此外,应在元件后面加装抛光铝板以加强反射效果,提高辐射强度。

三、箱式电阻炉改造成晶闸管式远红外加热的实例

某厂原有数台 $45 \sim 75kW$ 电炉丝加热、继电器、接触器控制的热处理用箱式电阻炉,由于控制继电器较多,触点较多,接触器触头易损,可靠性较差;采用电炉丝普通加热法,热效率低,电耗大。欲进行节电改造。改造的目的:一是将继电器控制电路改成晶闸管控制,以提高可靠性;二是采用远红外加热技术,节约电能。

1. 温度控制线路改造方案

改造后的晶闸管线路如图 10-3 所示。主电路采用大功率双向晶闸管控制,控制回路中采用热电偶式温度计调控炉温。最高炉温为 $950\ ℃$,温度调节精度为 $\pm 0.5\ ℃$。可以手动和自动控制。

工作原理:合上断路器 QF,电源指示灯 H_1 亮,将转换开关 SA 置于"自动"位置。开始炉温较低,热电耦式电位差计 KP 的接点闭合,中间继电器 KA 得电吸合,其常开触点闭合,接通三相双向晶闸管 $V_1 \sim V_3$ 的控制极回路,$V_1 \sim V_3$ 触发导通,电热器 EH 加热升温。双向晶闸管冷却用风机 M 运行,风机运行指示灯 H_3 点亮。同时指示灯 H_2 亮,H_1 熄灭,表示电炉正在升温。当炉温升到设定值时,KP 接点断开,KA 失电释放,使 $V_1 \sim V_3$ 的控制极

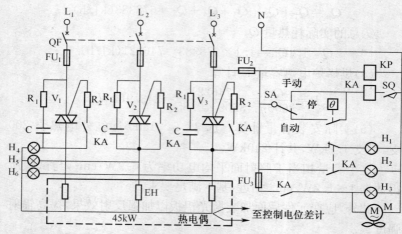

图 10-3　晶闸管式温控线路

回路断开而关闭(交流电过零时),电炉停止升温。当炉温下降到一定值时,KP 接点又闭合,KA 又吸合,$V_1 \sim V_3$ 又导通,电热器重新加热升温。如此重复上述过程,从而实现炉温自动控制。

指示灯 $H_4 \sim H_6$ 分别指示 L_1、L_2、L_3 三相负载的接通情况。

电器元件参数见表 10-8。

表 10-8　电器元件参数表

序号	名　称	代　号	型号规格	数　量
1	断路器	QF	DZ10-100/330	1
2	熔断器	FU₁	RL1-100/80A	3
3	熔断器	FU₂、FU₃	RL1-15/2A	2
4	双向晶闸管	V₁～V₃	KS200A　1000V	3
5	中间继电器	KA	JZ-744　220V	1
6	热电偶式电位差计	KP	EWY-101 型	1
7	转换开关	SA	LW5-15　D0408/2	1
8	限位开关	SQ	BK-411	1
9	线绕电阻	R₁	RX1-51Ω　30W	3

续表 10-8

序号	名　称	代　号	型号规格	数　量
10	金属膜电阻	R_2	RJ-200Ω　2W	3
11	电容器	C	CJ41-0.47μ　1000V	3
12	指示灯	H_1、H_3	AD11-25/40　220V(红)	2
13	指示灯	H_2	AD11-25/40　220V(绿)	1
14	指示灯	$H_3 \sim H_5$	AD11-25/40　380V(黄)	3
15	热电偶		镍铬-镍铝热电偶 WREU-111　0~1000℃	1
16	轴流风机	M	200FZY2-D　45W　220V	1

2. 远红外材料的选择及加工工艺

本例选用在电热丝和硅酸铝纤维上均匀喷涂高温高辐射远红外涂料的方案。该方案成本低、效率高。

远红外涂料喷涂工艺:采用釉料烧结工艺。具体做法如下:

(1)将电阻丝拆下,用砂布除去氧化层,并用丙酮清洗干净。

(2)用油漆喷枪喷涂搪瓷底釉一层,其涂层厚度为0.1~0.15mm。

(3)将电阻丝通电烧结,视电阻丝已发红即断电冷却至室温。

(4)用油漆喷枪喷涂高温高辐射涂料 NKYHW0.5-1,其涂层厚度为0.15~0.2mm,晾干。

(5)在200℃炉腔内烘烤3h,固化后即可使用。

经使用证明,采用釉料烧结工艺具有以下优点:涂料釉料、电阻丝形成复合烧结,粘结牢固,有较好的化学稳定性,经900℃~950℃高温中反复使用,无龟裂、剥落现象。在电阻丝外表形成釉料烧结的保护层,使电阻丝不易氧化,有利于延长其使用寿命。

3. 改造时的注意事项

(1)电热丝必须材质相同,截面均匀,阻值相同,盘绕匀称。

(2)合理设计和调试辐射元件与被加热物面的距离,尽可能使被加热物面各点温度均匀。

(3)热电偶的温度感和区域在端部 5～20mm 处,热电阻的温度感知区域在端部 5～70mm 处。热电偶感温元件位置必须选择在辐射元件最有代表性、温度变化最为敏感的一点上,并尽可能要安装在置放工件的位置上,热电偶插入深度为 500mm。传感器引线应避免和动力导线、负载导线绑扎在一起走线,以免因引入干扰而降低系统的稳定性。

(4)远红外辐射加热器的热惯性较大,达到设定温度断电后仍继续升温 3℃～5℃,甚至更高,因此温度调节应按实测整定。

4. 改造后的节电效果

以 XRY-75-9 型箱式炉为例,原用硅酸铝纤维保温,由室温升至 900℃的升温阶段,工件 1167kg 需耗电 297kW·h。现改造后,同样条件,只需耗电 234kW·h。节电 63kW·h。

四、部分电加热设备改造成远红外加热的节电效果比较

部分电加热设备改造成远红外加热的节电效果比较见表 10-9。

表 10-9　部分电加热设备改造成远红外加热的节电效果比较

设备名称	加热方式	运行条件	功率 (kW)	升温情况 (℃)	时间 (min)	耗电量 (kW·h)	节电 (%)
XRY-75-9 箱式炉	电热丝	球铁 1167kg	165	200～900	225	619	60.6
	综合应用	球铁 960kg	159	90～900	92	244	
XRY-45-9 箱式炉	电热丝	工件 336kg	76	70～850	80	102	52
	硅酸铝	工件 336kg	76	70～850	36	48	
XRY-15-9 箱式炉	电热丝	空载	15.9	190～820	258	68.4	71.6
	综合应用	空载	15.9	190～820	73	19.2	
SRJX-4-9 茂福炉(2 台)	电热丝炉膛	空载	4	室温～900	91	6.2	34
	综合应用	空载	4	室温～900	60	4	
氢氧化钠炉 (自制)	电热丝	氢氧化钠液	26.6	室温～120	70	31.3	0
	综合应用	氢氧化钠液	26.6	室温～120	49	22	

续表 10-9

设备名称	加热方式	运行条件	功率 (kW)	升温情况 (℃)	时间 (min)	耗电量 (kW·h)	节电 (%)
碳酸钠炉 (自制)	电热丝	碳酸钠液	38	室温~140	30	19	33
	综合应用	碳酸钠液	38	室温~140	20	12.7	
肥皂水炉 (自制)	电热丝	肥皂水液	10.3	室温~100	30	5.1	0
	涂料	肥皂水液	10.3	室温~100	21	3.6	
机油炉 (自制)	电热丝	机油	24.4	室温~100	15	6	50
	综合应用	机油	12.2	室温~100	15	3	
DL104 干燥箱	电热丝	电机烘漆	10	室温~120	28	4.7	40
	碳化硅元件	电机烘漆	6	室温~120	28	2.8	
SC101 干燥箱	电热丝	电焊条干燥	3.2	室温~160	70	2.7	8
	碳化酸元件	电焊条干燥	2	室温~160	70	2.2	
SC101 干燥箱(2台)	电热丝	电阻器7只	3.2	室温~120	32	1.7	31
	涂料	电阻器7只	3.2	室温~120	22	1.2	
202-3 干燥箱	电热丝	玻璃杯	6.2	75~150	36	3.7	30
	涂料	玻璃杯	6.2	75~150	25	2.5	

注：①综合应用指远红外涂料和硅酸铝纤维综合应用。

②自制的氢氧化钠炉和碳酸钠炉系将硅酸铝纤维放在夹层间。

③节电率以未改前耗电量为基准计算。

第三节　电炉节电改造与实例

一、箱式电阻炉保温结构改造与实例

箱式电阻炉墙外表面每小时的散热损耗按下式计算：

$$Q_{ss} = \frac{(t_m - t_w)F}{\delta_1/\lambda_1 + \delta_2/\lambda_2 + \cdots + \delta_n/\lambda_n + 1/\alpha}$$

式中　　Q_{ss}——炉墙外表面每小时的散热损耗(kJ)；

t_m——炉体内表面温度(℃)；

t_w——外界环境温度($^\circ\text{C}$)；

F——炉衬平均散热面积(m^2)；

δ_1、δ_2、$\cdots$、δ_n——各层炉衬厚度(m)；

λ_1、λ_2、$\cdots$、λ_n——各层炉衬导热系数$[\text{kJ}/(\text{m}\cdot\text{h}\cdot^\circ\text{C})]$，见表 10-5～表10-7；

α——炉墙外表面向周围介质传热系数$[\text{kJ}/(\text{m}^2\cdot\text{h}\cdot^\circ\text{C})]$，见表 10-10。经验值为 67～71。

表 10-10　炉壁外表面对空气的传热系数 α $[\text{kJ}/(\text{m}^2\cdot\text{h}\cdot^\circ\text{C})]$

炉壁温度 ($^\circ\text{C}$)	垂直壁	水平壁		炉壁温度 ($^\circ\text{C}$)	垂直壁	水平壁	
		面向上	面向下			面向上	面向下
25	32.2	36.0	27.2	80	48.1	55.6	38.9
30	34.3	38.5	28.9	90	50.7	57.8	41.0
35	36.8	41.9	30.1	100	52.3	60.3	42.7
40	38.1	43.1	31.0	125	58.6	66.6	47.7
45	38.9	44.4	31.8	150	63.2	71.6	51.9
50	41.4	47.3	33.9	200	73.3	82.5	61.1
60	44.0	50.2	35.6	300	98.0	108.4	83.7
70	46.1	53.2	38.1	400	127.7	138.6	112.6

注：此表按环境温度 20$^\circ\text{C}$求得。

【实例1】　有一箱式电阻炉，炉腔尺寸为宽 500mm、高 400mm、深 800mm，腔内温度 t_m 为 700$^\circ\text{C}$，电热容量为 25kW。该炉壁的耐火绝热材料如图 10-4(a)所示。该结构对于炉腔内各面均相同。为了节能，在保持原炉腔尺寸的条件下，将耐火绝热材料改造为如图 10-4(b)所示结构。试分别求出，在稳定状态下改造前后炉外表面每小时散热损耗的功率及改造后节电多少？

其中：①设环境温度 t_w 为 25$^\circ\text{C}$，炉腔各侧表面温度 t_m 均为

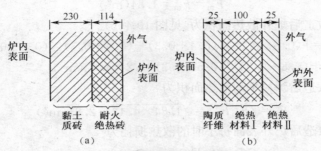

图 10-4 电阻炉耐火绝热材料结构
(a)改造前 (b)改造后

700℃；②设炉外表面的传热系数 α 各向均相同，为 68kJ/ $(m^2 \cdot h \cdot ℃)$；③耐火绝热材料的导热系数 λ 如表 10-5 所示；④设热流在炉外表各侧与无限大平面壁上的热流相同处理；⑤设各耐火绝热材料的分界面上没有热阻；⑥假定炉子没有开口部分。

解 采用简化公式计算。

改造前炉内散热面积为

$$F_m = [(0.5 \times 0.4) + (0.4 \times 0.8) + (0.8 \times 0.5)] \times 2 = 1.84 (m^2)$$

改造前炉外散热面积[参图 10-4(a)]为

$$\begin{aligned} F_{rw} &= [(0.5 + 0.688) \times (0.4 + 0.688) + (0.4 + 0.688) \\ &\quad \times (0.8 + 0.688) + (0.8 + 0.688) \times (0.5 + 0.688)] \times 2 \\ &= 9.36 (m^2) \end{aligned}$$

改造前炉衬平均散热面积为

$$F = \sqrt{F_m F_{rw}} = \sqrt{1.84 \times 9.36} = 4.15 (m^2)$$

改造前炉外表面每小时的散热损耗为

$$\begin{aligned} Q_{ss} &= \frac{(t_m - t_w) F}{\delta_1/\lambda_1 + \delta_2/\lambda_2 + 1/\alpha} \\ &= \frac{(700 - 25) \times 4.15}{0.23/1.099 + 0.114/0.158 + 1/68} = 2963 (kJ) \end{aligned}$$

改造后炉内散热面积为

$$F'_{\mathrm{m}}=F_{\mathrm{m}}=1.84(\mathrm{m}^2)$$

改造后炉外散热面积为[见图 10-4(b)]

$$F'_{\mathrm{rw}}=[(0.5+0.3)\times(0.4+0.3)+(0.4+0.3)\times(0.8+0.3)$$
$$+(0.8+0.3)\times(0.5+0.3)]\times2=4.42(\mathrm{m}^2)$$

改造后炉衬平均散热面积为

$$F'=\sqrt{F'_{\mathrm{m}}F'_{\mathrm{rw}}}=\sqrt{1.84\times4.42}=2.85(\mathrm{m}^2)$$

改造后炉外表面每小时的散热损耗为

$$Q'_{\mathrm{ss}}=\frac{(t_{\mathrm{m}}-t_{\mathrm{w}})F'}{\delta_1/\lambda_1+\delta_2/\lambda_2+\delta_3/\lambda_3+1/\alpha}$$
$$=\frac{(700-25)\times2.85}{0.025/0.185+0.1/0.097+0.025/0.044+1/68}$$
$$=1099.9(\mathrm{kJ})$$

可见,改造后炉外表面每小时的散热损耗较改造前减少 2959-1099.9=1859.1(kJ)。

$1\mathrm{kJ}=27.78\times10^{-5}\mathrm{kWh}$,故改造后每小时节电为

$$\Delta A=27.78\times10^{-5}\times1859.1=0.5(\mathrm{kWh})$$

【实例 2】 某厂热处理用 XRY-75-9 型、XRY-45-9 型等直热式箱式炉,使用最高温度为 950℃,间断操作。由于炉子热惰性大,炉子蓄热损失大,为此进行炉子改造,以节约电能。

(1)改造方案。

①采用 10mm 厚的硅酸铝纤维(其物理特性见表 10-6)贴炉腔内壁。

需指出:若为连续操作的箱式炉,其硅酸铝纤维厚度则应不小于 30mm,否则会因硅酸铝纤维保温能力较差(热阻较小),在长期保温期间有较多的热量透过纤维传给耐火砖体,增加耗电量。

②为了改善电热丝的散热条件,延长电热丝的使用寿命,在搁丝的耐火砖上不包裹硅酸铝纤维,而把硅酸铝纤维按事先量好的尺寸稍放余量后剪成条状,衬在搁丝耐火砖间内壁。

③为了避免炉底板受热过度变形并改善炉底电热丝的散热条

件,将硅酸铝纤维置于搁丝硅底下。

（2）硅酸铝纤维在炉膛内壁的固定。硅酸铝纤维以成分纯正、色白、质轻者为佳,密度不应超过 $125kg/m^3$,用于粘贴的硅酸铝纤维又以软质型为好,软质的硅酸铝纤维密度小,易于适应炉壁的几何形状,使炉壁有最大的粘贴接触面。

硅酸铝纤维可用高温粘结剂粘贴。PHN-2 型高温粘结剂由高温氧化物经处理后,科学配制而成,具有粘结牢固和耐高温的特点。粘贴工艺如下:先把炉膛降至室温,用毛刷撢尽耐火砖上的粉土,将炉壁喷水湿润,把软质的硅酸铝纤维按需要尺寸裁好,用玻璃棒仔细涂敷上高温粘结剂,再贴在炉膛内壁压紧,凉干即可。经 900℃高温反复试用,粘结是可靠的。

另外,也可用水玻璃粘贴。把水玻璃（中性碳酸钠）与耐火泥按 1.25∶1 配比调匀成浆糊状,用高温粘结剂的粘结工艺把硅酸铝纤维粘贴在炉壁上,再经过 200℃低温烘烤 2h 后投入用,效果很好,其成本仅为高温粘结剂的数十分之一,价廉实用。

（3）节电效果。炉子经上述改造后,经反复测试证明,升温期间能大幅度节电。例如,XRY-75-9 型箱式炉装工件 1167kg,从 90℃升温至 900℃,改装前耗电 619kW·h,改装后耗电 297kW·h,节电 51％;在保温期间基本上不节电,但也不多耗电。

二、感应炉无功补偿电容器容量计算与实例

感应炉是感性负荷,功率因数很低,需要用电容器进行无功补偿。补偿电容器由电容器串并联组成。工频补偿一般采用移相电容器,中频补偿用电热电容器。感应炉通过无功补偿,可以提高功率因数,降低线路和变压器的损耗,节约电能。

1. 中频感应炉无功补偿电容器容量计算与工程实例

（1）计算公式。补偿电容器的容量可按下式计算:

$$Q_C = QP + UI_a\sin\varphi$$

式中　Q_C——电容器容量(kvar);

　　　Q——感应线圈的品质因数值,见表10-11;

　　　P——有功功率(kW);

　　　I_a——逆变器输出电流有效值(A);

　　　U——中频电源电压有效值(V);

　　　φ——补偿后的功率因数角。

表 10-11　各种用途感应线圈的品质因数 Q 值

用　途	熔　炼	透　热	淬　火	烧　结
Q 值	10~20	5~10	3~5	3~7

把感应器-炉料系统的功率因数补偿到1所需的补偿电容器容量,可按下式计算:

$$Q_C = I_i^2 X_i \times 10^{-3}$$

式中　Q_C——补偿电容器容量(kvar);

　　　I_i——输入感应器的电流(A);

　　　X_i——感应器—炉料系统的电抗(Ω)。

补偿电容器的只数

$$n = K_b \frac{Q_C}{q_e} \left(\frac{U_e}{U}\right)^2$$

式中　q_e——一只电容器的额定容量(kvar);

　　　U_e——电容器额定电压(V);

　　　U——电容器实际运行电压(V);

　　　K_b——余量系数,$K_b = 1.05 \sim 1.2$,透热炉取较小值,熔炼炉取较大值。

【实例】　功率100kW、频率为1000Hz、容量为150kg的中频感应熔炼炉,已知中频电源电压为700V,逆变器输出电流为220A,功率因数角 $\varphi = 36°$。试求补偿电容器的容量。

解　补偿电容器容量为

$Q_C = QP + UI_a \sin\varphi$

$$=11\times100+700\times220\times\sin36°\times10^{-3}=1190.5(kvar)$$

可选用 RW0.75-90-1s 型中频电容器,每只电容器容量为 $25\mu F$,每只实际无功功率为

$$Q_{C1}=2\pi fCU^2=2\pi\times10^3\times25\times10^{-6}\times700^2$$
$$=77(kvar)$$

故共需补偿电容器的只数为

$$n=Q_C/Q_{C1}=1190.5/77\approx15(只)$$

第十一章 照明节电技术与实例

第一节 基 本 知 识

一、照明术语及单位

1. 照明术语及单位

照明术语及单位见表 11-1。

表 11-1　照明术语及单位

术　语	符号	定　　　义	单　位
光通量	ϕ	光源在单位时间内向四周空间辐射并引起人眼光感的能量	lm(流明)
发光强度 (光强)	I	光源在某一个特定方向上单位立体角内(每球面度内)的光通量,称为光源在该方向上的发光强度	cd (坎德拉)
亮　度	L	被视物体在视线方向单位投影面上的发光强度,称为该物体表面的亮度	cd/m^2
照　度	E	单位面积上接收的光通量	lx(勒克司)
光　效		电光源消耗 1W 功率时所辐射出的光通量	lm/W
色　温	T	光源辐射的光谱分布(颜色)与黑体在温度 T 时所发出的光谱分布相同,则温度 T 称为光源的色温	K
显色性和 显色指数	R_a	光源能显现被照物体颜色的性能称为光源的显色性。 通常将日光的显色指数定为 100,而将光源显现的物体颜色与日光下同一物体显现的颜色相符合的程度,称为该光源的显色指数	—

续表 11-1

术　语	符号	定　义	单　位
频闪效应	—	当光源的光通量变化频率与物体的转动频率成整数倍时,人眼就感觉不到物体的转动,这叫频闪效应	—
眩　光	—	由于光亮度分布不适当或变化范围太大,或在空间和时间上存在极端的亮度对比,以致引起刺眼的视觉状态	—
配光曲线	—	将照明器(光源和灯罩等组合)在空间各个方向上的光强分布情况绘制在坐标图上所得的图形	—
照明器效率	η	照明器的光通量与光源的光通量之比值。一般为 $50\%\sim90\%$	%

2. 常见环境条件下的照度数据

(1)在 40W 白炽灯下 1m 远处的照度约为 30lx,加搪瓷灯伞后可增加到 70lx。

(2)晴天中午太阳直射时的照度可达 $(0.2\sim1)\times10^5$lx。

(3)无云满月夜晚的地面照度约为 0.2lx。

(4)阴天室外照度约为 $(8\sim12)\times10^3$lx。

3. 常见环境条件下的亮度数据

(1)无云晴空的平均亮度约为 5000cd/m²。

(2)40W 荧光灯的表面亮度约为 7000cd/m²。

(3)白炽灯的灯丝亮度约为 4000000cd/m²。

二、常用电光源的特性及适用场所

1. 常用电光源的特性

常用电光源有白炽灯、卤钨灯、荧光灯、荧光高压汞灯、高压钠灯、低压钠灯和金属卤化物灯等,它们的特性比较见表 11-2。

2. 各种电光源的适用场所

电光源选择除了满足照度、显色性等要求外,优先选用高效节

表 11-2　常用电光源特性比较

光源名称	普通照明灯泡	卤钨灯	荧光灯	荧光高压汞灯	管形氙灯	高压钠灯	低压钠灯	金属卤化物灯
额定功率范围(W)	15~1000	500~2000	6~200	50~1000	1500~100000	250~400	18~180	250~3500
光效(lm/W)	7~19	19.5~21	27~67	32~53	20~37	90~100	75~150	72~80
平均寿命(h)	1000	1500	1500~5000	3500~6000	500~1000	3000	2000~5000	1000~1500
一般显色指数(R_a)	95~99	95~99	70~80	30~40	90~94	20~25	黄色	65~80
启动稳定时间	瞬时	瞬时	1~3s	4~8min	1~2s	4~8min	8~10min	4~10min
再启动时间	瞬时	瞬时		5~10min	瞬时	10~20min	25min	10~15min
功率因数	1	1	0.32~0.7	0.44~0.67	0.4~0.9	0.44	0.6	0.5~0.61
频闪效应	不明显	不明显	明显	明显	明显	明显		
表面亮度	大	大	小	较大	大	较大	较大	大
电压变化对光通量的影响	大	大	较大	较大	较大	大	大	较大
温度变化对光通量的影响	小	小	大	较小	小	较小	小	较小
耐震性能	较差	差	较好	好	好	较好	较好	好
所需附件	无	无	镇流器 启辉器	镇流器	镇流器 触发器	镇流器	漏磁变压器	镇流器 触发器

能灯具。

各种电光源的适用场所见表 11-3,常用混光照明的种类、效果和适用范围见表 11-4。

表 11-3　各种电光源的适用场所

光源名称	光源特点	适用场所
低压钠灯	综合光效高,显色性很差	小功率低压钠灯适用于厂区道路,大功率低压钠灯适用于广场、煤场、停车场
高压钠灯	综合光效在常用气体放电灯中最高,显色性差,灯泡寿命长	小功率高压钠灯适用于室内停车场、仓库,大功率高压钠灯适用于在不要求显色指数的大型车间、道路、广场等要求照度高的场所
荧光高压汞灯	综合光效较高,灯泡寿命较长	小功率荧光高压汞灯适用于室内照明、楼道照明或厂区小道路照明,大功率荧光高压汞灯可与大功率高压钠灯作混光光源用于大型车间的照明
金属卤化物灯	综合光效略高,灯泡寿命略长	适用于要求显色指数高的场所
荧光灯	综合光效较高	适用于车间、办公室等照明
白炽灯	—	局部照明、事故照明、需要调光的场所

三、合理、节电的灯具距离比

灯具的距高比是指灯具之间的距离 L 与计算高度 h(灯具与工作台面的垂直距离)之比。灯具布置是否合理,主要取决于距高比(L/h)是否恰当。L/h 值小,照度均匀度好,但费用;L/h 值过大,又不能满足所规定的照度均匀性。

1. 灯距 L 的计算

常见的均匀照明灯具布置方式有 3 种,如图 11-1 所示。其等效灯距 L 的计算如下:

图 11-1(a)　　　　　　　　$L=L_1+L_2$

表 11-4　常用混光照明的种类、效果和适用范围

级别	分类	混光照明所要达到的目的	混光光源种类	光通量比	一般显色指数 R_a	色彩识别效果	适用场所举例
I	对色彩识别要求很高的场所	获得高显色性和高光效	DDG+NGG DDG+NGX DDG+PZ GGY+PZ DDG+RR	50%~70% 50%~70% 50%~80% <20% 40%~60%	≥85	除个别颜色为中等外其余良好	配色间,颜色检验,彩色印刷
II	对色彩识别要求较高的场所	获得较高的显色性和高光效	DDG+NGX DDG+PZ DDG+NG KNG+NGG GGY+NGG ZJD+NGX	30%~60% >80% 40%~80% 40%~70% <30% 40%~60%	70≤R_a<85	除部分颜色为中等其余外可以良好	色织间,控制室,展览室,体育场馆
III	对色彩识别要求一般的场所	改善显色性和提高发光效率	DDY+PZ KNG+NG GGY+NGG DDG+NG	50%~60% 50%~80% 30%~50% 30%~40%	60≤R_a<7	除部分颜色为中等和可以外其余良好	机电、仪表仪器装配
IV	对色彩识别要求较低的场所	改善显色性和提高发光效率	GGY+NG KNG+NG DDG+NG GGY+NGX ZJD+NG	40%~60% 20%~50% 20%~30% 40%~60% 30%~40%	40≤R_a<60	除个别颜色为可以外其余为中等	焊接、冲压、铸造、热处理

注:GGY—荧光高压汞灯;DDG—镝灯;KNG—钪钠灯;NGG—高显色高压钠灯;NG—高压钠灯;RR—日光色荧光灯;NGX—改进型高压钠灯;PZ—白炽灯;HGG—高显色荧光灯;ZTD—金属卤化物灯。

图 11-1(b) $\qquad L=\sqrt{L_1 L_2}$

图 11-1(c) $\qquad L=\sqrt{L_1 L_2}$

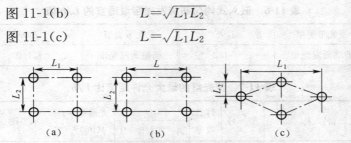

图 11-1 均匀布灯的几种形式

(a)正方形 (b)长方形 (c)菱形

2. 合理的距高比

各种灯具的距高比推荐值见表 11-5,嵌入式均匀布置发光带最适宜的距高比见表 11-6,荧光灯的最大允许距高比见表 11-7,光檐的适宜的距高比见表 11-8。表中给出的数值是使工作面达到最低照度值时的合理 L/h 值。

对于房间的边缘地区,灯具距墙的距离一般取$(1/3\sim1/2)L$;如果工作位置靠近墙壁,可将边行灯具距墙的距离取为$(1/4\sim1/3)L$。

图书室、资料室、实验室、教室的灯具布置,L/h 取 $1.6\sim1.8$ 较有利。

表 11-5 各种灯具的 L/h 值

灯具类型	L/h		单行布置时房间最大宽度
	多行布置	单行布置	
配照型、广照型	$1.8\sim2.5$	$1.8\sim2$	$1.2h$
深照型、镜面深照型乳白玻璃罩灯	$1.6\sim1.8$	$1.5\sim1.8$	h
防爆灯、圆球灯、吸顶灯、防水防尘灯	$2.3\sim3.2$	$1.9\sim2.5$	$1.3h$
栅格荧光灯具	$1.2\sim1.4$	$1.2\sim1.4$	$0.75h$
荧光灯具(余弦配光)	$1.4\sim1.5$	—	—
块板型(高压钠灯)GC108-NG400	$1.6\sim1.7$	$1.6\sim1.7$	$1.2h$

注:第一个数字为最适宜值,第二个数字为允许值。

表 11-6　嵌入式均匀布置发光带最适宜的 L/h 值

发光带类型	L/h	发光带类型	L/h
玻璃面发光带	≤1.2	栅格式发光带	≤1.0

表 11-7　荧光灯的最大允许距高比 L/h

名　称	型　号	灯具效率	L/h A—A	L/h B—B	光通量 ϕ(lm)	示意图
1×40W	YG1-1	81%	1.62	1.22	2200	
筒式 1×40W	YG2-1	88%	1.46	1.28	2200	
荧光灯 2×40W	YG2-2	97%	1.33	1.28	2×2200	
密封型 1×40W	YG4-1	84%	1.52	1.27	2200	
荧光灯 2×40W	YG4-2	80%	1.41	1.26	2×2200	
吸顶式 2×40W	YG6-2	86%	1.48	1.27	2×2200	
荧光灯 3×40W	YG6-3	86%	1.5	1.26	3×2200	
嵌入式栅格荧光灯（塑 3×40W 料栅格）	YG15-3	45%	1.07	1.05	3×2200	
嵌入式栅格荧光灯（2×40W 铝栅格）	YG15-2	63%	1.25	1.20	2×2200	

表 11-8　光檐适宜的 L/h 比值

光檐形式	灯的类型		
	反光灯罩	扩散灯罩	镜面灯
单边光檐	1.7～2.5	2.5～4	4～6
双边光檐	4～6	6～9	9～15
四边光檐	6～9	9～12	15～20

四、常用材料的反射率、透射率和吸收率

被照材料表面（物面）的亮度不但与光源的强度有关，而且与物面本身的反射能力有密切关系。反射率越大，亮度越大。充分利用环境的反射光可以增加被照面的亮度，减少电光源的照度，节

约电能。

当房间采用高反射系数的墙壁表面,各类家具及设施油漆成浅色时,能有效地利用它们的反射光增加房间的亮度。例如,不加处理的水泥墙壁仅有 20%～30% 的反光率,而白色的墙壁却能反射 55%～75% 的光能。

常用材料的反射率 ρ、透射率 τ 和吸收率 α 见表 11-9。

表 11-9　常用材料的反射率、透射率和吸收率

材料名称		ρ	τ	α
玻璃及塑料	普通玻璃 3～6mm(无色)	3%～8%	78%～82%	—
	钢化玻璃 5～6mm(无色)	—	78%	—
	磨砂玻璃 3～6mm(无色)	—	50%～60%	—
	压花玻璃 3mm(无色)花纹深密		57%	
	花纹浅稀		71%	
	夹丝玻璃 6mm(无色)		76%	
	压花夹丝玻璃 6mm(无色)花纹线稀		66%	
	夹层安全玻璃 3mm＋3mm(无色)	—	78%	—
	双层隔热玻璃 3mm＋5mm＋3mm(空气层 5mm)(无色)	—	64%	—
	吸热玻璃 3mm＋5mm(蓝色)	—	52%～64%	—
	乳白玻璃 1mm		60%	
	有机玻璃 2～6mm(无色)	—	85%	—
	乳白有机玻璃 3mm		20%	
	聚苯乙烯板 3mm(无色)	—	78%	—
	聚氯乙烯板 2mm(无色)	—	60%	—
	聚碳酸酯板 3mm(无色)	—	74%	—
	聚酯玻璃钢板　3～4 层布(本色)		73%～77%	
	3～4 层布(绿色)		62%～67%	
	小玻璃钢瓦(绿色)	—	38%	—
	大玻璃钢瓦(绿色)	—	48%	—
	玻璃钢罩 3～4 层布(本色)	—	72%～74%	—

续表 11-9

材料名称		ρ	τ	α
金属	铁窗纱(绿色)	—	70%	—
	镀锌铁丝网(孔 20mm×20mm)	—	89%	—
	普通铝(抛光)	71%~76%	—	24%~29%
	高纯铝(电化抛光)	84%~86%	—	14%~16%
	镀汞玻璃镜	83%	—	17%
	不锈钢	55%~60%	—	40%~45%
饰面材料	石膏	91%	—	8%~10%
	大白粉刷	75%	—	—
	水泥砂浆抹面	32%	—	—
	白水泥	75%	—	—
	白色乳胶漆	84%	—	—
	调和漆　白色和米黄色	70%	—	—
	中黄色	57%		
	红砖	33%	—	—
	灰砖	23%	—	—
	瓷釉面砖　白色	80%	—	—
	黄绿色	62%		
	粉色	65%		
	天蓝色	55%		
	黑色	8%		
	马赛克地砖　白色	59%	—	—
	浅蓝色	42%		
	浅咖啡色	31%		
	绿色	25%		
	深咖啡色	20%		
	无釉陶土地砖　土黄色	53%	—	—
	朱砂色	19%		

续表 11-9

材料名称			ρ	τ	α
饰面材料	大理石	白色	60%		
		乳色间绿色	39%		—
		红色	32%		—
		黑色	8%		
	水磨石	白色	78%		
		白色间灰黑色	52%		—
		白色间绿色	66%		—
		黑灰色	10%		
	塑料贴面板	浅黄色木纹	36%		
		中黄色木纹	30%		—
		深棕色木纹	12%		
	塑料墙纸	黄白色	72%		
		蓝白色	61%		—
		浅粉白色	65%		
	胶合板		58%		
	广漆地板		10%		
	菱苦土地面		15%		—
	混凝土地面		20%		
	沥青地面		10%		
	铸铁、钢板地面		15%		

各种颜色的反射率见表 11-10。

表 11-10 各种颜色的反射率

颜 色	ρ	颜 色	ρ
深蓝色	10%~25%	浅绿色	30%~55%
深绿色	10%~25%	浅红色	25%~35%
深红色	10%~20%	中灰色	25%~40%
黄 色	60%~70%	黑 色	5%
浅灰色	45%~65%	光亮白漆	87%~88%

第二节   照明节电改造

一、照明节电措施

照明的节电措施有:

(1)选定合理的照度。照明节电的前提是不降低照明质量,也就是说不能单纯为了节电而降低照度标准,而是不影响工作效率和人的视力健康条件下节约照明电能。合理的照度应根据国家规定的照度标准对工作和活动场所选定。

(2)采用高效节能灯具。荧光灯比白炽灯发光效率高,节电;节能荧光灯和异形节能荧光灯比普通荧光灯节电。稀土荧光灯、高压钠灯、低压钠灯、镝灯等都有很高的发光效率。当然各种电光源有其自身的特点,显色指数等也不同,应根据使用场合的具体要求,尽可能选择发光效率高、节能多的灯具。

(3)采用节能镇流器。电子镇流器和节能型电感镇流器比普通镇流器节电很多。如采用电子镇流器的荧光灯,功率因数高,比普通电感式镇流器的荧光灯节电 40% 以上;节能型电感镇流器的损耗与普通电感式镇流器的比较见表 11-11。

表 11-11   镇流器损耗占灯功率百分数

灯功率(W)	20 以下	30	40	100	250	400	1000 以上
普通型	40~50	30~40	22~25	15~20	14~18	12~14	10~11
节能型	20~30	<15	<12	<11	<10	<9	<8

(4)采用高效能反射罩。灯具反射罩表面,以铝镜面反射率最高,达到 84.3%;其次是白色喷涂面,反射率为 83.2%;铝素材的反射率为 82.5%;铝研磨反射面的反射率为 79.7%;不锈钢的反射率为 57.5%。

除卧室等场合外,尽可能不采用磨砂玻璃或乳白色塑料全封闭式灯罩,这类灯罩虽能使发光柔和,但大大降低亮度。

(5)灯具不要安装得很高,因为灯具越高,受照面的照度就越低。如白炽灯距照射面分别为 0.5m 和 0.75m 时,两者照度相差50%;在 0.75m 和 1m 时,相差 40%。当然,为了安全,也不宜安装过低。一般吊灯距地面以 2.5m 左右为宜,并应尽量考虑采用壁灯、台灯等局部照明,以便灯具更接近工作面。

(6)充分利用自然光和环境的反射光。这点在房屋设计、工作面布置都要作认真考虑。利用墙面、天花板、地面的反射光,能减少照明照度。白色的墙面能反射 55%~75%的光能。

(7)采用照明自控装置,避免不需要照明时白白浪费电能。如走廊灯采用人感自动开关,路灯采用光控自控装置等。

(8)街道路灯采用光伏电源照明。即白天利用太阳能蓄能,到了夜晚用所蓄电能点燃路灯。

(9)养成随手关灯的良好习惯。当较长时间离开照明场所时,应及时关灯,以节约电能。

(10)经常清洁灯具,注意更换已到寿命期的灯泡(这时发光效率极低,光通量衰减到 70%以下),保持灯具有较高的发光效率。

(11)合理安排工作时间,能在白天干的活尽量不要安排在夜间干。

二、采用高效节能灯

1. 改白炽灯为荧光灯的节电实例

白炽灯在工作时,主要以热辐射形式发光,钨丝温度可达2500℃左右。这种光称为"热光"。由于输入灯泡的电能,大部分转化为热能和不可见光,故白炽灯的发光效率很低,其电-光转换效率只有 7%~8%。

荧光灯是一种气体放电灯,它是利用水银蒸气所辐射的紫外光线去激励灯管内壁上的荧光质而间接发光。这种光称为"冷光"。荧光灯工作温度很低,热损失很小,故发光效率高,一般为白炽灯的 3~4 倍,使用寿命也比白炽灯长得多。

常用的白炽灯泡和荧光灯的发光效率分别见表11-12 和表11-13。

如果我国城镇居民每户都将一个 60W 的白炽灯(光通量 630lm)换成 20W 的荧光灯(光通量 930lm),单灯日照时间按 6h 计算,每年每户可节电(60−20)×6×365＝87.6(kWh),全国 1.4 亿多户城镇居民总计可节电 123 亿 kWh,相当于三峡电站发电量的 16%。

表 11-12　常用白炽灯泡的发光效率

型　　号	额定功率(W)	光通量(lm)	效率(lm/w)
DZ220-15	15	110	7.33
DZ220-25	25	220	8.80
DZ220-40	40	350	8.75
DZ220-60	60	630	10.50
DZ220-75	75	850	11.33
DZ220-100	100	1250	12.50
DZ220-150	150	2090	13.93
DZ220-200	200	2920	14.60
DZ220-300	300	4610	15.37
DZ220-500	500	8300	16.60

注:灯泡寿命一般均为 1000h。

表 11-13　常用荧光灯的发光效率

型　　号	额定功率(W)	光通量(lm)	效率(lm/W)	寿命(h)
YZ6	6(4)	150	15.00	1500
YZ8	8(4)	220	18.33	1500
YZ15	15(8)	580	25.22	3000
YZ20	20(8)	930	33.21	3000
YZ30	30(8)	1550	40.79	5000
YZ40	40(8)	2400	50.00	5000

注:①额定功率栏括号内的数字为其镇流器所消耗的电能。
　　②镇流器消耗电能均计算在电灯总消耗功率中,从而算出效率。

2. 采用高效节能灯

高效节能灯有异形节能荧光灯、块板结构节能灯(它与传统的光滑铝板反射器灯具相比,能提高光效 100%)、稀土荧光灯(比同辐射亮度白炽灯节电 80%)、高压钠灯、低压钠灯、镝灯等。此外,采用节电镇流器(如电子镇流器和节能型电感镇流器),能降低在镇流器上的电力损耗。如40W普通电感式荧光灯,其镇流器耗电占8W,且功率因数较低,需并联电容器进行无功补偿。而采用电子镇流器的荧光灯,功率因数高,可节电40%以上。

如果我国城镇居民每户都将一个40W的白炽灯换成同样亮度的8W节能灯,单灯日照明时间按6h计算,每年每户可节电70kWh,全国1.4亿多户城镇居民一共就可节电98亿千瓦时,相当于三峡电站发电量的12%。

然而要使节能灯真正起节电作用,必须以保证节能灯质量为前提。如果以高出白炽灯几倍的价钱买的节能灯,只用了一两个月就坏了,用户反而更费钱。2007年上海市能源标准化技术委员专家披露,上海灯具市场有50%左右的节能灯不合格。伪劣产品是推广节能灯的巨大障碍,必须引起政府有关部门的高度重视。

(1)异形节能荧光灯与普通荧光灯的节电比较

异形节能荧光灯(又称紧凑型节能荧光灯)的形状有双D形、双U形、U形、H形、环形和双曲形等。这类荧光灯的优点是高效、节能、长寿、质量小及安装方便。它们与普通荧光灯的节电情况比较,见表11-14。

表 11-14　异形节能荧光灯与普通荧光灯的节电比较

品　名	普通荧光灯	双D形	双U形	U 形	H 形	环 形	双曲形
功率(W)	25	16	18	16	11	18	19
光通量(lm)	1002	1050	1250	802	770	900	990
光效(lm/W)	40	66	69	50	70	59	55
光效增长率	—	65%	72%	25%	75%	47%	37%

(2)异形节能荧光灯与白炽灯的节电比较

紧凑型节能荧光灯的光效是白炽灯的5倍,使用寿命是白炽灯的3倍,一盏5W、7W、9W、11W、13W、15W、20W的灯具可分别代替25W、40W、60W、100W白炽灯。白炽灯更换成紧凑型荧光灯的经济效益分析见表 11-15。

表 11-15　白炽灯更换成紧凑型荧光灯经济效益分析表

白炽灯(W)	25				40				60			
紧凑型荧光灯(W)	5				7				11			
紧凑型荧光灯价格(元)	20元/盏				20元/盏				20元/盏			
平均日用电小时(h)	4	6	8	12	4	6	8	12	4	6	8	12
年节电量(kWh)	29.2	43.8	58.4	87.6	48.2	72.5	96.4	144.5	71.5	107.3	143	214.6
居民年节省电费(元)	14.6	21.9	29.2	43.8	24.1	36.1	48.2	72.3	35.8	53.4	71.5	107.3
居民资金回收期(月)	16.4	11	8.2	5.5	10	6.7	5	3.4	6.7	4.5	3.4	2.2
企事业节省电费(元)	23.4	35	46.7	70.1	38.6	57.8	77.1	115.6	57.2	85.8	114.4	171.7
企事业资金回收期(月)	10.5	7	5.2	3.4	6.4	4.2	3.2	2.1	5	3.3	2.5	1.7

3. 各种节能荧光灯的技术数据

(1)U 形和环形荧光灯的技术数据见表 11-16。

表 11-16　U 形和环形荧光灯技术数据

型　号	外形	功率(W)	外形尺寸(mm)		额定参数			平均寿命(h)
			长×宽	管径	工作电流(A)	灯管压降(V)	光通量(lm)	
URR-30	U 形	30	417×96	38	0.35	89	1550	2000
URR-40		40	626×96		0.41	108	2200	
CRR-20	环形	20	207×207	32	0.35	60	930	
CRR-30		30	308×308		0.35	89	1350	
CRR-40		40	397×397		0.41	108	2200	
YU15RR	U 形	15	170×180	25 ±1.5	0.3	50	405	1000
YU30RR		30	415×180		0.36	108	1165	
YH20RR	环形	20	227×227		0.3	78	698	

（2）柱形、球形、H形、U形节能荧光灯的技术数据见表11-17。

表 11-17　柱形、球形、H形、U形节能荧光灯技术数据

型　号	电压(V)	功率(W)	电流(mA)	光通量(lm)	相当于白炽灯(W)	质量(g)	外形尺寸(mm) 直径 D	全长 L
柱形灯 SE12	220/240		45/45	450		160	80	
SU14		11	155/155	470	75	500		193
SU145						450		
SE141								
SE16		13	60/60	600	80	160		180
SU18			160/160			500		193
球形灯 SEB10	100/220/240	9	100/45/45	300	60	180	106	152
SUB12			280/170/165			530	106	162
SEB12		11	120/50/50	450	75	200	125	180
SUB14	220/240		155/155			530	106	162
SH16	110/220	5,7	—	220～750	—	400	73	101
SH17E		9,11				65		92
H、U形灯 SDE-10N	110/220/240	9	90/45/45	420	50	90	58	152
SDE-10U								
SDE-11H		10						170
SDE-12N		11	110/55/45	550	60	95		170
SDE-12U								165
SDE-14N		13	130/65/65	650	75	105		182
SDE-14U								180
SDE-14H						100		192
SDE-20H		16	170/85/85	850	80	120		232

续表 11-17

型　号	电压（V）	功率（W）	电流（mA）	光通量（lm）	相当于白炽灯（W）	质量（g）	外形尺寸（mm）	
							直径 D	全长 L
YD9-2U		9	170	500	2×25	100		155
YD18-2U		18	220	1000	100	150		230
YD9-2H		9	170	500	2×25	100	60	155
YD18-2H	220	18	220	1000	100	140		200
YCD9-2U 2H		9	170	500	2×25	100		165
YCD18-2U 2H		18	220	1000	100	130	55	250 220

（最左侧合并单元格：H、U 形灯）

（3）T5 系列荧光灯的技术数据见表 11-18。

表 11-18　T5 系列荧光灯技术数据

型号规格	功率(W)	额定电压（V）	灯电流（A）	灯电压（V）	光通量（lm）	平均寿命（h）	灯头型号
YZ4RR					100		
YZ4RL	4		0.17	28	120		
YZ4RM					120		
YZ6RR					190		
YZ6RL	6		0.16	42	240		
YZ6RN					240		
YZ8RR					280		
YZ8RL	8	220	0.145	56	350	5000	G5
YZ8RN					350		
YZ13RR					590		
YZ13RL	13		0.165	105	740		
YZ13RN					740		
YZ32RR					2720		
YZ32RL	32		0.19	210	2850		
YZ32RN					3000		

（4）T8 系列三基色荧光灯技术数据见表 11-19。

表 11-19　T8 系列三基色荧光灯技术数据

型号规格	额定功率（W）	光通量（lm）	显色指数（Ra）	色温（K）	平均寿命(h)	外形尺寸（$\phi \times L$,mm)
L18/760	18	1150	75	6000	1600	26×590
L18/860		1300	85	6000		
L18/840				4000		
L18/830		1350		3000		
L18/827				2700		
L36/760	36	2850	75	6000		26×1200
L36/860		3250	85	6000		
L36/840				4000		
L36/830		3350		3000		
L36/827				2700		

4. LED 节能灯

LED 节能灯，即半导体节能灯，是一种廉价的发光二极管（LED）灯泡。这种灯的照明效率是传统钨丝灯泡的 12 倍，是荧光低能耗灯泡的 3 倍。现在世界各国都在大力开发使用。如果使用这种灯，则将减少家庭照明耗电量的 3/4。如果在每个住宅和办公室安装这种灯，将使每年照明用电由占总耗电量的 15％降低至 4％。

LED 灯可以持续点燃 10 万 h，比节能灯的使用寿命长 10 倍，同时无频闪。由于灯泡内不包含汞，所以在废物处理时不会破坏自然环境。

三、采用光伏发电照明

光伏电源照明，即太阳能发电照明。它是利用光电效应将太阳能直接转换成电能的一种新技术。光伏电源照明系统由光电转换组件、防反器、控制调节器、储能和逆变等环节组成。

光伏电源一般发电量不大,需配用高光效的太阳能照明灯(一种新型节能照明电光源)。它与普通白炽灯相比,发光效率高 5 倍,使用寿命长 8 倍(可达 8000h),比白炽灯节电 80%。太阳能光伏电源系统的使用寿命为 25 年左右。

以 10 年为限,路灯燃点时间约为 40430h,即年均 4043h,阴雨天气约为 800 天,太阳能照明灯需用市电补充时间为 8861h。用 20W 太阳能照明灯代替 100W 白炽灯,城市路灯节电效果和经济效益分析如表 11-20 所示。

表 11-20　节电效果和经济效益分析

名　称	耗电量 (kW·h)	电费 0.46 (元/kW·h)	灯泡费用 (单价×数量)	维护费用 (元/年×年)	费用合计 (10 年/年均)
白炽路灯	4043	1860	1.6×41=66	100×10=1000	2926/292.6
太阳能路灯	177	82	16×1=16	20×10=200	298/29.8

从表 11-20 可见,光伏电源照明耗电量是白炽灯的 4.38%,年均节电 386.6kW·h,使用费用是白炽灯的 10.18%,其节电效果和经济效益十分明显。

光伏发电投资成本较高,需政府扶持。目前投资成本约为 25~30 元/W,政府若给予 15 元/W 的补贴,则发电成本约在 1.6~2 元/kW·h 左右。

国家对并网光伏发电项目,原则上按光伏发电系统及其配套输配电工程总投资的 50% 给予补助。其中,偏远无电地区的独立光伏发电系统按总投资的 70% 给予补助。对于光伏发电关键技术产业化和基础能力建设项目,主要通过贴息和补助的方式给予支持。上述这些政策,无疑将大大提高光伏发电企业的积极性,使百姓受惠,有力地促进我国光伏发电节能工程的发展。

四、设计合理的灯具安装高度及采用带反射罩的灯具

1. 照度与灯具悬挂高度和灯罩的关系

灯光照度不但与耗电功率的大小有关,还与灯种、距离及灯具

是否带灯罩有关。有人对白炽灯和荧光灯在不同距离和有无灯罩等条件下的照度,作了实测,结果如表 11-21 所示。

表 11-21　照明灯在不同情况下的照度

灯种与功率		灯　罩	不同距离时的照度(lx)			
			0.5m	0.75m	1m	1.25m
白炽灯	25W	无罩	36	19	11	7
		有罩	48	46	24.5	15
	40W	无罩	107	49	29	21
		有罩	200	96	57	39
	60W	无罩	176	82	50	32
		有罩	342	160	95	62
荧光灯	8W	有罩	200	95	57	34
	20W	有罩	440	225	160	94
	30W	有罩	680	380	255	170
	40W	有罩	782	470	298	220

从表 11-21 可知,灯光照度与照射距离的关系很大。白炽灯距照射面分别为 0.5m 和 0.75m 时,两者照度相差 50%;在 0.75m 和 1m 时,相差 40%。因此,灯头高度与工作面要合理,不宜装得过高,以免散失光源;但为了安全,也不宜过低。一般吊灯距地面以 2.5m 左右为宜,并应尽量考虑采用局部照明,以便灯具更接近工作面。

白炽灯加罩与否,灯光照度相差近 1 倍;荧光灯加反射罩,照度可提高 20% 左右。

2. 灯具的合理悬挂高度

灯具悬挂得越高,投射到工作面上的照度就越小,白白地浪费电能;灯具悬挂得过低,是不安全的。

室内一般照明灯具的最低悬挂高度见表 11-22。

表 11-22   室内一般照明灯具的最低悬挂高度

光源种类	灯具形式	灯具遮光角	光源功率(W)	最低悬挂高度(m)
白炽灯	有反射罩	10°～30°	≤100	2.5
			150～200	3.0
			300～500	3.5
	乳白玻璃，漫射罩	—	≤100	2.0
			150～200	2.5
			300～500	3.0
荧光灯	无反射罩	—	≤40	2.0
			>40	3.0
	有反射罩	—	≤40	2.0
			>40	2.0
荧光高压汞灯	有反射罩	10°～30°	<125	3.5
			125～250	5.0
			≥400	6.0
	有反射罩，带格栅	>30°	<125	3.0
			125～250	4.0
			≥400	5.0
金属卤化物灯、高压钠灯、混光光源	有反射罩	10°～30°	<150	4.5
			150～250	5.5
			250～400	6.5
			>400	7.5
	有反射罩，带格栅	>30°	<150	4.0
			150～250	4.5
			250～400	4.5
			>400	6.5

各种灯具适宜的悬挂高度见表 11-23。

表 11-23　灯具适应的悬挂高度

灯具类型	悬挂高度(m)
配照灯、广照型工厂灯	2.5～6
深照型工厂灯	6～13
镜面深照型灯	7～15
防水防尘灯、矿山灯	2.5～5
防潮灯	2.5～5(个别场所低于 2.5m 时可带保护罩)
万能型灯	2.5～5
隔爆型、安全型灯	2.5～5
圆球吸顶灯	2.5～5
乳白玻璃吊灯	2.5～5
软线吊线	＞2
荧光灯	＞2
碘钨灯	7～15(特殊场合可低于 7)
镜面磨砂灯泡	200W 以下，＞2.5 200W 以上，＞4
路灯、裸露灯泡	＞5.5

第三节　照明节电控制线路

一、路灯自动光控开关之一

线路如图 11-2 所示。天黑时电灯自动点亮，天亮时电灯自动熄灭。它采用光敏电阻 RL 作为探测元件，通过三极管控制电路控制继电器 KA 的吸合与释放，从而控制灯 EL 的亮与灭。

1. 工作原理

合上电源开关 SA，220V 交流电经变压器 T 降压、整流桥 VC 整流、电容 C_2 滤波后，给控制电路提供约 12V 直流电压。天黑（照度低）时，光敏电阻 RL 的电阻增大，三极管 VT_1 得不到足够

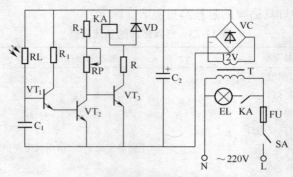

图 11-2　路灯自动光控开关线路之一

的基极电流而截止,VT₂ 也截止,VT₃ 得到足够的基极电流而导
通,继电器 KA 吸合,其常开触点闭合,路灯 EL 点亮。早上天刚
亮(照度高),RL 的阻值减小,使 VT₁ 导通,VT₂ 也导通,VT₃ 截
止,继电器 KA 释放,路灯熄灭。

图中 C_1 的作用是防止瞬时光干扰。因为电容具有电压不能
突变的特性,若天黑时光敏电阻 RL 意外受到如闪电、汽车灯闪等
干扰,原来 C_1 上的电压为零,在 RL 受瞬时干扰光的时间内,C_1
上的电压不至于升到使 VT₁ 导通的值,从而避免装置误动作。
C_1 数值越大,抗干扰性能越好。

若控制多只路灯,则可由 KA 控制触点容量大的中间继电器
或交流接触器,进而控制多只路灯。

2. 元件选择

电器元件参数见表 11-24。

表 11-24　电器元件参数表

序　号	名　称	代　号	型号规格	数　量
1	开关	SA	86 型　250V　10A	1
2	熔断器	FU	50T　3A	1
3	继电器	KA	JRX-13F　DC12V	1

续表 11-24

序　号	名　　称	代　号	型号规格	数　量
4	变压器	T	3V·A　220/12V	1
5	晶体管	VT_1、VT_2	3DG6　$\beta \geqslant 50$	2
6	晶体管	VT_3	3DG130　$\beta \geqslant 50$	1
7	整流桥	VC	QL1A/100V	1
8	二极管	VD	1N4001	1
9	光敏电阻	RL	MG41～MG45	1
10	金属膜电阻	R_1	RJ-150kΩ　1/2W	1
11	金属膜电阻	R_2	RJ-22kΩ　1/2W	1
12	金属膜电阻	R_3	RJ-240kΩ　1/2W	1
13	电容器	C_1	CBB22　0.22μF　63V	1
14	电解电容器	C_2	CD11　100μF　25V	1
15	电位器	RP	WS-0.5W　36kΩ	1

3. 调试

接通电源,用万用表测量电容 C_2 两端的电压应约有 12V 直流电压。暂将光敏电阻 RL 遮光,这时继电器 KA 应吸合。如果 KA 不吸合,说明晶体管 VT_3 未导通,可调节电位器 RP 试试。若仍不行,则应检查晶体管是否良好。然后用手电筒照射光敏电阻 RL,这时继电器 KA 应释放,测量晶体管 VT_3 集—射极电压约有 12V,而 VT_2 集—射极电压很小。如果不是这样,而是继电器 KA 仍吸合,则可适当减小 R_1 的阻值和适当调节 RP。

如果手电筒光瞬时照一下光敏电阻 RL,继电器 KA 应不释放,否则应增大 C_1 的容量。

二、路灯自动光控开关之二

线路如图 11-3 所示。它具有寿命长、驱动功率大(达 2kW)等优点。它采用光敏电阻 RL 作为探测元件,经开关电路(采用 TWH8778 功率开关集成电路 A)和小晶闸管 V_1 触发双向晶闸管

V_2 控制路灯的开与关。

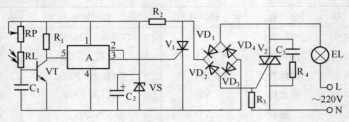

图 11-3 路灯自动光控开关线路之二

1. 工作原理

接通电源,220V 交流电经路灯 EL、二极管 VD_1、电阻 R_2、稳压管 VS、二极管 VD_3 和电阻 R_3 构成回路,并在稳压管两端建立约 8V 直流电压。当环境光线较亮时,光敏电阻 RL 受光照,其电阻很小,晶体管 VT 得到足够的基极电流而导通,开关集成电路 A 的 5 脚电压小于 1.6V,即无触发电压而关断,A 的 3 脚输出低电平(0V),晶闸管 V_1 关断,双向晶闸管 V_2 无触发电压而关断,路灯 EL 不亮。当环境的光线变暗时,光敏电阻 RL 电阻变大,晶体管 VT 的基极电流变得很小,其集电极电位升高,当升高到大于 1.6V(即 A 的 5 脚电压)时,A 触发导通,其 3 脚输出高电平(约 8V),晶闸管 V_1 触发导通,全整流桥回路导通,有正、负交流脉冲触发双向晶闸管 V_2 的控制极并使其导通,路灯 EL 点亮。

晶闸管 V_1 导通后,其阳极与阴极之间的压降很小,使触发电路不能工作。电网电压过零点时 V_1 关断,等到下一个半周时,触发电路又工作,重复上述过程。

图中 C_1 为抗干扰电容,防止汽车灯光等瞬间光照造成装置误动作。

2. 元件选择

电器元件参数见表 11-25。

表 11-25 电器元件参数表

序 号	名 称	代 号	型号规格	数 量
1	晶闸管	V_1	KP3A 600V	1
2	双向晶闸管	V_2	KS20A 600V	1
3	二极管	$VD_1 \sim VD_4$	ZP2A 400V	4
4	晶体管	VT	3DA87C $\beta \geqslant 80$	1
5	功率开关集成电路	A	TWH8778	1
6	稳压器	VS	2CW106 $V_z = 7V \sim 8.8V$	1
7	金属膜电阻	R_1	RJ-300Ω 1/2W	1
8	金属膜电阻	R_2	RJ-15kΩ 2W	1
9	碳膜电阻	R_3	RT-5.1Ω 1W	1
10	金属膜电阻	R_4	RJ-100Ω 2W	1
11	电位器	RP	WS-0.5W 470kΩ	1
12	电容器	C_1	CBB22 0.22μF 63V	1
13	电解电容器	C_2	CD11 100μF 16V	1
14	电容器	C_3	CBB22 0.1μF 400V	1
15	光敏电阻	RL	MG41~45	1

3. 调试

接通电源,将光照在光敏电阻 RL 上,用万用表测量稳压管 VS 两端的电压,应约有 8V 直流电压。注意此稳压管稳压值切勿大于 10V,否则当开关集成电路导通时,将此电压加在晶闸管 V_1 控制极上会造成损坏。有光照时,灯 EL 应熄灭。然后将光照遮断,灯 EL 应点亮。若不亮,可调节电位器 RP。若还不行,可适当减小 R_2 阻值试试。如果怀疑开关集成电路 A 有问题,可用更换法试试,或者按下法判断:暂断开 R_2 接线和晶闸管 V_1 控制极连线,用 6V 直流电源加在 A 的 1 脚、4 脚两端,当 RL 无光照或很暗时,用万用表测量 A 的 5 脚电压,应大于 1.6V,测量 A 的 3 脚电压,应约有 6V 直流电压;当 RL 有光照时,A 的 5 脚电压小于 1.6V,A 的 3 脚电压为 0V。

调节电位器 RP,可改变装置的灵敏度。灵敏度不宜过高。

电容 C_1 的容量越大,装置抗光干扰的时间(干扰光照射时间)越长,具体数值可根据实际情况选择

由于装置元件都处在电网电压下,因此在安装、调试、使用时必须注意安全。

三、延时熄灭的照明开关

线路如图 11-4 所示。加接的开关线路可不改变原电灯的开关接线,而只需将该线路与原电源开关 SA 并接即可。

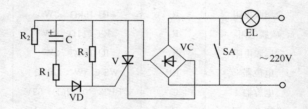

图 11-4　延时熄灭的照明开关线路

关灯后,灯逐渐变暗,经过一段延时后才熄灭。

1. 工作原理

合上开关 SA,电灯 EL 点亮,延时电路不工作。断开 SA,220V 交流电经灯丝、整流桥 VC 整流后,将脉动电压加到晶闸管 V 的阳极与阴极之间,同时该电压又经电阻 R_1、二极管 VD 和 V 的控制极对电容 C 充电。由于开始 C 两端电压为 0V,所以输入到晶闸管 V 的电流较大,V 全导通,电灯 EL 仍然很亮。随着 C 的充电,V 控制极电流逐渐减小,V 不完全导通,即晶闸管阳极和阴极之间的电压降逐渐增大,电灯 EL 两端的电压逐渐减小,EL 逐渐变暗。经过一段延时后,V 关断,EL 熄灭。

2. 元件选择

电器元件参数见表 11-26。

表 11-26　电器元件参数表

序　号	名　称	代　号	型号规格	数　量
1	开关	SA	86 型　250V　10A	1
2	晶闸管	V	KP1A　600V	1
3	整流桥	VC	1N4004	4
4	金属膜电阻	R_1	RJ-10kΩ　1/2W	1
5	金属膜电阻	R_2	RJ-150kΩ　1/2W	1
6	金属膜电阻	R_3	RJ-220kΩ　1/2W	1
7	电解电容器	C	CD11　50μF　450V	1

在表中晶闸管和整流桥参数下，电灯功率可达 100W。

3. 调试

调试工作主要是调整延时时间。延时时间由电阻 R_1～R_3 和电容 C 的数值决定。一般设定电容 C 不变而改变 R_1～R_3 的阻值。R_1～R_3 阻值增大，延时时间可增长，但阻值太大，会使晶闸管 V 关断；R_1～R_3 阻值减小，延时时间可减短，但 R_1 不可太小，否则会使晶闸管因控制极电流过大而损坏。

延时时间可根据自己的需要确定，一般为 1min 左右。

由于装置元件都处在电网电压下，因此在安装、调试、使用时必须注意安全。